野外观蝶

Field Guide to Butterflies in Guangzhou

广州蝴蝶生态图鉴

主编　陈锡昌　杨　骏　刘　广

SPM 南方出版传媒
广东科技出版社｜全国优秀出版社
·广州·

图书在版编目（CIP）数据

野外观蝶：广州蝴蝶生态图鉴 / 陈锡昌，杨骏，刘广主编. —广州：广东科技出版社，2017.7（2021.11重印）
ISBN 978-7-5359-6722-0

Ⅰ. ①野… Ⅱ. ①陈…②杨…③刘… Ⅲ. ①蝶—广州—图集 Ⅳ. ①Q969.420.8-64

中国版本图书馆CIP数据核字（2017）第101242号

野外观蝶——广州蝴蝶生态图鉴

出 版 人：朱文清
责任编辑：李　旻
装帧设计：友间文化
责任校对：陈　静　吴丽霞
责任印制：彭海波
出版发行：广东科技出版社
（广州市环市东路水荫路11号　邮政编码：510075）
销售热线：020-37607413
http: //www.gdstp.com.cn
E-mail: gdkjbw@nfcb.com.cn（编务室）
经　　销：广东新华发行集团股份有限公司
印　　刷：广州市东盛彩印有限公司
（广州市增城区新塘镇太平洋工业区十路2号　邮政编码：510700）
规　　格：787mm×1 092mm　1/16　印张19　插页 10　字数370千
版　　次：2017年7月第1版
2021年 11月第4次印刷
定　　价：98.00元

如发现因印装质量问题影响阅读，请与广东科技出版社印制室联系调换（电话：020-37607272）。

内容提要

本书记录了253种蝴蝶，包含1500多张卵、幼虫、蛹、成虫以及寄主植物照片，且对蝴蝶成虫特征予以简洁精炼的文字描述，而不同图标的使用更是有助于了解该蝶种的相关信息，比如成虫发生期、活动区域、是否访花或吸果、吸水等。对部分相似蝶种，书中也进行了比较。本书还附有广州蝴蝶名录及幼虫寄主对照表，以及便于携带的成虫图片索引。

蝴蝶概述

有这样的一群精灵，自古就为文人墨客所赞美，被誉为大自然的舞者、会飞的花朵。它们有着轻盈的双翅、丰富的色彩、艳丽的斑纹，它们是昆虫中最美丽的一个类群，它们就是大家所熟悉的蝴蝶。

蝴蝶与蛾类同属鳞翅目昆虫，它们都有两对大而轻盈的膜质双翅，并在身体和双翅上被满鳞片。正是由于这些不同颜色的鳞片，才组成了蝴蝶色彩艳丽的斑纹。蝴蝶的头上有一对末端膨大的触角，这也是蝴蝶与蛾类区别的主要特征。蝴蝶成虫还有一根长长的吸管，那是它们和蛾类才有的虹吸式口器，因此，蝴蝶的成虫只吸取花蜜、树汁、腐果汁等液态的食物，不吃固体食物。蝴蝶的复眼很大，占据了头部的大部分，看上去非常有灵气。蝴蝶成虫还有一个发达的胸部，在这胸部的背面，是两对轻盈的大鳞翅，有了这两对鳞翅，蝴蝶才能轻盈地飞行和展示它们的美丽。而在胸部的腹面，还生长着三对胸足。有了这些胸足，蝴蝶才能停下站立和做短距离的爬行移动。但是也有不少种类的蝴蝶前足已经退化，而且缩起不用，我们只能看到它们用四条腿站立和爬行。

蝴蝶属于完全变态的昆虫，它们的一生要经历卵、幼虫、蛹、成虫这四个形态完全不同的阶段。蝴蝶的卵有单粒散产的，也有多粒成片产的，有的种类更把卵叠成很特别的立体形态。卵的形态也是千变万化，很多蝴蝶的卵表面结构都非常精致，就像是精雕细刻的微雕工艺品，蝴蝶产卵的数量为数十个至数百个不等。从卵中孵化出来后的幼虫，有独居的，也有群栖的。蝴蝶幼虫大多数以植物的叶子为食，不同种类的蝴蝶，则取食不同种类的植物，有的种类食性非常专一，而有的则取食多种不同的植物，甚至有的蝴蝶种类有多达60多种寄主植物。部分种类的蝴蝶幼虫取食我们人类种植的农作物，对农业生产造成一定的影响，需要加以控制防治。但大多数蝴蝶种类以野生植物为寄主，对我们人类并没有造成危害，它们不应被视为害虫。而且，蝴蝶及其幼虫也是许多肉食动物的食料，它们是大自然食物链中不可缺少的环节。而不少蝴蝶的幼虫取食植物的嫩芽，反而促进了侧芽的萌动，更有利于植物的生长。还有部分种类的蝴蝶幼虫以蚜虫、蚧壳虫、蚂蚁幼虫等为食，对控制这些昆虫的发生有一定的作用。此外，不少蝴蝶种类的成虫访花，也给植物传授了花粉。可以说，蝴蝶是大自然生态平衡不可缺少的重要组成部分。由于蝴蝶对环境的变化反应非常敏感，在国外，蝴蝶已经成为人类监测环境变化的重要指标生物。

蝴蝶的种类繁多，目前全球已知的种类有15 000多种，是蛾类的十分之一左右。我国地大物博，蝴蝶的种类也非常繁多，根据目前的统计，我国已经记录到的蝴蝶种类已经超过了2 000种，占全球蝴蝶种类的十分之一以上。

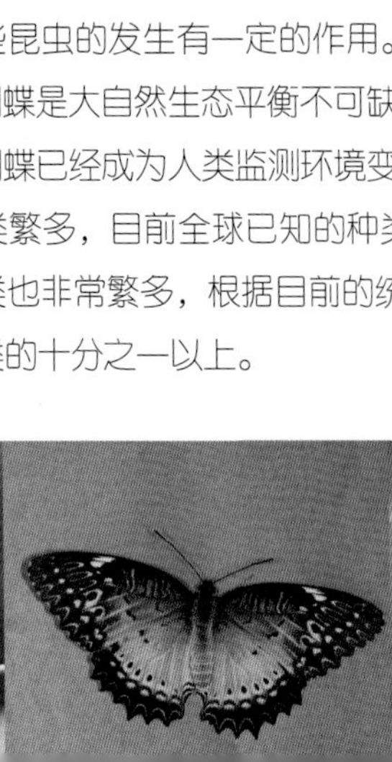
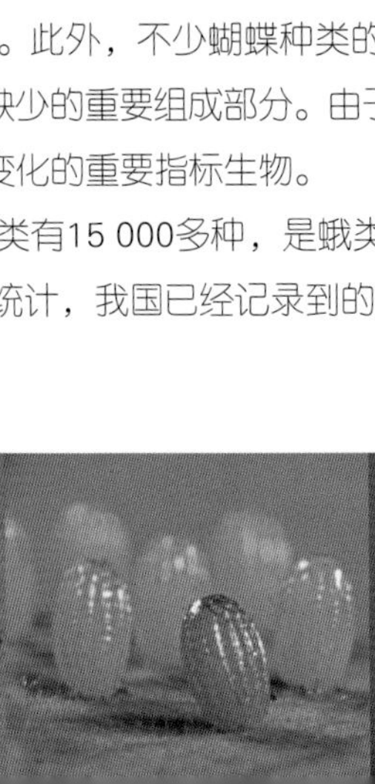
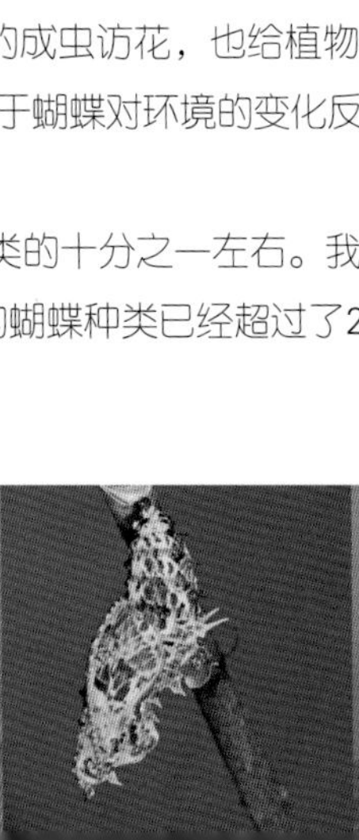
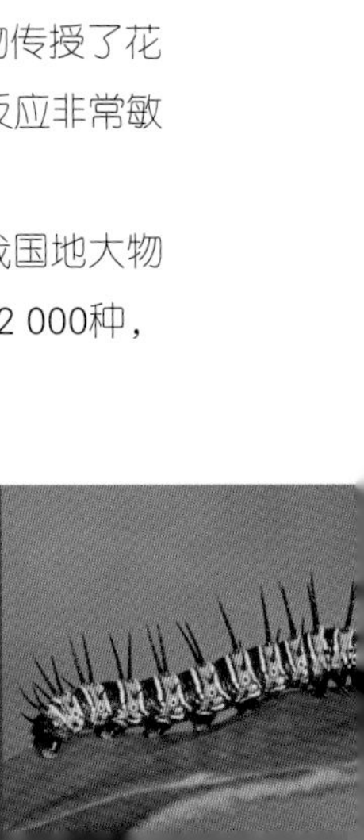

广州市中心位于北纬23度06分32秒， 东经113度15分53秒。南北跨度不算特别大，也没有海拔超过1 250米的高山。经过我们三十多年来对广州城区以及南沙、番禺、花都、增城、从化等地进行多次考察，至今我们所记录的广州蝴蝶种类已超过了280多种。根据它们的形态及亲缘关系，比照目前所采用的五科蝴蝶分类系统，五个科的蝴蝶在广州都有分布。在广州的蝴蝶记录当中，以北部从化的山地蝴蝶种类最多，特别是一些较高海拔分布的种类，如西藏钩凤蝶、尖尾黛眼蝶等。而南部平坦开阔的番禺、南沙，由于人类很早就已经进行了开发，因此，蝴蝶的种类很少，但在这里却有一些属于热带性的蝴蝶种类存在，如灵奇尖粉蝶、金斑蛱蝶等。正是由于南北各区蝴蝶种类结构的差异，共同组成了种类繁多的广州蝴蝶这个大家庭。但由于城市的发展，环境的变迁，少数过去在广州城区有分布记录的蝴蝶种类，如白翅尖粉蝶、彩蛱蝶等，已经不在这里生存，变成了已经消失的记录，希望随着广州市政府和人民逐步改善城市环境的努力，这些已经消失的蝴蝶种类有一天会重新出现在广州城区。

我们希望通过本书的出版，唤起大家对蝴蝶这种小生灵的关注，让更多的青少年朋友通过观察蝴蝶种类和数量的变化，了解蝴蝶与生态环境的关系，从而关注和重视我们人类赖以生存的生态环境的变化，更好地保护自然生态环境。

本书的出版，得到了不少蝴蝶爱好者的支持。本书所使用的照片大部分为第一主编陈锡昌老师拍摄，第三主编刘广老师也拍摄提供了数十种蝴蝶卵、幼虫、蛹和成虫的照片。此外，王军老师提供了珠履带蛱蝶的幼虫和蛹、阿环蛱蝶的卵和幼虫以及白伞弄蝶雄蝶正面照片；吕晟智先生提供了大绢斑蝶的卵、幼虫、蛹的照片；唐穗芳老师提供了三尾灰蝶幼虫和寄主蚧壳虫的照片；方智超先生提供小红蛱蝶全套照片；林永明老师提供点玄灰蝶正面照片；何福祥老师提供齿翅娆灰蝶正面照片；杨建业先生提供了黄纹孔弄蝶的卵和幼虫照片；潘瑞华先生提供了缅甸娆灰蝶的卵和幼虫照片；叶华先生提供了缅甸娆灰蝶寄主植物华南青冈的照片；王冰先生提供了齿翅娆灰蝶寄主植物青冈的照片。廖雄新先生提供蓝凤蝶雄蝶正面照片，甘华女士提供白伞弄蝶雌蝶正面照片。在此谨向提供照片的各位朋友表示诚挚的感谢！而第一主编所拍摄的蝴蝶生态照片中，有部分照片是在少年宫组织学生野外活动期间拍摄的，在此，也要感谢广州市少年宫领导对第一主编的大力支持！

本书部分蝶种的文字描述不能与提供的生态照片一一对应，但可以参考该蝶种的标本照片来认识和理解。由此给读者造成的不便，敬请谅解。

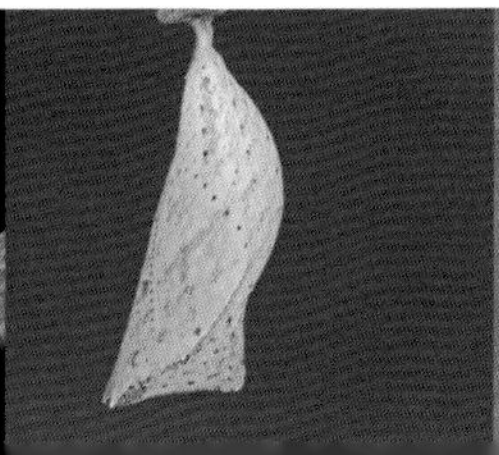
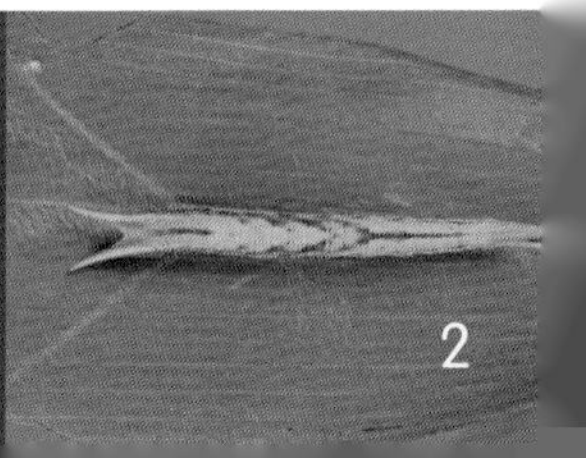

图标使用说明

此蝶两翅展开的大小尺寸

此蝶种喜欢吸水

此蝶种出没于溪谷

此蝶种喜欢吸腐果

此蝶种喜欢密林下

此蝶种喜欢访花

此蝶种喜欢开阔地

此蝶种喜欢上山顶

红色显示此蝶种为罕见或受保护

蓝色显示此蝶种为较少见

绿色显示此蝶种为较常见

深色显示此蝶种在一年当中成虫出现的时间

观蝶期

1 2 3 4 5 6 7 8 9 10 11 12

迁粉蝶 *Catopsilia pomona* (Fabricius)

银纹型雌蝶

卵

本种具多型性。高温季节多为无纹型，部分为血斑型，低温季节多为银纹型。银纹型、血斑型色彩鲜艳，雄蝶只分银纹型及无纹型。幼虫取食苏木科腊肠树等。分布：我国华南、西南各省区；日本至印度等。

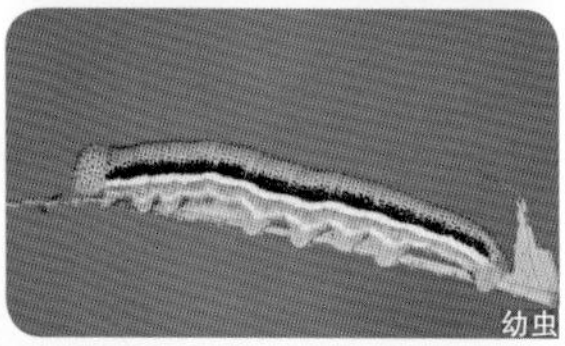
幼虫

腊肠树

蛹

38

目录

斑蝶 P55

环蝶 P67

眼蝶 P71

蛱蝶 P93

珍蝶 P155

蚬蝶 P157

灰蝶 P167

野外观蝶是一项科学观察活动，需要观察记录野外蝴蝶的生态状况，具体地说，需记录观察到的蝴蝶的种类、数量、行为，了解它们的繁殖、寄主植物和种群变化等信息。

下面回答大家在观蝶时最常见的问题，以便对野外观蝶有更具体的认识。

1 蝴蝶的身体结构是怎样的?

蝴蝶是昆虫中的一个类群，其身体分为头部（图1–1）、胸部（图1–2）和腹部（图1–3）三个体段，蝴蝶的头部有一对末端膨大的触角。头部两侧还有一对大大的复眼，占据头部的大部分，复眼由很多小眼组成，让人感觉它们的眼睛非常有精神。蝴蝶头部下方还有一条长长的吸管，那是它们和蛾类才有的虹吸式口器，因此，蝴蝶的成虫只吸取花蜜、树汁、腐果汁等液态或半流质的食物，不吃固体食物。头部的前面还有一对三角形的下唇须，但凤蝶科的大多数种类下唇须退化。

蝴蝶还有一个由前胸、中胸、后胸三部分组成的胸部，在这胸部的背面，生长着两对轻盈的，由翅脉及翅膜构成的翅，翅是膜质的，不少种类后翅有凸出，称为尾突。并且在翅的表面密被各种颜色的鳞片，正是由于这些不同颜色的鳞片，才组成了蝴蝶色彩艳丽的斑纹。胸部的下方，还生长着三对胸足。有了这些胸足，蝴蝶才能停下站立和做短距离的爬行移动。但有部分种类的前足已经退化，而且缩起不用，因此，我们只能看到它们用四条腿站立和爬行。

蝴蝶的腹部比较细长，它由九个腹节组成，在腹部两侧有多对气孔，那是蝴蝶进行呼吸的器官。

图1–1　头部

图1–2　胸部

图1–3　腹部

2 如何描述蝶翅上的花纹和颜色呢？

蝴蝶翅上的花纹和颜色多种多样，为了方便描述，昆虫学家将翅划分出不同区域，具体请参看图1-4。

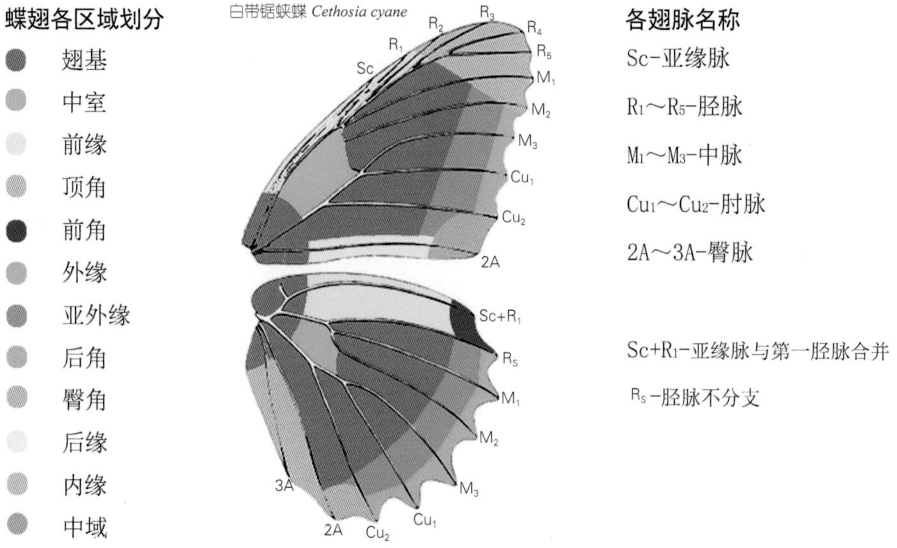

图1-4　蝴蝶的翅脉与翅的区域

3 蝴蝶与蛾怎样区别？

蝴蝶与蛾类都是鳞翅目的昆虫，结构相近，经常给初学者带来难题。从形态上进行科学分类，需要比较翅脉、雄性外生殖器的结构，这都很难在野外观察中做到。但大家也不用灰心，只需仔细观察它们的触角（见图1-5A、图1-5B），就能区别蝶与蛾。蝴蝶的触角都是棒状的，触角顶端有膨大，弄蝶甚至膨大后再呈钩状。而蛾类绝大多数是除棒状外的其他形状，如丝状、羽毛状等。另外需注意到是，停息时翅膀是否竖起，是否在白天活动等都是不靠谱的区别蝴蝶与蛾类的方法。

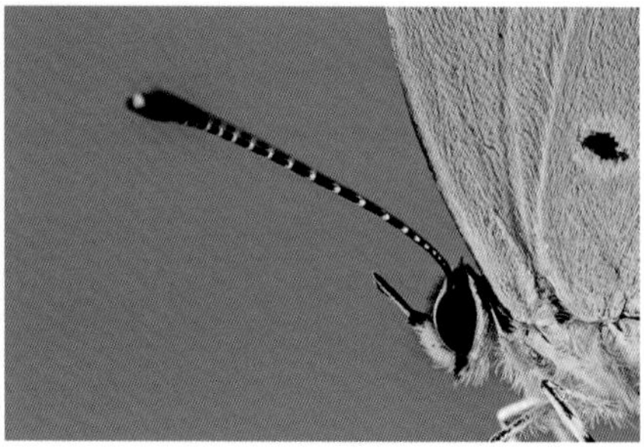

图1-5A　蝴蝶的触角

4 蝴蝶怎样区分雌雄？

部分蝴蝶的雌雄差异体现在翅膀的花纹上，

因此很容易区别，例如斐豹蛱蝶的雌性与雄性的区别在于雌性前翅多了一条白带。但大部分蝴蝶雌雄的翅都差不多，它们的区别在哪呢？原来在腹部末端的下方，还有两性各自的外生殖器，雄性的外生殖器能明显看到一对抱握瓣（图1–6），像一个三角形的小夹子；而雌性外生殖器则没有，只有一个小孔。通过观察腹部，就能区别蝴蝶的雌雄了。

图1–5B 蛾的触角

图1–6 雄蝶腹部末端的抱握瓣（白色小三角部分）

5 蝴蝶怎样由小长大？

蝴蝶的一生从卵开始，卵孵化出的是幼虫，幼虫吃寄主植物不断长大，然后化蛹。蛹羽化出成虫。成虫吸食花蜜等流质食物，不再吃寄主植物。它们雌雄交配后，雌蝶就会在寄主植物上产卵繁殖下一代。

6 到哪里去看蝴蝶？哪里的蝴蝶会多些？

因为蝴蝶依靠寄主植物生存，每种蝴蝶吃的寄主又不尽相同，因此总的来说，植物种类丰富的地方蝴蝶多。但由于大城市中心地带绿地不大，人来车往，对蝴蝶生存的干扰比较大，因此蝴蝶一般分布在大城市边缘。就广州而言，靠近中心区域的白云山、火炉山、龙洞水库周边、大夫山等都是蝴蝶相对较多的地方。至于北部山区，则是广州蝴蝶分布的中心。

图1–7 盛开的鲜花前

下面几个地方容易找到蝴蝶：

☆盛开的鲜花前（图1–7），蝴蝶会吸食花蜜补充能量。

图1–8 腐殖质丰富的地方

☆腐殖质丰富的地方（图1–8），蝴蝶也会吸食。

图1–9　山间小溪下游的开阔处

图1–10　雌蝶在寄主植物上产卵

☆山间小溪下游的开阔处（图1–9），在阳光照射下，不少蝴蝶会停下吸水降温，形成群蝶吸水的景观。笔者曾经见过几百只蝴蝶聚集吸水的情景。

☆村庄的房前屋后，蝴蝶也会停下吸食，补充身体运动必需的矿物质，例如无机盐等，甚至会停在我们皮肤上吸食汗液。

☆寄主植物的附近（图1–10），能看到雌蝶产卵。

7 同样是会飞的动物，蝴蝶会像鸟儿一样迁徙吗？

蝴蝶也会像鸟类一样迁徙。其中主要是斑蝶。斑蝶比较特别，它们的成虫期是蝴蝶当中寿命最长的，可以有5个月以上。每年到了秋冬季节，随着气温逐步降低，斑蝶就会如候鸟般向南迁飞，其中大绢斑蝶单独迁飞，而紫斑蝶属、青斑蝶属的种类则成群迁飞。笔者曾经在广州、深圳、珠海等地见过聚集迁飞的斑蝶群（图1–11），数量甚至可达3万多只。

据记载，北美洲的君主斑蝶每年聚集在墨西哥的过冬个体超过600万。台湾南部也有上百万的个体群聚过冬。

但无论科研机构和民间团体以及媒体，对中国大陆沿海的斑蝶迁飞都缺乏关注。相对于候鸟而言，同样南迁的斑蝶却默默无闻。台湾地区的斑蝶迁飞研究已经成熟，斑蝶经过的高速公路都加装了顶棚，岛内南部的斑蝶聚集地设立了保护区。北美的君主斑蝶聚集地已经开发成旅游区，成为当地的主要经

图1–11　成群聚集迁飞的斑蝶

济支柱。因此，大陆沿海的斑蝶迁飞研究应该是大有可为的。

8 蝴蝶飞得快，又灵敏，如何能靠近观察？

蝴蝶对色彩和光线都很敏感。野外观蝶时注意不要穿色彩过于鲜艳或明亮的衣服，例如大红色和橙黄色的，尤其不要穿白衬衫。穿绿色的衣服比较好。另外，蝴蝶的视力对动态物体敏感，因此靠近蝴蝶时动作一定要慢。蝴蝶也能听到声音，靠近它时动作要轻。

9 什么季节适合观蝶？一天中什么时候看蝴蝶最好？

就广州而言，春夏秋三季都是观蝶的季节。春季虽然蝴蝶不多，但有不少只在春天才能看到的蝶种，例如斜纹绿凤蝶、升天剑凤蝶等。夏天是蝴蝶出现的高峰期，六月蝴蝶最多，而七八月随着气温升高，蝴蝶反而会减少。秋季则主要是灰蝶的发生期。

一天当中，从早上九点到下午二点都是蝴蝶活跃的时间。而正午如果太阳光猛烈，气温很高时，蝴蝶也不活跃。夏季骤雨稍停，初见阳光之际，蝴蝶也会很活跃。

10 野外观蝶需要带什么装备？

观蝶作为一项科学观察活动，不仅要看，更要记录，所以我们要带纸和笔，用铅笔记录能有效防水。如果有条件，可以带蝴蝶识别手册以供查阅，带数码相机、摄像机等做影像记录。另外，观蝶一般在炎热的季节，需要带一些防暑、防虫的用具和药品，如太阳帽、雨具、清凉油等，还需要带上充足的饮用水。

凤蝶

中型至大型蝶种，翅型优雅，色彩华丽。
多数种类具有尾突，翅面多具有丝绒光泽。
全球已知 540 多种，中国已有记录 90 多种，
广州记录 28 种。

金裳凤蝶 *Troides aeacus* (C. & R. Felder)

雌蝶
雌雄
雄蝶

相似蝶种比较：裳凤蝶 · P274

被列入国际濒危级动物保护的珍贵大型蝶种。前翅具天鹅绒黑色，后翅金黄色，并有黑色缘斑及晕斑，雌蝶亚外缘多一列黑斑。幼虫寄主为多种马兜铃属植物。分布：陕西以南各省区；印度至泰国等。

卵

幼虫

耳叶马兜铃

蛹

裳凤蝶 *Troides helena* (Linnaeus)

雌雄
雌蝶反面
雄蝶

相似蝶种比较：金裳凤蝶 · P274

被列为国际濒危级动物保护的珍稀大型蝶种。与金裳凤蝶相似，前翅天鹅绒黑色，后翅金黄色，并有黑色缘斑，但无晕斑。幼虫以耳叶马兜铃为食料。分布：我国北回归线以南各省区；印度至新几内亚。

卵

耳叶马兜铃

幼虫

蛹

暖曙凤蝶 *Atrophaneura aidoneus* (Doubleday)

雄蝶

雌蝶正面

雄蝶正面

中型种。头顶、颈部及胸腹部侧面红色，雄蝶体翅蓝黑色，雌蝶体翅深褐色，外缘各室纵纹明显，后翅无纵纹及尾突。幼虫寄主为马兜铃科的通城虎等植物。分布：我国华南及西南各省；印度至泰国等。

卵

幼虫

通城虎

蛹

多姿麝凤蝶 *Byasa polyeuctes* (Doubleday)

雄蝶
雄蝶正面

两翅褐黑色，前翅各室有放射状浅色纹，后翅中域有3个白斑，尾突中央有红色斑，头顶、胸部及腹部两侧面红色。幼虫寄主为马兜铃科华南马兜铃。分布：广东、云南、台湾等省区；缅甸至泰国等。

卵

华南马兜铃

幼虫

蛹

红珠凤蝶 *Pachliopta aristolochiae* (Fabricius)

雄蝶正面
雄蝶

相似蝶种比较：玉带凤蝶红珠型雌蝶 · P274

两翅褐黑色，前翅各室有放射状浅色纹，后翅中域有4个白斑，外缘各室各有1个红色斑，胸部及腹部两侧面红色。幼虫寄主为马兜铃科耳叶马兜铃等多种植物。分布：长江以南各省区；印度至泰国等。

卵

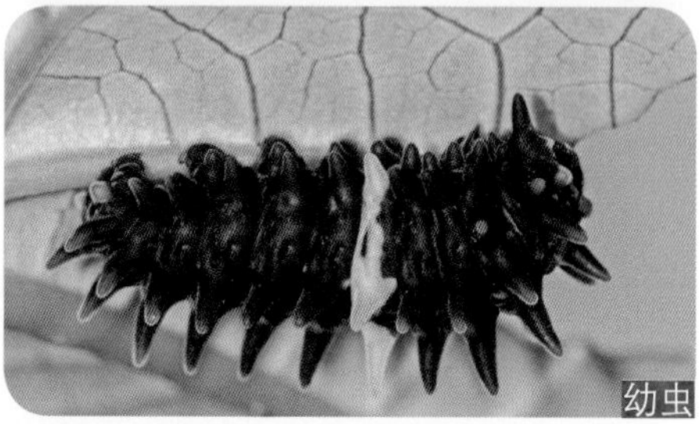
幼虫

耳叶马兜铃

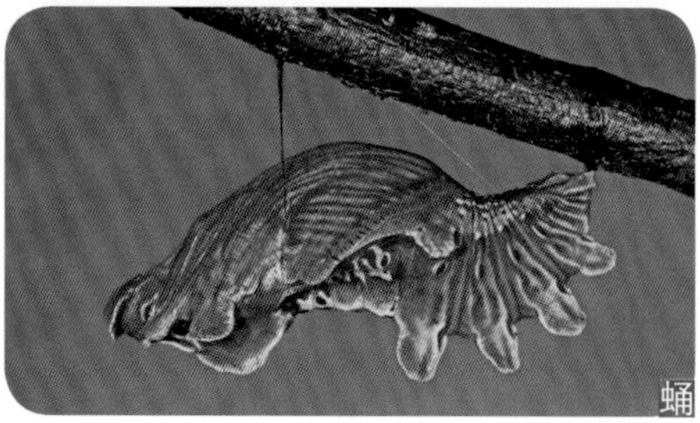
蛹

褐斑凤蝶 *Chilasa agestor* Gray

雄蝶反面
雄蝶

中大型凤蝶。体翅黑褐色，两翅各室均有多个灰白色纵斑，后翅缘区至臀角褐色，无尾突。成虫模拟斑蝶，飞行缓慢。幼虫以樟科黄樟、樟等多种植物为寄主。分布：长江以南各省区；印度至泰国等。

卵

黄樟

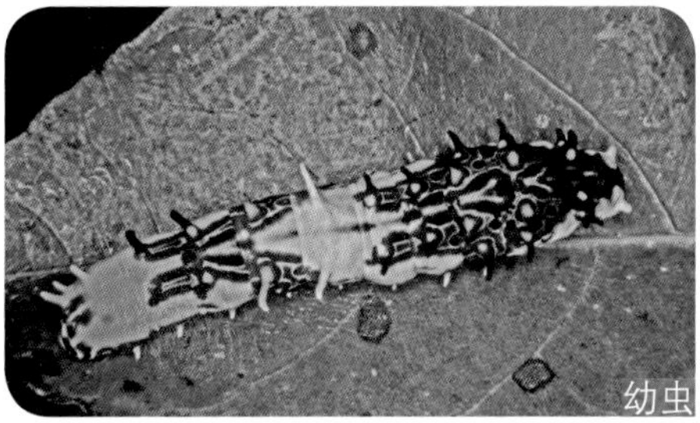
幼虫

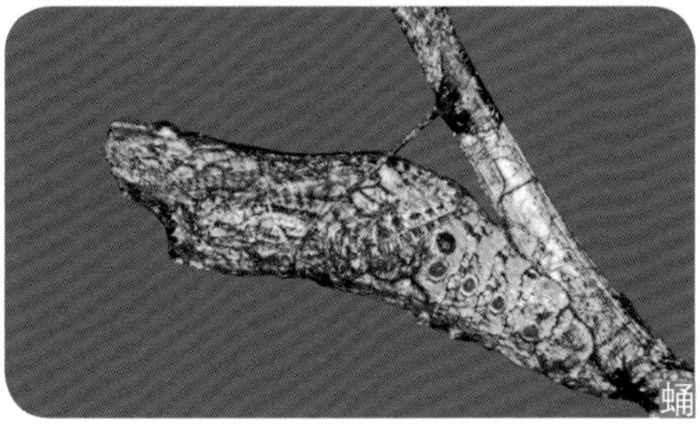
蛹

80~100mm

斑凤蝶 *Chilasa clytia* Linnaeus

基本型
异常型

成虫模拟斑蝶，体翅棕黑色，翅脉黑褐色，后翅外缘各室有黄斑。分基本型和异常型，基本型模拟紫斑蝶，异常型模拟青斑蝶。幼虫寄主为樟科的潺槁等植物。分布：长江以南各省区；印度至泰国等。

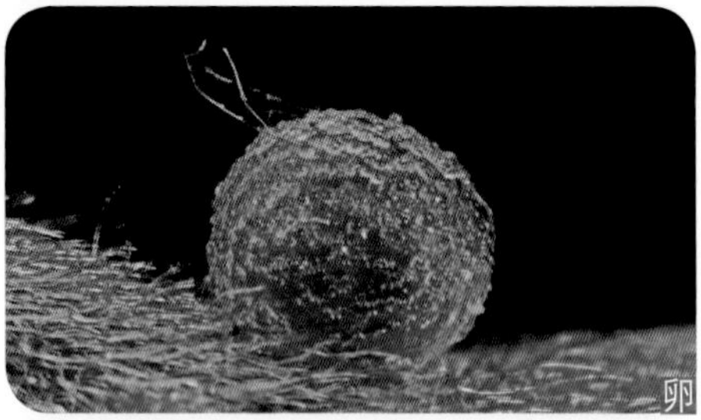
卵

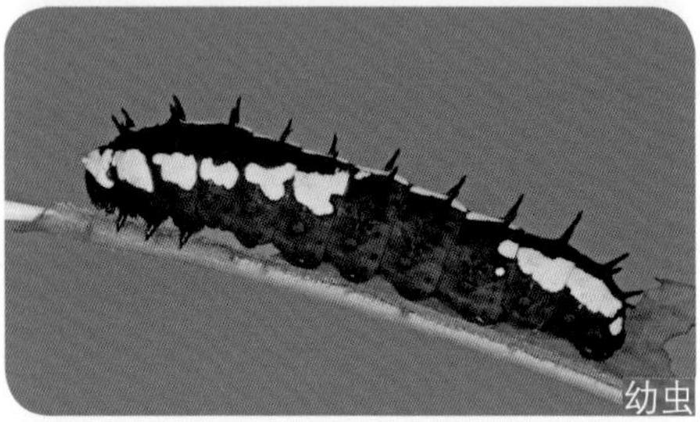
幼虫

潺槁

蛹

小黑斑凤蝶 *Chilasa epycides* (Hewitson)

雌蝶
雌蝶正面

体翅棕黑色，翅脉黑褐色，各室均有灰色纵纹，其外均有一排列成弧形的灰色斑，后翅臀角有黄斑。腹部两侧各有白斑列。幼虫群栖，寄主为樟科樟属多种植物。分布：我国南部各省区；泰国、马来西亚等。

卵

黄樟

幼虫

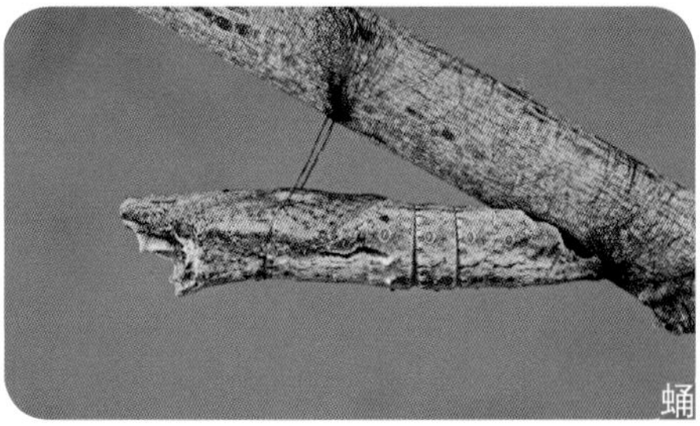
蛹

碧凤蝶 *Achillides bianor* (Cramer)

雄蝶

相似蝶种比较：穹翠凤蝶 · P275

体翅黑色，雄蝶前翅后缘有4列香鳞毛，两翅正面散布蓝绿色闪鳞，后翅外缘有绛红色及蓝色飞鸟形斑，尾突较长，中央纵列蓝色闪鳞。幼虫取食楝叶吴茱萸等。分布：我国大多数省区；日本至印度等。

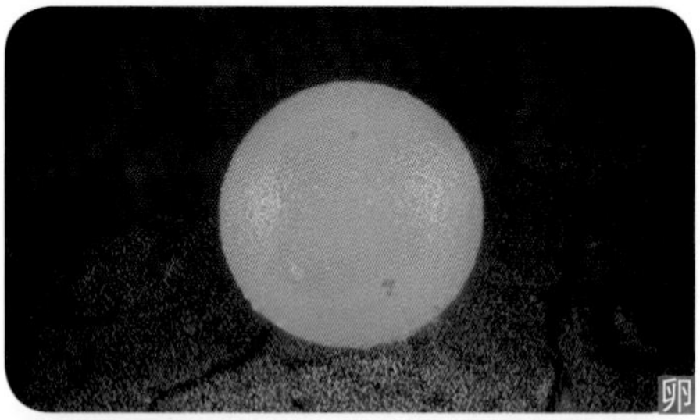
卵

幼虫

楝叶吴茱萸

蛹

穹翠凤蝶 *Achillides dialis* (Leech)

雄蝶反面
雄蝶

相似蝶种比较：碧凤蝶 · P275

体翅黑色，雄蝶前翅后缘4列香鳞毛较窄，两翅正面散布蓝绿色闪鳞，后翅反面外缘有绛红色飞鸟纹，尾突稍宽。幼虫寄主为飞龙掌血等植物。分布：我国大多数省区；中印半岛等。

卵

飞龙掌血

幼虫

蛹

巴黎翠凤蝶 *Achillides paris* (Linnaeus)

雄蝶正面

雄蝶

成虫体翅黑褐色，散布金绿色闪鳞，亚外缘有1列绿色横纹，后翅有一大块从不同角度呈现金蓝色至金绿色的大型幻彩斑，十分耀眼。幼虫以三桠苦等植物为寄主。分布：长江以南各省区；欧洲和亚洲多国。

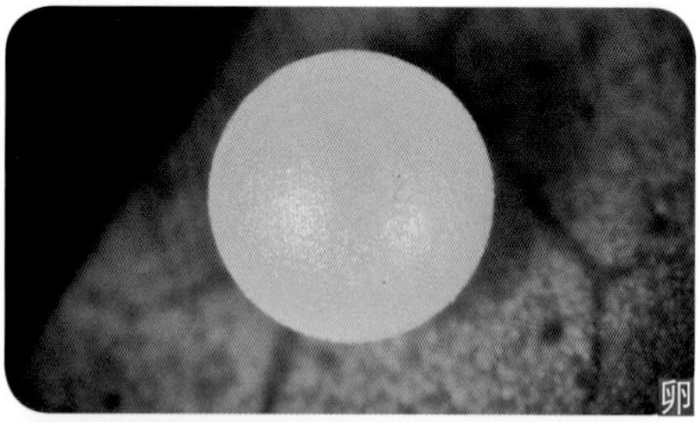

卵

幼虫

三桠苦

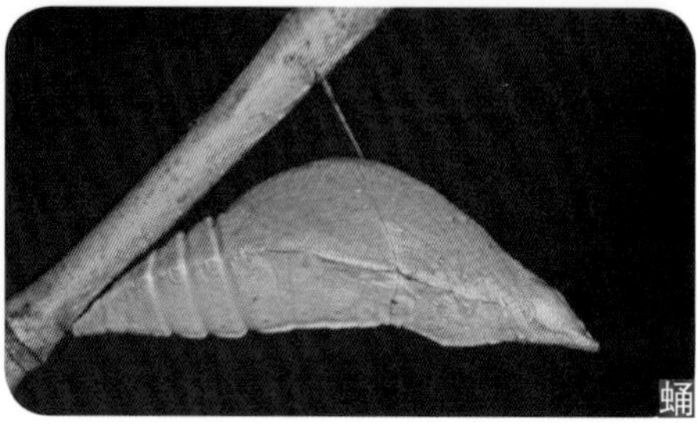

蛹

达摩凤蝶 *Papilio demoleus* (Linnaeus)

雄蝶正面

雄蝶

成虫体翅黑褐色，不规则散布许多淡黄色斑，外缘有1列小黄斑，亚外缘还有1列黄斑，后翅前缘有1个大型眼状斑，臀角有1个红色斑。幼虫以柑橘类等为食料。分布：我国南部；日本至澳大利亚等。

柑橘

卵

幼虫

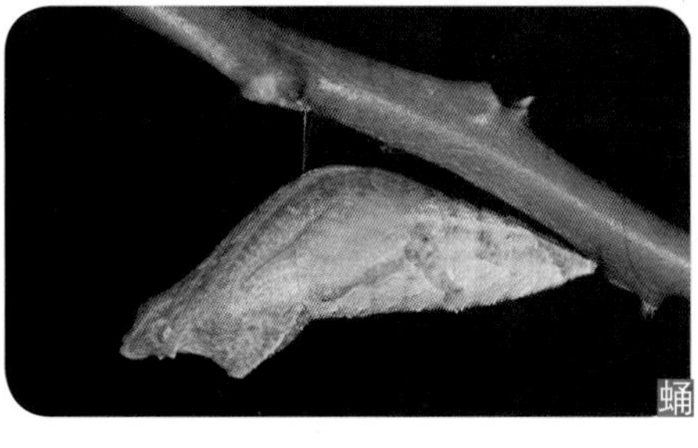
蛹

玉斑凤蝶 *Papilio helenus* (Linnaeus)

雄蝶

成虫体翅黑褐色，反面具浅色细线纹，后翅有3个白色斑组成的大斑，翅基也有浅色细线纹，外缘有1列红色飞鸟纹。幼虫以芸香科的飞龙掌血等植物为食。分布：长江以南各省区；日本、泰国至印度等。

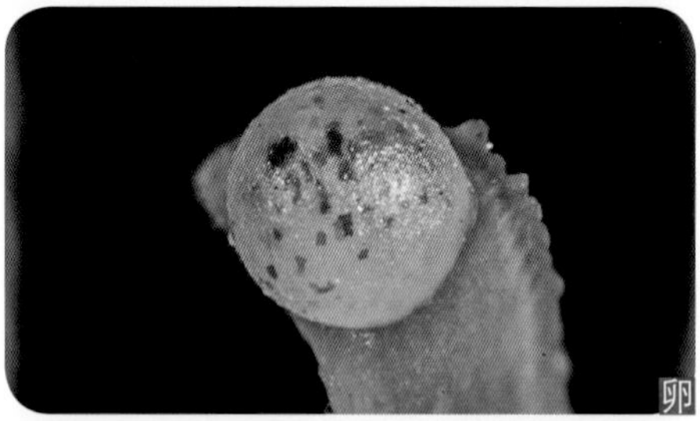
卵

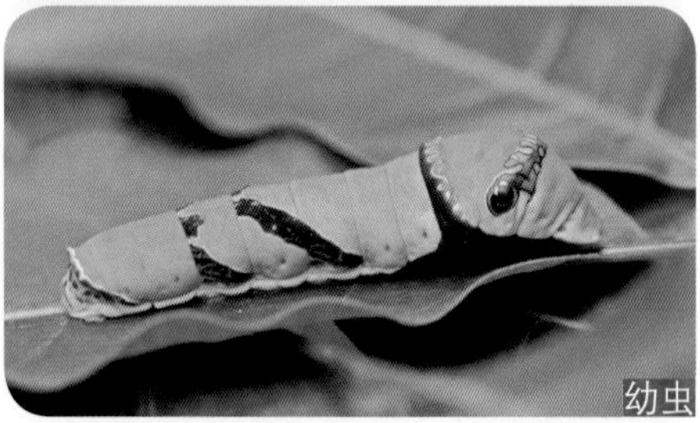
幼虫

飞龙掌血

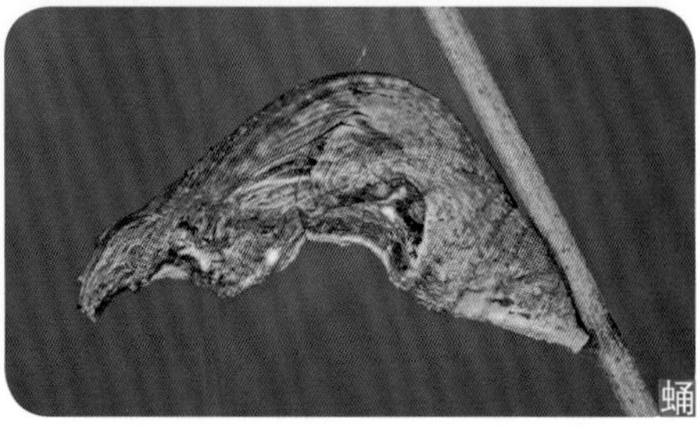
蛹

美凤蝶 *Papilio memnon* (Linnaeus)

无尾型雌蝶
有尾型雌蝶
雄蝶正面

大型蝶种。雄蝶蓝黑色，两翅基具红色斑，雌蝶后翅外半部白色，亚外缘还有1列黑色斑，分有尾型及无尾型。有尾型外缘黑斑较宽。幼虫寄主为柚、黄皮等。分布：长江以南各省区；日本至泰国等。

柚子

卵

幼虫

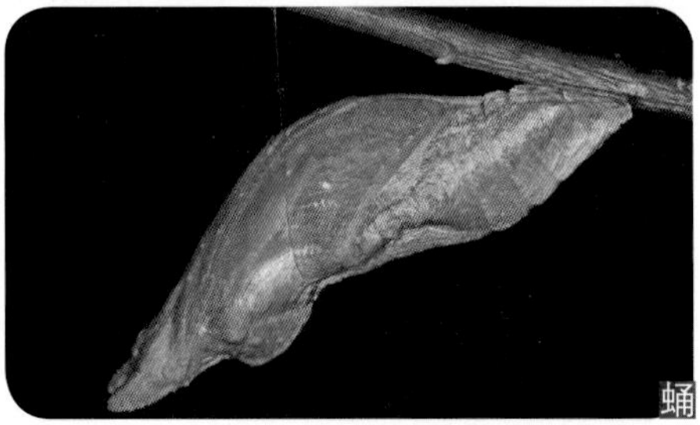
蛹

玉带凤蝶 *Papilio polytes* (Linnaeus)

红珠型雌蝶
雄蝶
玉带型雌蝶

体翅黑褐色，前后翅有1列白斑组成的白带，后翅亚外缘各室均有1个红色斑，雌蝶斑纹变化较大。本种是广州常见的城区蝴蝶之一。幼虫以柑橘等植物为食料。分布：陕西以南各省区；日本至印度等。

卵

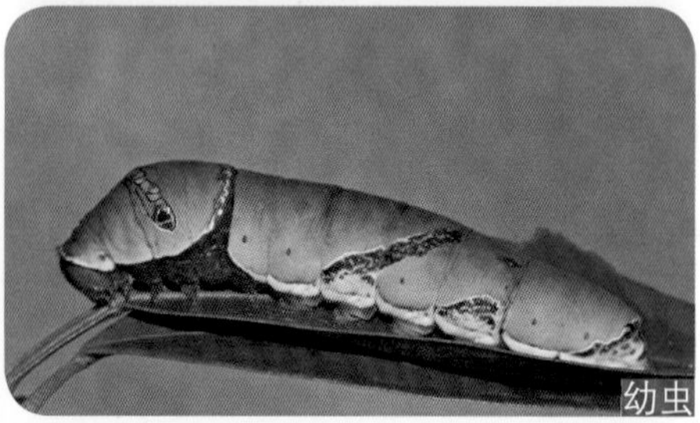
幼虫

柑橘

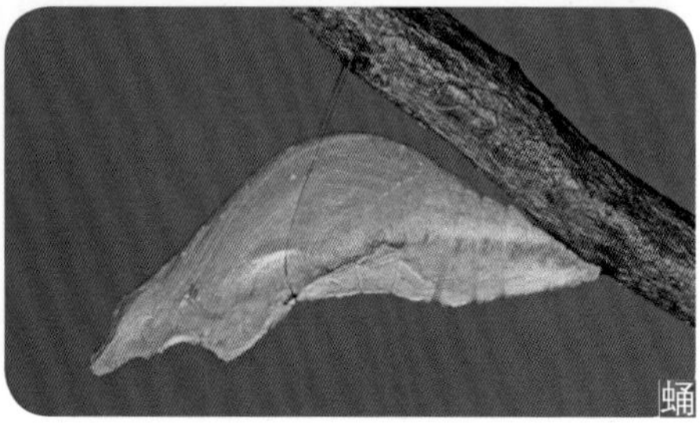
蛹

90～130mm

蓝凤蝶 *Papilio protenor* (Cramer)

雌蝶

相似蝶种比较：美凤蝶雄蝶 · P275

成虫体翅黑色，并具深蓝色天鹅绒光泽，雄蝶后翅正面前缘有白色宽带，雌蝶两翅正面黑褐色更明显。无尾突。幼虫以芸香科的簕欓花椒及柑橘类等为寄主。分布：陕西以南各省区；日本至印度等。

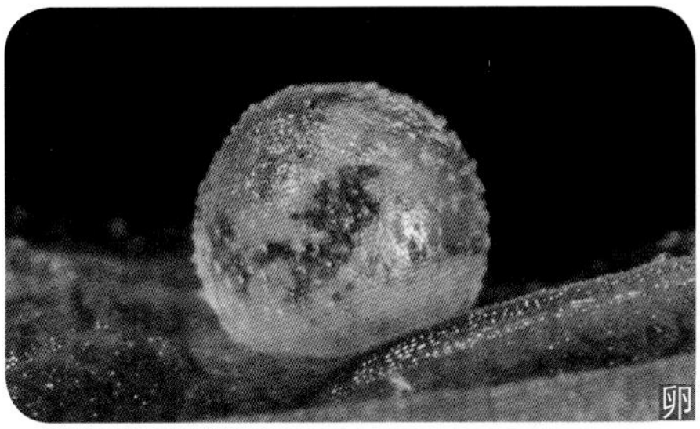
卵

簕欓花椒

幼虫

蛹

柑橘凤蝶 *Papilio xuthus* (Linnaeus)

雌蝶正面

雄蝶

体翅黑褐色。两翅满布黄斑，外缘有1列月牙形的黄斑，中室内的斑纹为长条形。后翅反面亚外缘有1列蓝色斑，臀角有1个橙斑。幼虫以柠檬、柑橘等植物为食料。分布：我国多数省区；日本至缅甸等。

卵

幼虫

柠檬

蛹

统帅青凤蝶 *Graphium agamemnon*(Linnaeus)

雄蝶反面
雄蝶

体翅黑褐色，具多数黄绿色斑，前翅分为4列，后翅则为3列，翅基则呈两列横带，翅反面褐色，尾突较短。幼虫以番荔枝科的假鹰爪和木兰科白兰等为寄主。分布：我国华南、西南各省区；缅甸至澳大利亚等。

卵

假鹰爪

幼虫

蛹

碎斑青凤蝶 *Graphium chironides* (Honrath)

雄蝶正面

雄蝶

体翅黑褐色。两翅具多数淡青色斑，前翅有3列，后翅有2列，后翅反面中域分开成数个大斑，其后有数个黄色小斑。幼虫以木兰科的含笑等植物为食料。分布：我国华南、西南各省区；印度至印度尼西亚等。

卵

幼虫

含笑

蛹

宽带青凤蝶 *Graphium cloanthus* (Westwood)

雄蝶正面

雄蝶

成虫两翅黑色。前后翅中部一串长方形的浅绿色半透明斑组成的宽中带，后翅有较长的尾突，外缘1列浅绿色月牙斑，以及数个小红斑。幼虫以樟等为食料。分布：陕西以南各省区；泰国至缅甸等。

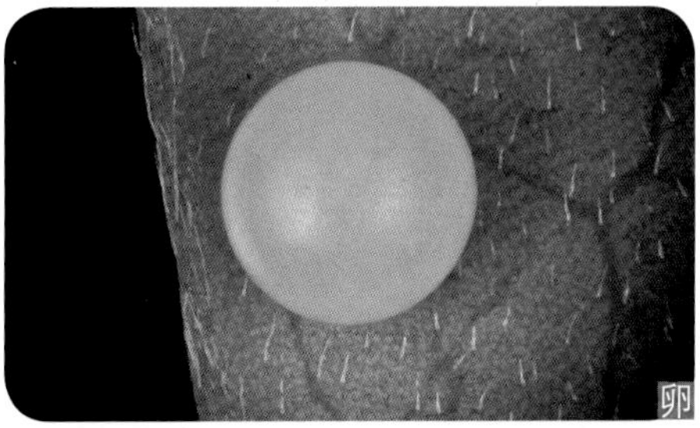

卵

樟

幼虫

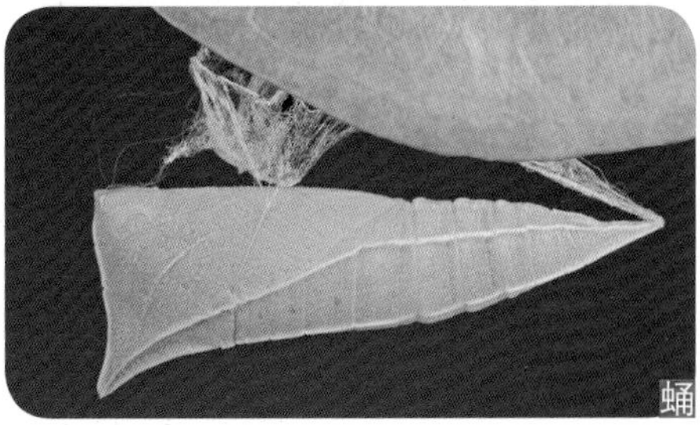

蛹

木兰青凤蝶 *Graphium doson* (C. & R. Felder)

雄蝶正面
雄蝶

体翅黑褐色。两翅斑纹淡青色，前翅青斑为3列，后翅则有2列，后翅反面还有数个红色小斑。翅基部第一、第二黑纹分离。幼虫寄主为木兰科、番荔枝科等植物。分布：长江以南各省区；日本至印度等。

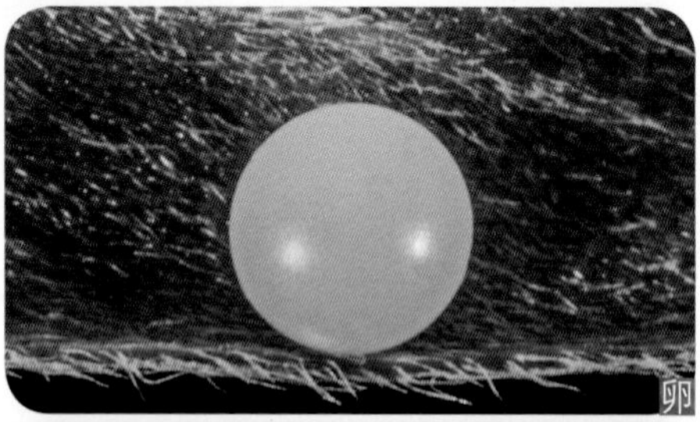
卵

幼虫

白兰

蛹

银钩青凤蝶 *Graphium eurypylus* (Linnaeus)

雌蝶正面
雄蝶

本种与木兰青凤蝶非常相似。两翅斑纹淡青色，前翅青斑为3列，后翅有2列，后翅基部第二黑纹汇入第一黑纹。幼虫寄主为番荔枝科番荔枝、银钩花等植物。分布：我国华南、西南各省区；印度至印度尼西亚等。

卵

番荔枝

幼虫

蛹

青凤蝶 *Graphium sarpedon* (Linnaeus)

雄蝶正面

雄蝶

两性成虫体翅黑褐色。前后翅有1列青蓝色斑纹组成的中带，后翅外缘还有1列青蓝色飞鸟纹，翅反面有数个红色小斑。幼虫以樟科的樟、阴香等植物为寄主。分布：长江以南各省区；日本至印度等。

卵

幼虫

樟

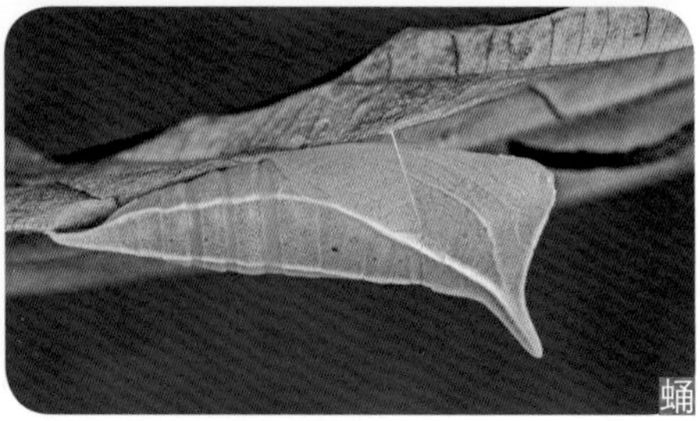

蛹

斜纹绿凤蝶 *Pathysa agetes* (Westwood)

雄蝶

雄蝶正面

体翅浅绿色。两翅边缘黑色，前翅有5条长短不一的黑色横纹，后翅也有3条，中间黑纹上有数条红色线斑，尾突较为细长。幼虫以番荔枝科的瓜馥木为寄主。分布：我国华南、西南各省区；印度至印度尼西亚等。

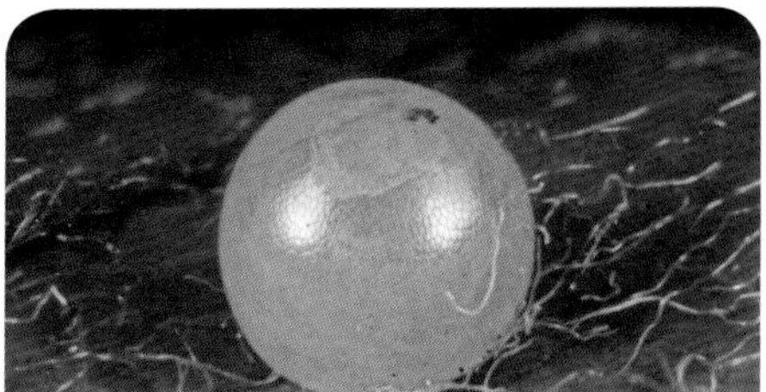
卵

瓜馥木

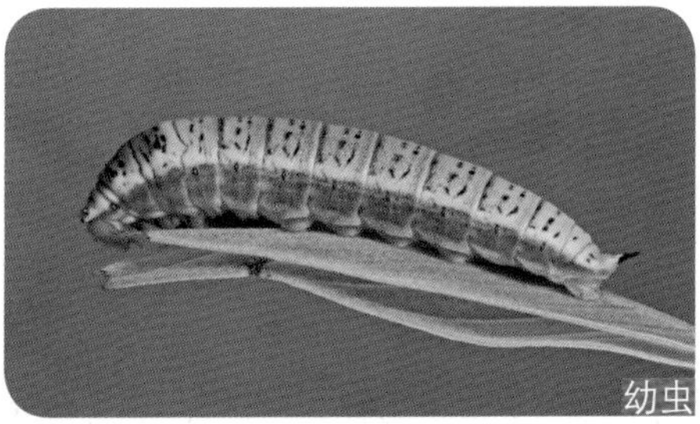
幼虫

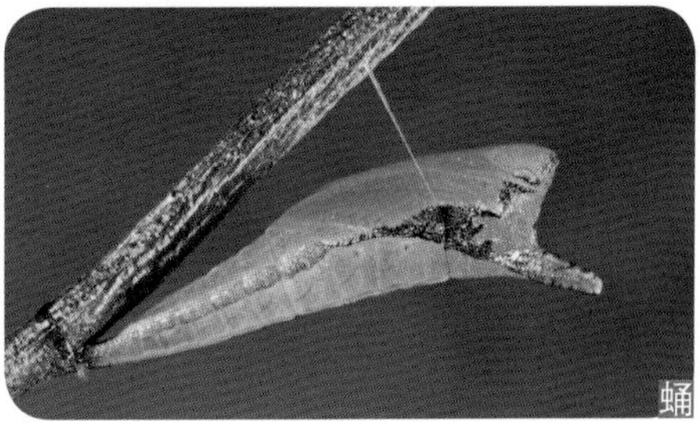
蛹

绿凤蝶 *Pathysa antiphates* (Cramer)

雄蝶正面

雄蝶

成虫两翅正面白色。前翅7条黑色宽横纹，两翅反面淡绿色，后翅有3条横纹和多数黑斑，亚外缘橙黄色，尾突长剑状。幼虫取食番荔枝科紫玉盘、假鹰爪等。分布：长江以南各省区；印度至泰国等。

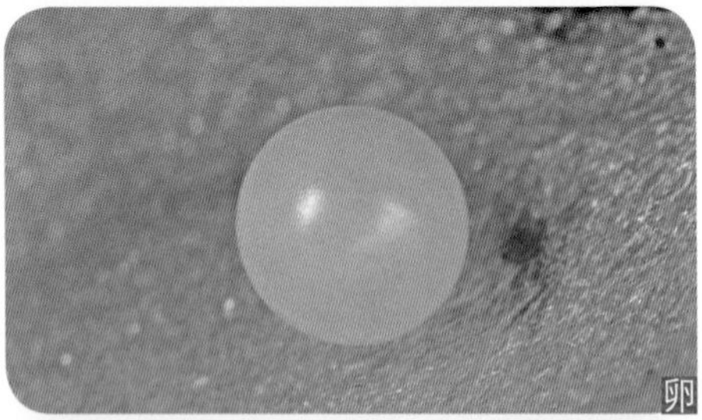

卵

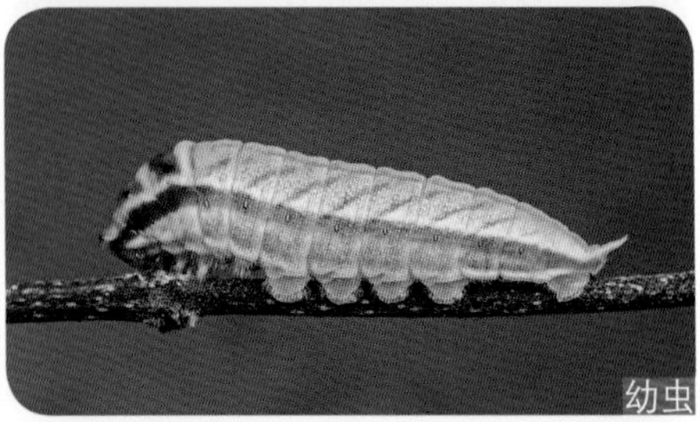

幼虫

紫玉盘

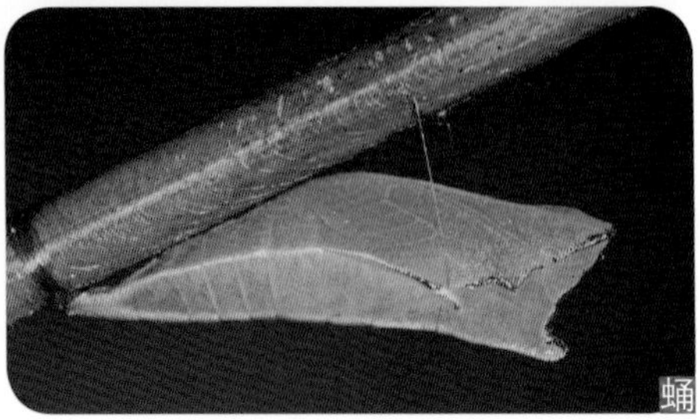

蛹

升天剑凤蝶 *Pazala euroa* (Leech)

雄蝶正面
雄蝶

两翅半透明。边缘黑色，前翅有9条长短不一黑横纹；后翅有6条，第三与第四黑横纹之间有数个淡黄斑，尾突长剑状。幼虫以鸭公树等植物为寄主。分布：我国南方各省区；印度至缅甸等。

鸭公树

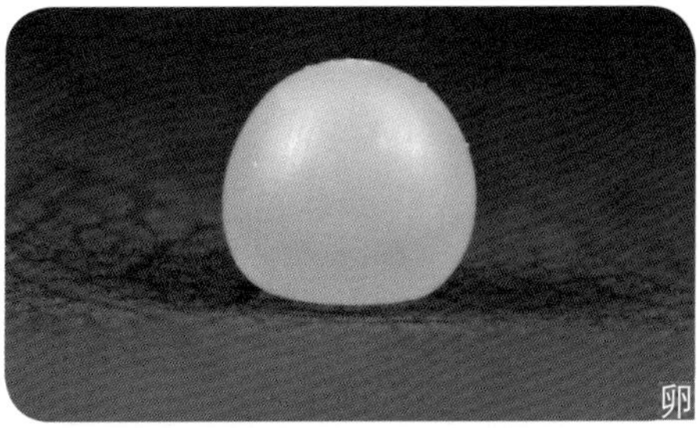
卵

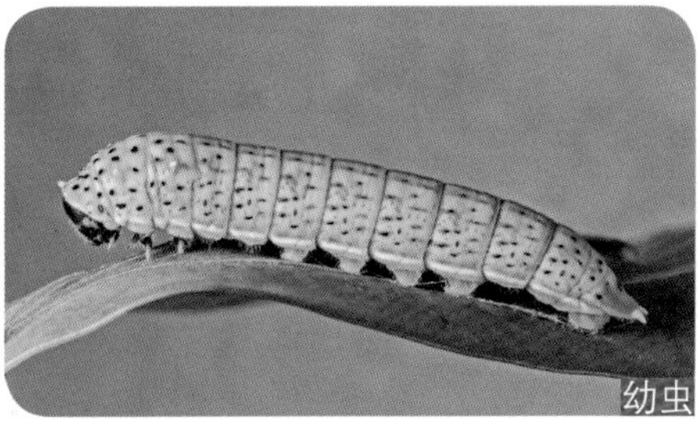
幼虫

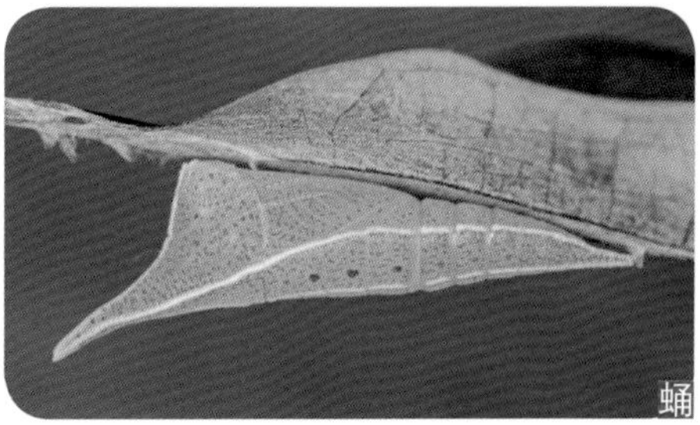
蛹

燕凤蝶 *Lamproptera curius* (Fabricius)

雄蝶正面

雌蝶

我国最小型凤蝶，两翅黑色。前翅有三角形透明斑，前后翅各有一白带，后翅连尾突3倍于体长。本种为飞行技巧最高蝶种。幼虫取食莲叶桐科的红花青藤等。分布：我国华南、西南各省区；不丹至缅甸等。

卵

幼虫

红花青藤

蛹

西藏钩凤蝶 *Meandrusa Lachinus* (Fruhstorfer)

雄蝶

雄蝶正面

中海拔山地蝶种。身体墨绿色，两翅正面深褐色，反面基部深褐色、中域浅褐色，中室端部具深褐色斑，尾突较窄。幼虫以樟科鸭公树等植物为寄主。分布：长江以南各省区；印度至马来西亚等。

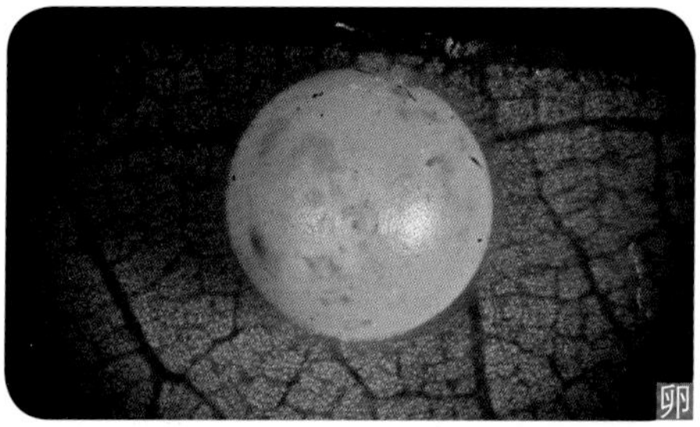

卵

鸭公树

幼虫

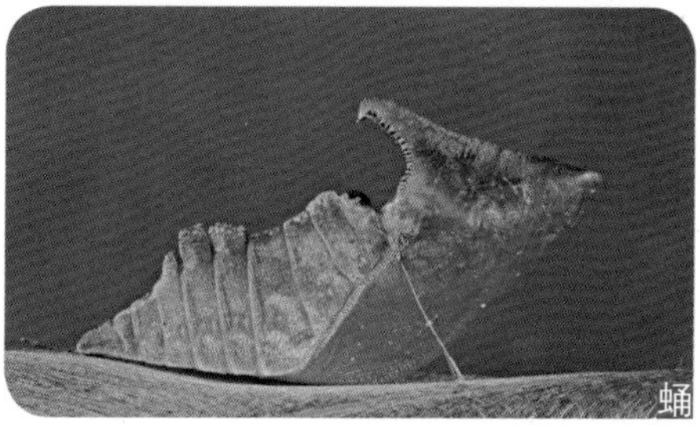

蛹

粉蝶

中小型至中型蝶种，翅型圆润，色彩淡雅。以黄色、白色为主调，因翅面被粉状而得名。全球已知1200多种，中国已有记录140多种，广州记录20种。

60～70mm

迁粉蝶 *Catopsilia pomona* (Fabricius)

无纹型雌蝶
无纹型雄蝶
银纹型雄蝶
血斑型雌蝶
银纹型雌蝶

本种具多型性。高温季节多为无纹型，部分为血斑型，低温季节多为银纹型。银纹型、血斑型色彩鲜艳，雄蝶只分银纹型及无纹型。幼虫取食苏木科腊肠树等。分布：我国华南、西南各省区；日本至印度等。

卵

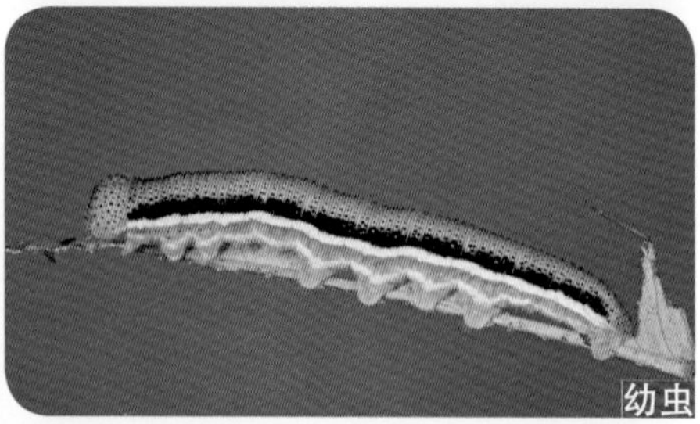
幼虫

腊肠树

蛹

梨花迁粉蝶 *Catopsilia pyranthe* (Linnaeus)

旱季型雄蝶

湿季型雄蝶

相似蝶种比较：银纹型迁粉蝶 · P276

成虫翅面白色或粉绿色，前翅外缘黑色，中室端有一个黑点，两翅反面具众多赭色细横纹，中室端部各有1个红色环纹。幼虫以翅荚决明、黄槐决明等植物为食料。分布：我国华南各省区；阿富汗至澳大利亚等。

卵

翅荚决明

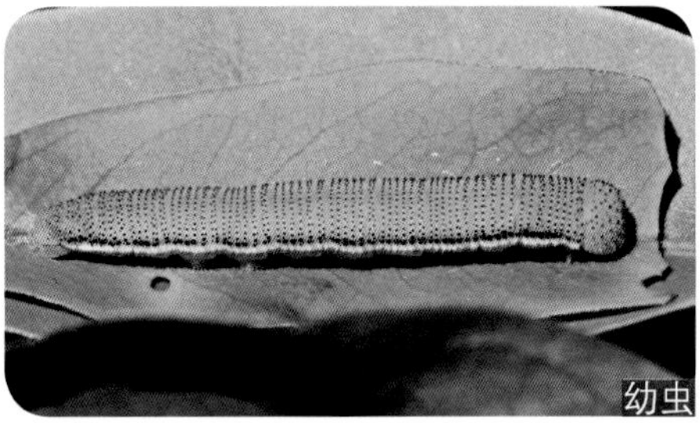

幼虫

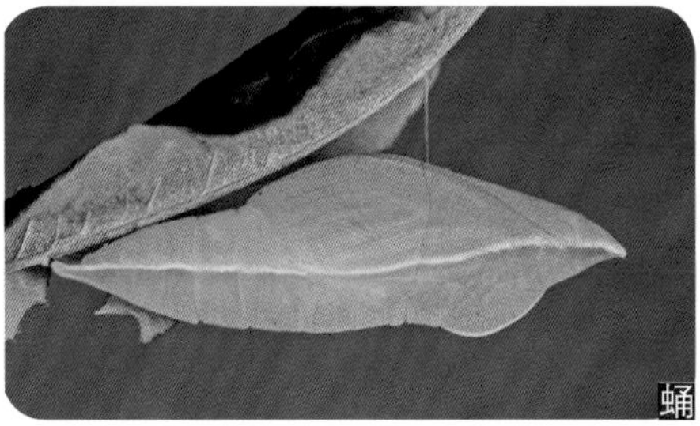

蛹

檗黄粉蝶 *Eurema blanda* (Boisduval)

雄蝶
雌蝶

相似蝶种比较：宽边黄粉蝶 · P277

本种与宽边黄粉蝶相似，翅鲜黄色，后翅M_3室无角突，呈圆弧状。卵白色，成片产于寄主叶背。幼虫群栖，头黑色，体黄绿色。幼虫取食黄槐决明等多种植物。分布：我国华南、西南各省区；东南亚各国。

卵

幼虫

黄槐决明

蛹

宽边黄粉蝶 *Eurema hecabe*(Linnaeus)

雄蝶

雌雄

相似蝶种比较：檗黄粉蝶 · P277

两性成虫两翅黄色，前翅外缘有宽黑边，后翅M_3室外缘略突出呈不规则钝角形。幼虫的食性很广，以苏木科的黄槐决明、金丝桃科、大戟科等60多种植物为寄主。分布：我国各省区广布；亚洲多国。

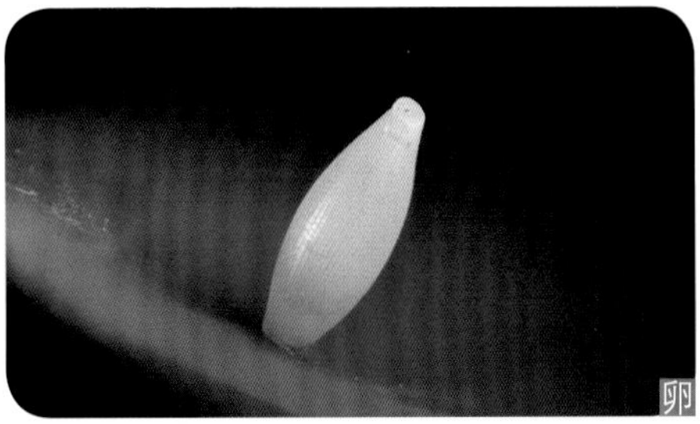
卵

黄槐决明

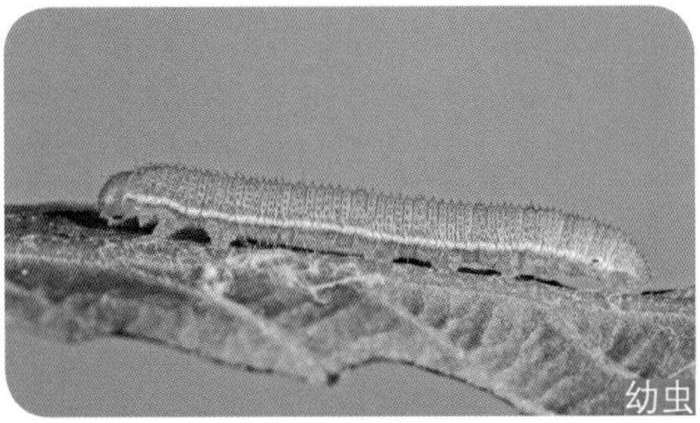
幼虫

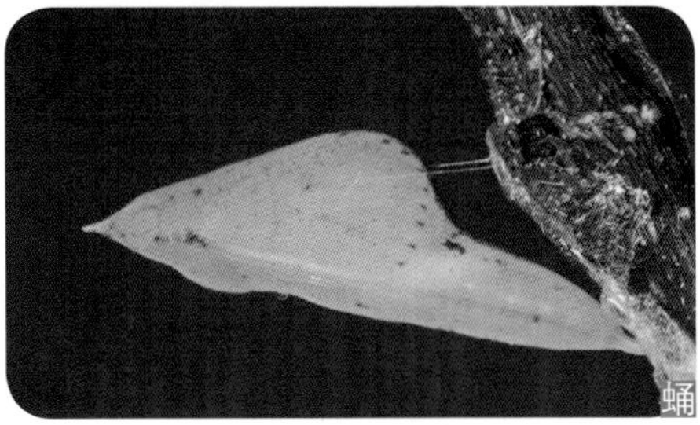
蛹

橙粉蝶 *Ixias pyrene* (Linnaeus)

雌蝶
雄蝶
雄蝶

雌雄异型。雄蝶前翅端半部黑色，有一大型橙色斑。雌蝶则为白色或淡黄色，前翅端半部黑色，有1列不规则白斑。幼虫以白花菜科的广州槌果藤等植物为食料。分布：长江以南各省区；尼泊尔至印度尼西亚。

卵

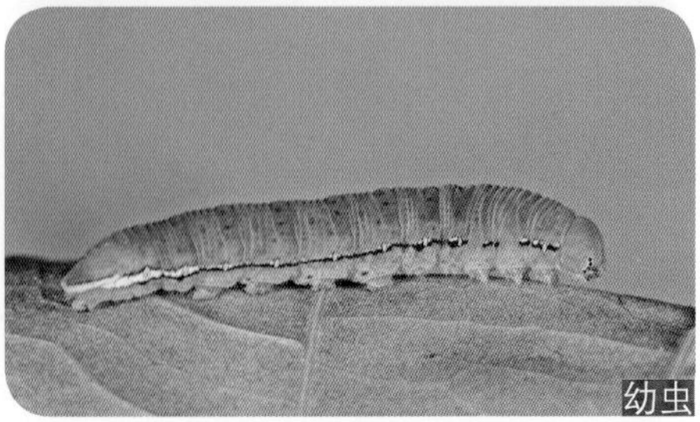
幼虫

广州槌果藤

蛹

红腋斑粉蝶 *Delias acalis* (Godart)

雄蝶正面

雄蝶

本种与报喜斑粉蝶相似，常混栖。成虫两翅黑色，翅面有白色的条斑，后翅肩角有黄色斑，其后为朱红色宽斑带，翅反面斑纹与正面对应。幼虫取食寄生藤等。分布：我国华南、西南各省区；印度至马来西亚。

卵

寄生藤

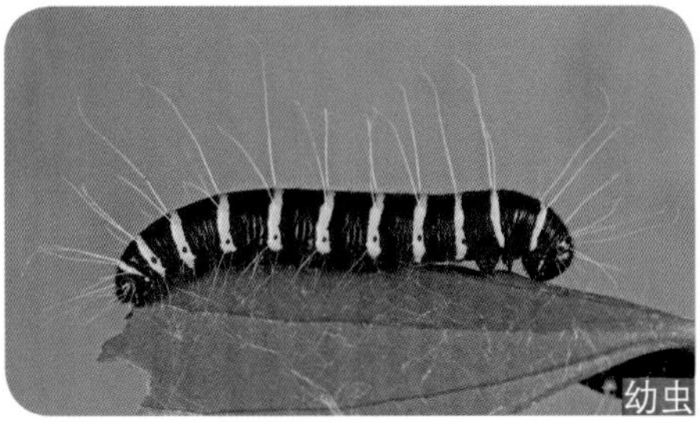

幼虫

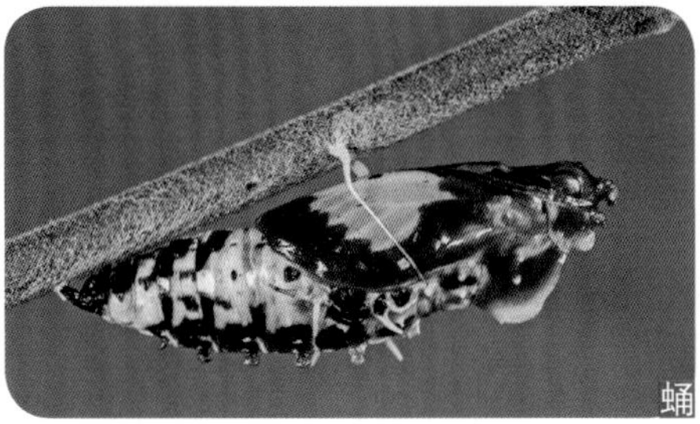

蛹

艳妇斑粉蝶 *Delias belladonna* (Fabricius)

雄蝶正面
雌蝶
雄蝶

卵

成虫两翅黑色。翅面散布黄、白色大斑，后翅肩角黄色，内缘则为大片黄色，外缘黄色斑呈环带状，翅正反面斑纹相似。幼虫取食桑寄生科的红花寄生等植物。分布：我国华南、西南各省区；印度至印度尼西亚等。

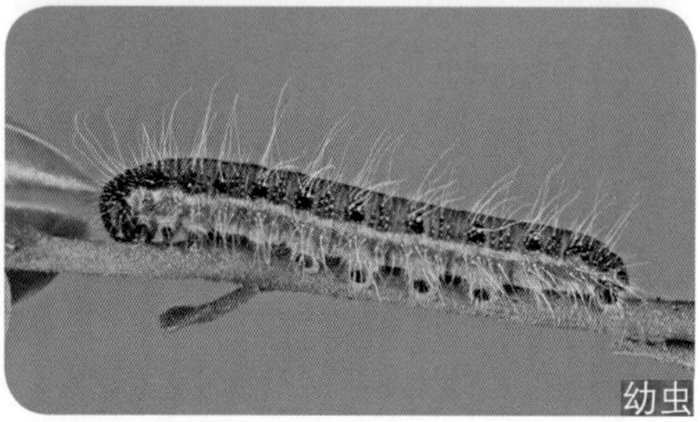
幼虫

红花寄生

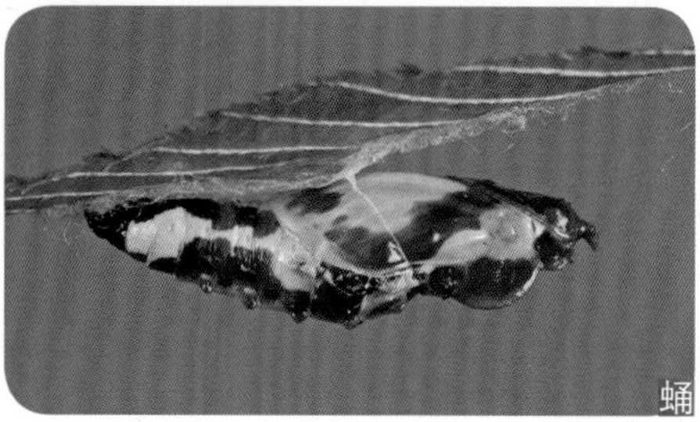
蛹

优越斑粉蝶 *Delias hyparete* (Linnaeus)

雌蝶

雄成虫翅面白色，翅脉及外缘黑色，后翅反面黄色，黑色外缘线内有一红色宽斑带，雌蝶颜色较深。成虫飞行缓慢。幼虫以桑寄生科广寄生等多种植物为寄主。分布：我国华南、西南各省区；印度至缅甸等。

卵

广寄生

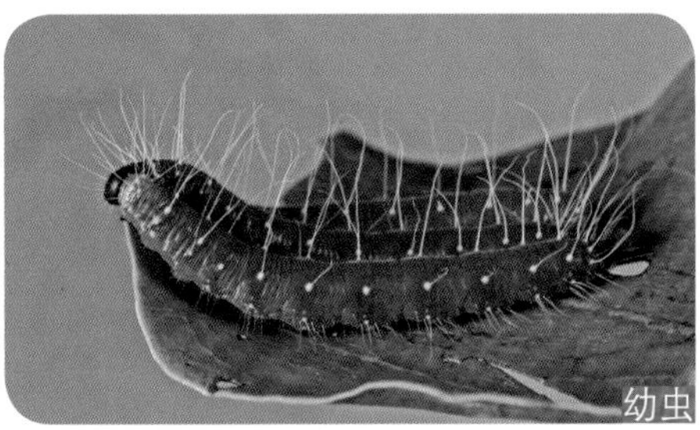

幼虫

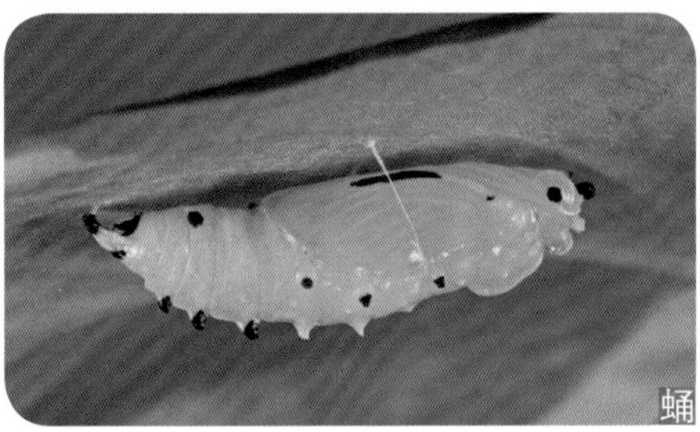

蛹

60~70mm

报喜斑粉蝶 *Delias pasithoe* (Linnaeus)

雄蝶正面

雌蝶

雄蝶

成虫两翅黑色。翅面有白色的斑纹，后翅臀区漆黄色，反面基部红色，斑纹黄色。卵呈黄色，成片产于寄主的叶片上。幼虫群栖，以寄生藤及广寄生等为食料。分布：长江以南各省区；印度至印度尼西亚等。

卵

幼虫

寄生藤

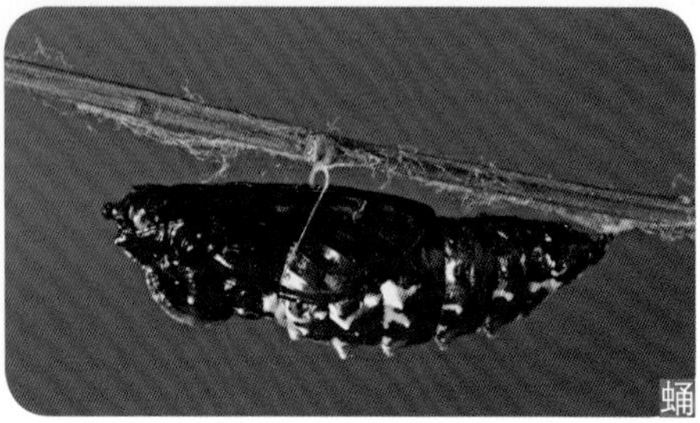
蛹

灵奇尖粉蝶 *Appias lyncida* (Cramer)

雄蝶

雌蝶

雌蝶正面

雌雄异型。雄蝶两翅外缘褐黑色边，前翅反面白色，顶角有一黄斑，后翅反面黄色，雌蝶颜色较深，翅面有褐色纵脉纹。幼虫以白花菜科的鱼木等植物为食料。分布：我国华南、西南各省区；印度至菲律宾。

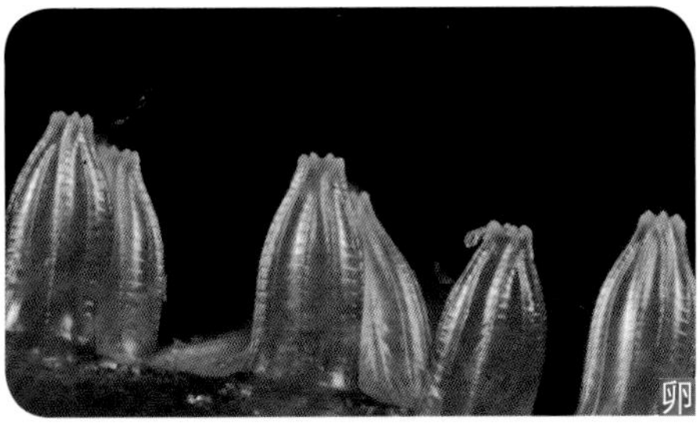
卵

鱼木

幼虫

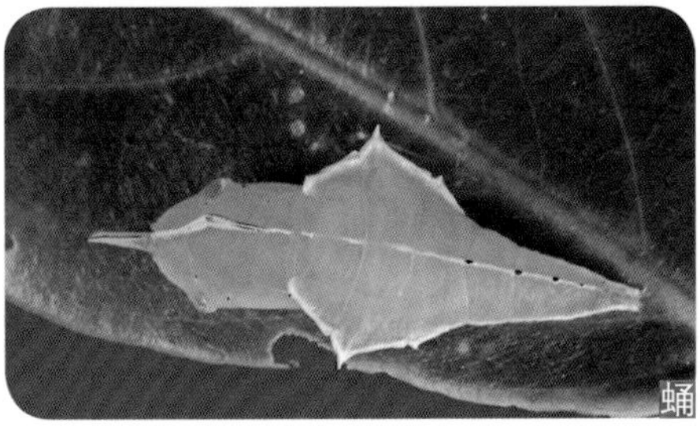
蛹

锯粉蝶 *Prioneris thestylis* (Doubleday)

雄蝶正面

雄蝶

成虫两翅黑色。翅面有多数白色斑，后翅反面各室分别有大型黄色斑，外缘为一列浅黄色斑，雌蝶颜色较深。幼虫以白花菜科的广州槌果藤等数种植物为寄主。分布：我国华南、西南各省区；中印半岛数国。

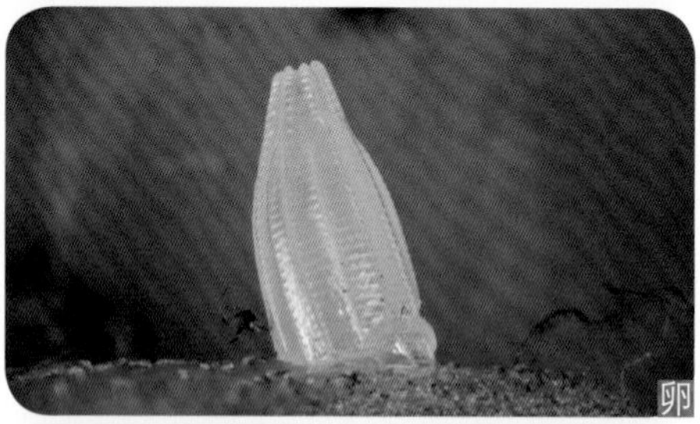

卵

幼虫

广州槌果藤

蛹

黑脉园粉蝶 *Cepora nerissa* (Fabricius)

雄蝶正面
雌蝶

成虫两翅白色。翅脉棕黑，前翅顶角和外缘黑色，两翅反面沿翅脉呈黄褐色，亚外缘各室有1列黄褐色斑，雌蝶颜色较深。幼虫寄主为广州槌果藤等同属植物。分布：我国华南、西南各省区；印度至马来西亚。

卵

广州槌果藤

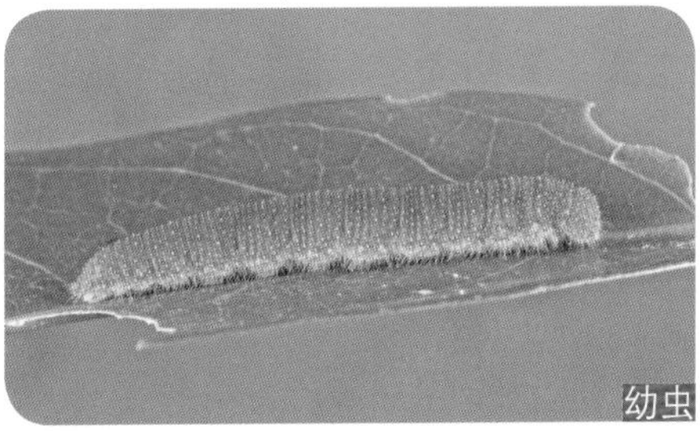
幼虫

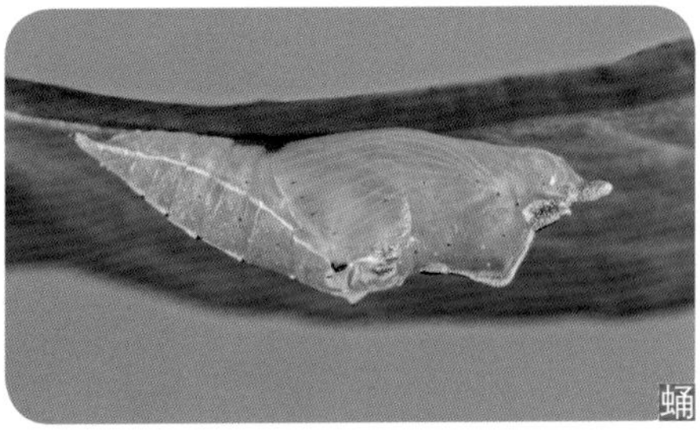
蛹

东方菜粉蝶 *Pieris canidia* (Linnaeus)

雌雄
雌蝶正面
雄蝶

相似蝶种比较：菜粉蝶 · P276

成虫两翅白色。前翅外侧有2个黑斑，翅顶黑色，黑边内缘呈齿状，后翅外缘1列黑色三角形斑，后翅反面白色至污黄色。幼虫寄主为十字花科碎米荠等植物。分布：黄河以南各省区；土耳其至朝鲜。

卵

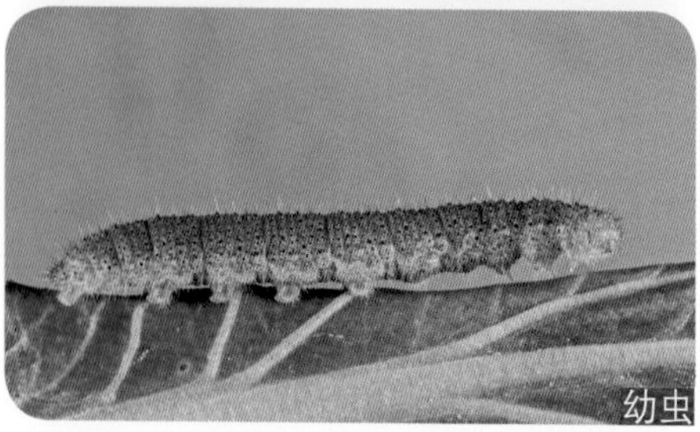
幼虫

碎米荠

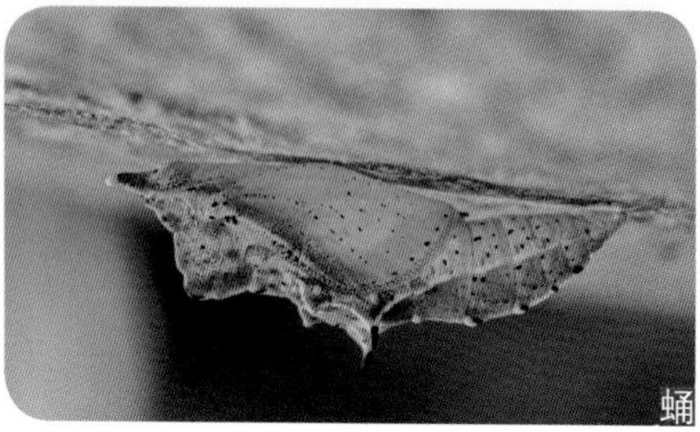
蛹

菜粉蝶 *Pieris rapae* (Linnaeus)

雌蝶

相似蝶种比较：东方菜粉蝶 · P276

成虫两翅白色。前翅顶角黑色，中部有2个黑色斑，后翅前缘1个黑斑，两翅反面污白色，前翅中室外后则有1个较大的黑斑。幼虫取食十字花科芸苔属等植物。分布：广布我国各省区；北半球各国。

卵

白菜

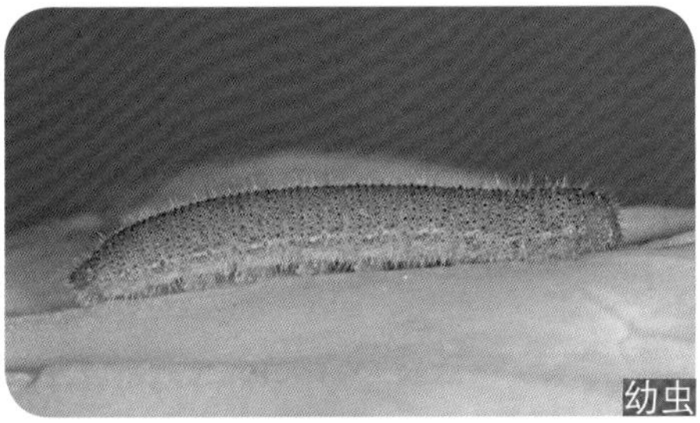
幼虫

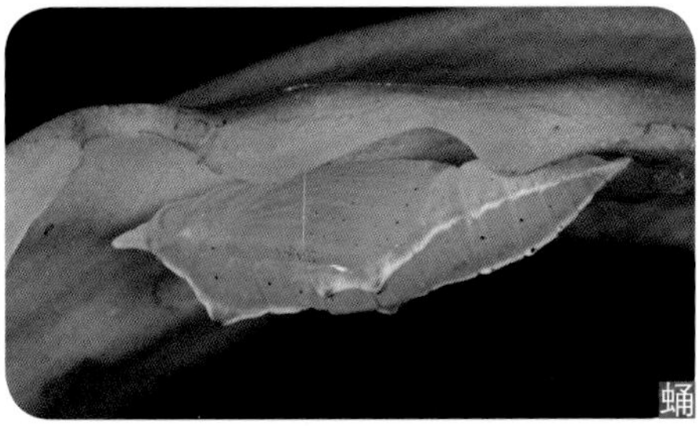
蛹

飞龙粉蝶 *Talbotia naganum* (Moore)

雄蝶正面
雄蝶反面
雌蝶

卵

成虫与东方菜粉蝶及菜粉蝶相似，但体型更大。雄蝶前翅有两个黑斑，顶角及外缘各有一大型三角斑，后翅无斑。雌蝶前翅中部有黑色宽纵纹。幼虫寄主为伯乐树。分布：我国华东、华南各省区；越南、缅甸。

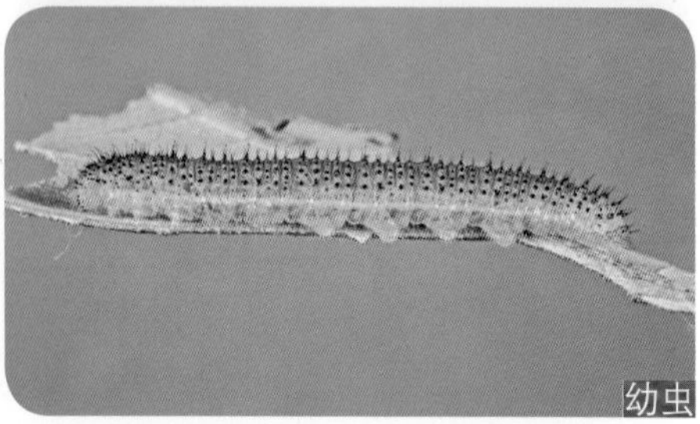
幼虫

伯乐树

蛹

纤粉蝶 *Leptosia nina* (Fabricius)

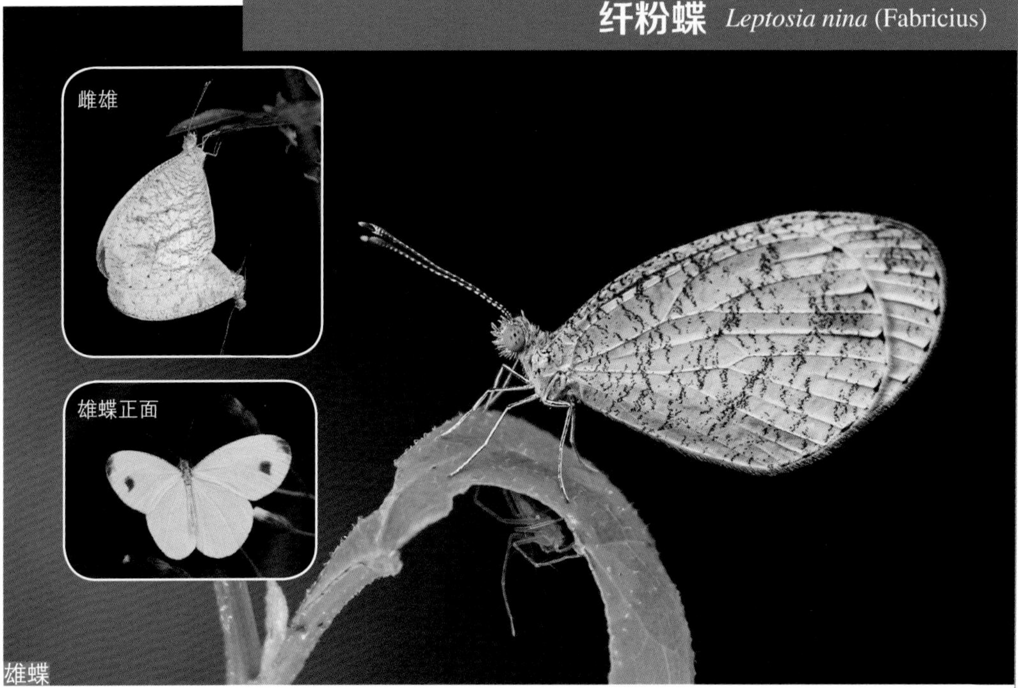

雄蝶

广州市粉蝶科体型最小种，成虫两翅正面白色。前翅中室外有1个黑斑，后翅反面布满暗绿色的网状纹。成虫飞行缓慢。幼虫以白花菜科的皱子白花菜等为寄主。分布：我国华南、西南各省区；印度至印度尼西亚等。

皱子白花菜

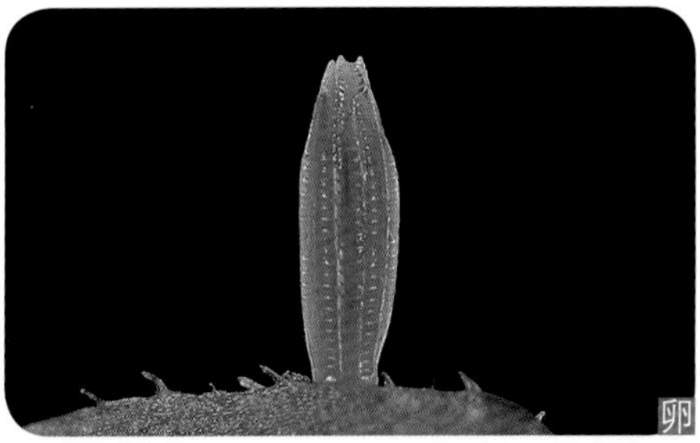
卵

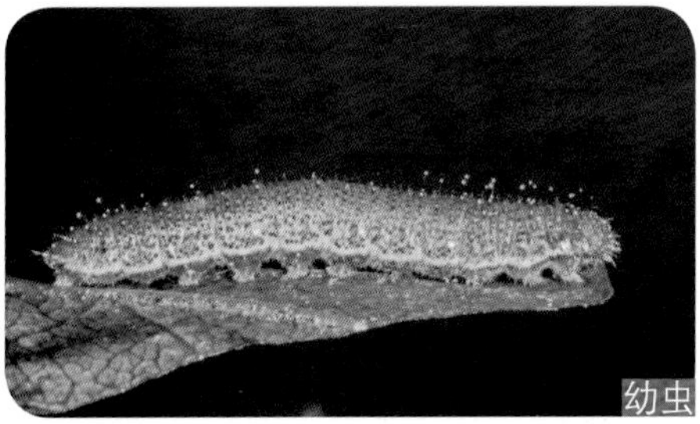
幼虫

蛹

80～95mm

鹤顶粉蝶 *Hebomoia glaucippe* (Linnaeus)

雄蝶正面

雄蝶

雄蝶两翅白色。前翅顶角黑色，有三角形橙红色斑，雌蝶后翅外缘有1列黑条斑，两翅反面密布褐色细纹。幼虫以白花菜科的鱼木、广州槌果藤等植物为食料。分布：我国华南、西南各省区；印度至菲律宾。

卵

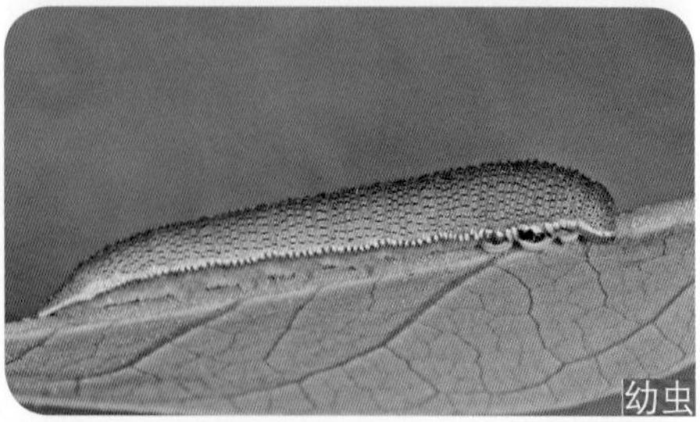

幼虫

鱼木

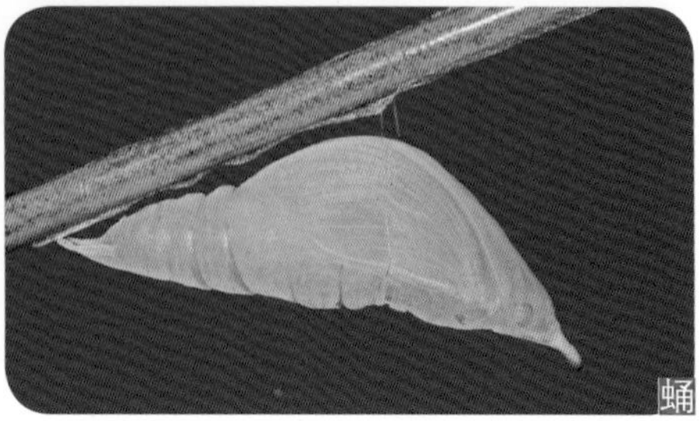

蛹

斑蝶

中大型蝶种，姿态曼妙，色彩斑斓。斑蝶以警戒色吓退天敌，飞行缓慢而优雅。全球已知 150 多种，中国已有记录 20 多种，广州记录 11 种。

金斑蝶 *Danaus chrysippus* (Linnaeus)

雌蝶

雄蝶

成虫翅面橙红色，外缘黑色并有1列白斑点，前翅近顶角有白斜带，后翅中部有3枚黑褐色斑，雄蝶后翅中室下方有一香鳞囊。幼虫以萝藦科的马利筋等为寄主。分布：长江以南各省区；西亚至澳大利亚。

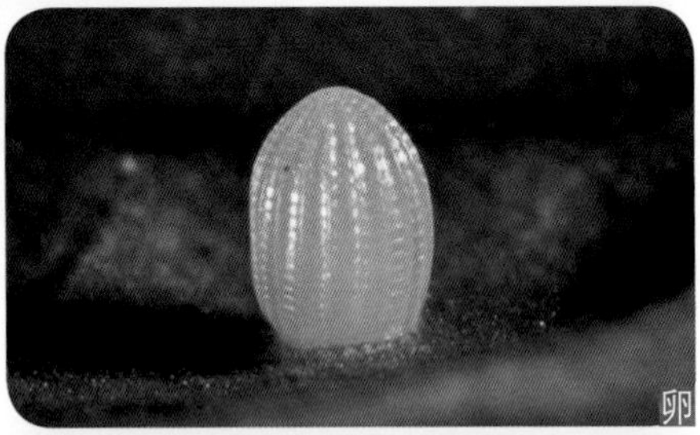

卵

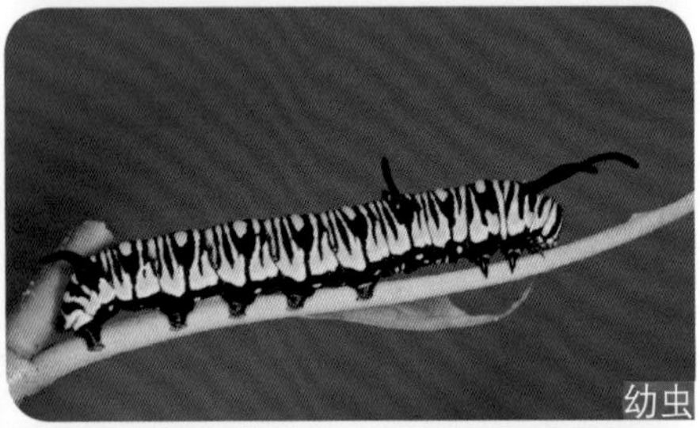

幼虫

马利筋

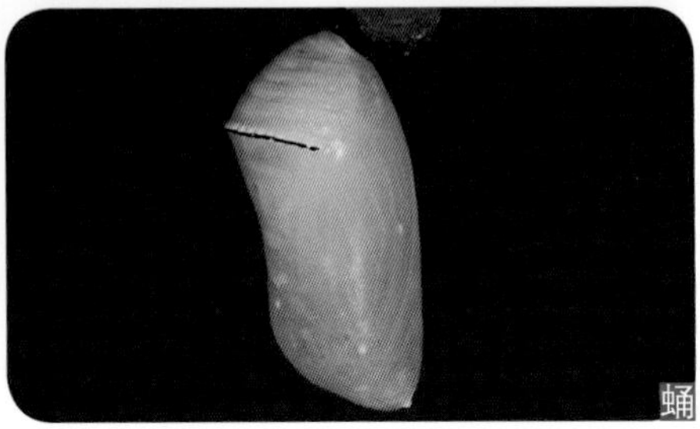

蛹

虎斑蝶 *Danaus genutia* (Cramer)

雄蝶正面

雄蝶

成虫翅面橙红色。前翅前缘、端半部、后翅的外缘及翅脉黑褐色，前翅端半部有1列白斑排成斜带，外缘有2列白斑。幼虫寄主为萝藦科刺瓜、天星藤等植物。分布：我国华南、西南各省区；缅甸至澳大利亚。

卵

刺瓜

幼虫

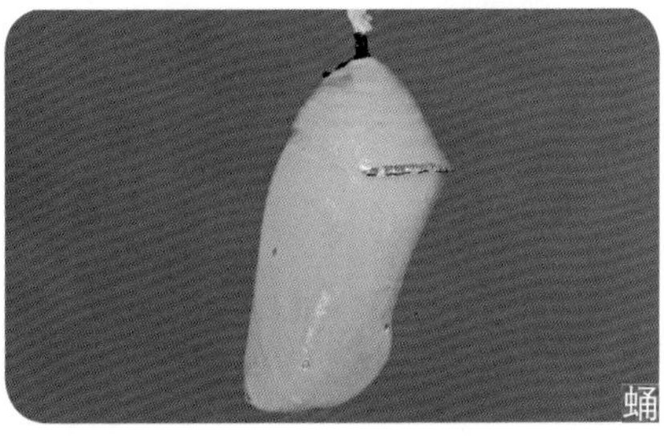
蛹

青斑蝶 *Tirumala limniace* (Cramer)

雌蝶

雌蝶正面

相似蝶种比较：拟旖斑蝶、啬青斑蝶 · P278

卵

成虫两翅深棕色，各室呈放射状排列的斑纹半透明浅青色，雄蝶后翅近臂区有一突出的耳状香鳞囊。两翅反面墨绿色。幼虫以萝藦科南山藤等多种植物为食料。分布：我国华南、西南各省区；印度至菲律宾。

幼虫

南山藤

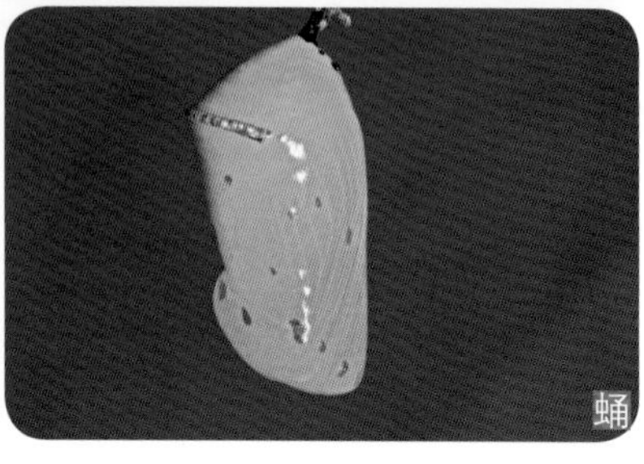

蛹

啬青斑蝶 *Tirumala septentrionis* (Butler)

雄蝶

雄蝶正面

相似蝶种比较：拟旖斑蝶、青斑蝶 · P278

成虫两翅正面黑褐色，具众多放射状半透明青蓝色斑，斑纹较青斑蝶窄小，雄蝶后翅近臀区有一个耳状香鳞囊。幼虫以萝藦科醉魂藤、刺瓜等多种植物为食料。分布：我国华南、西南各省区；阿富汗至印度尼西亚。

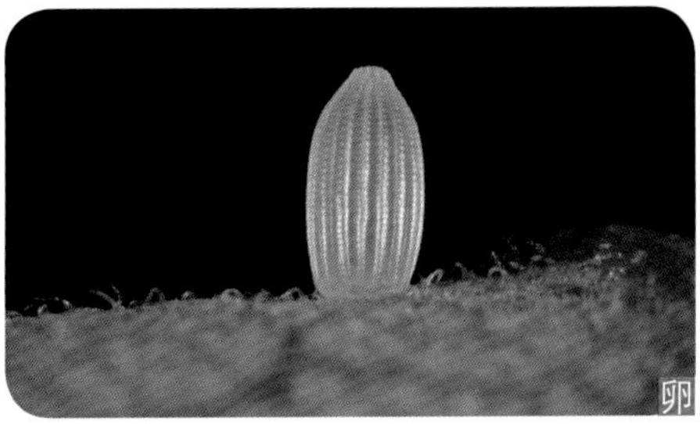
卵

醉魂藤

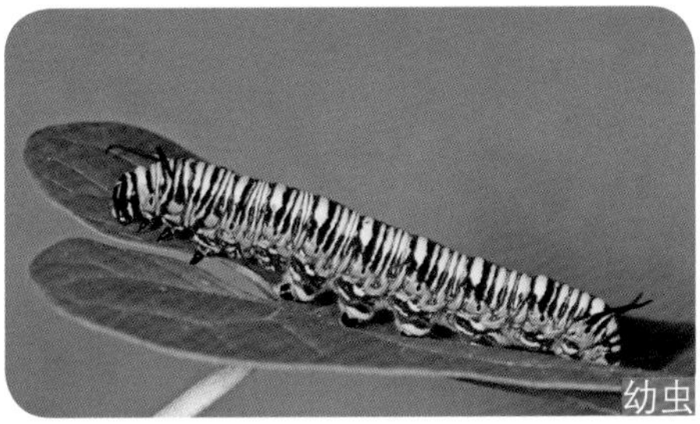
幼虫

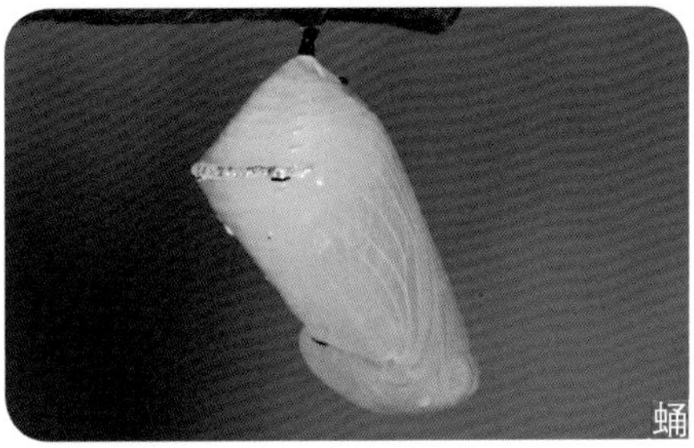
蛹

绢斑蝶 *Parantica aglea* (Stoll)

雌蝶正面

雄蝶

成虫个体小于其他绢斑蝶，翅青白色，半透明，翅脉黑色。半透明斑纹呈放射状。雄蝶后翅近臀区有一黑色的香鳞斑。幼虫以萝藦科的山白前等植物为寄主。分布：我国华南、西南各省区；印度至马来西亚。

卵

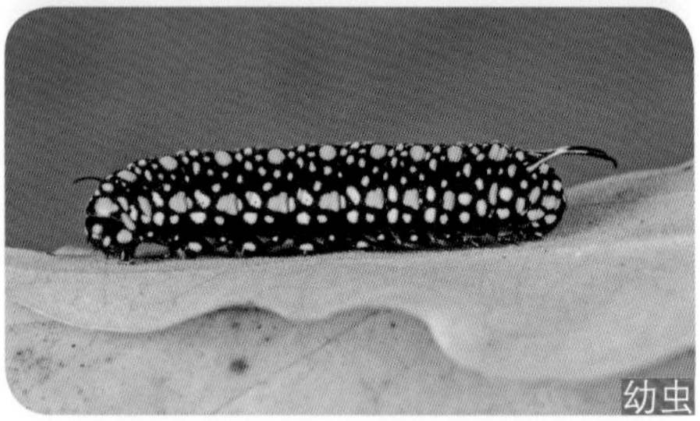

幼虫

山白前

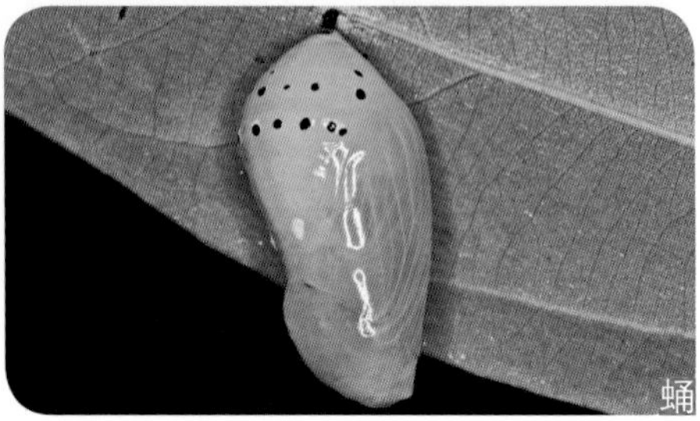

蛹

斯氏绢斑蝶 *Parantica swinhoei* (Moore)

雄蝶

雌蝶

雄蝶正面

成虫两翅黑褐色，具众多浅青色半透明斑，后翅亚外缘区2列透明斑点较小，颜色较暗。雄蝶后翅近臀角处有一黑色香鳞斑。幼虫寄主为蓝叶藤等萝藦科植物。分布：我国华南、西南各省区；尼泊尔至印度尼西亚。

卵

蓝叶藤

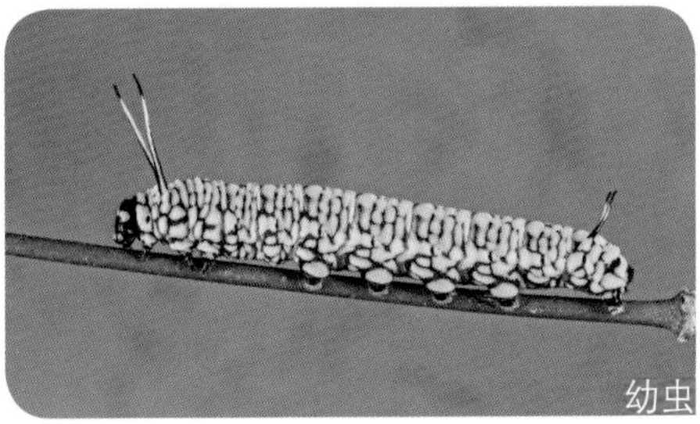
幼虫

蛹

大绢斑蝶 *Parantica sita* (Kollar)

85～95mm

雄蝶

卵

成虫两翅黑褐色，具众多浅青色半透明斑，后翅反面红褐色，中室内有一褐色分叉纵纹。雄蝶后翅近臀角处有一黑色香鳞斑。幼虫的寄主为球兰等萝藦科植物。分布：我国华南、西南各省区；尼泊尔至日本。

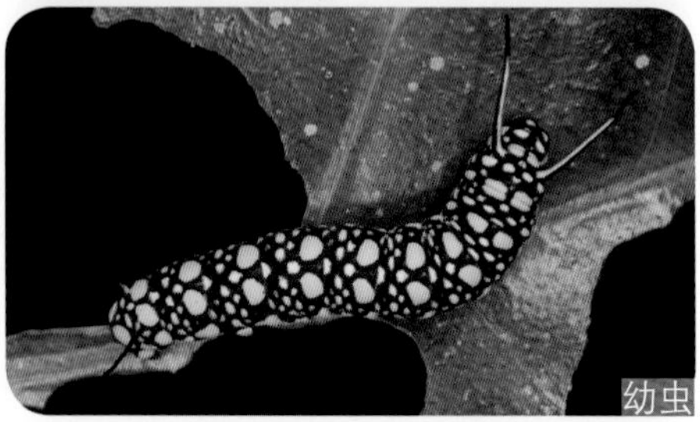
幼虫

球兰

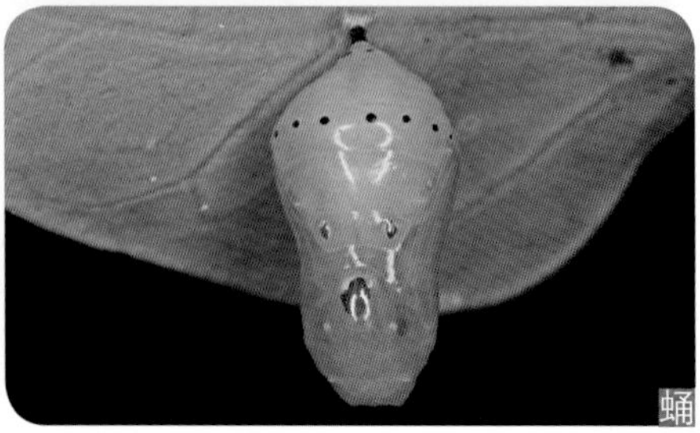
蛹

拟旖斑蝶 *Ideopsis similis* (Linnaeus)

雄蝶
雄蝶正面

相似蝶种比较：青斑蝶、啬青斑蝶 · P278

雌雄同型。成虫翅面黑褐色，具众多淡蓝色半透明斑纹，斑纹呈放射状排列，后翅反面颜色较浅，雄蝶无明显的性斑。幼虫以萝藦科娃儿藤等植物为寄主。分布：长江以南各省区；缅甸至马来半岛。

卵

娃儿藤

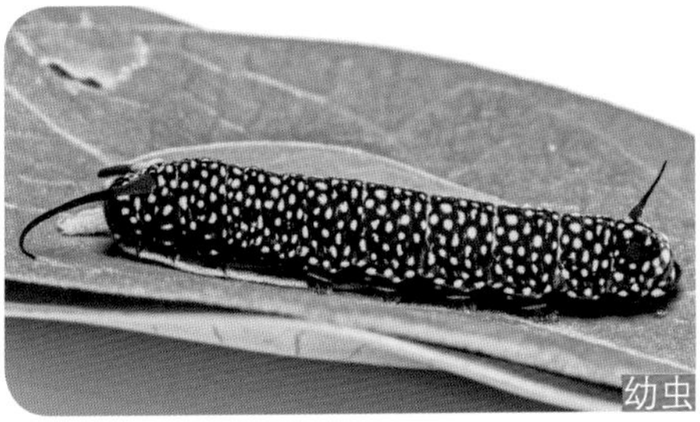
幼虫

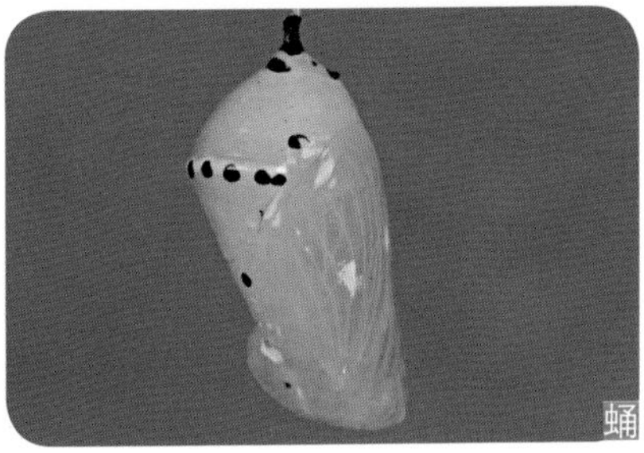
蛹

幻紫斑蝶 *Euploea core* (Cramer)

雌蝶正面
雄蝶

相似蝶种比较：蓝点紫斑蝶、异型紫斑蝶 · P278

成虫翅面暗褐色，蓝色光泽较弱，白色斑点较小，雄蝶前翅后缘呈圆弧形外突，并具有一性标。雌蝶前翅后缘平直。幼虫寄主为夹竹桃科的夹竹桃等多种植物。分布：我国华南、西南各省区；尼泊尔至印度尼西亚。

卵

幼虫

夹竹桃

蛹

蓝点紫斑蝶 *Euploea midamus* (Linnaeus)

雌蝶
雄蝶

相似蝶种比较：幻紫斑蝶、异型紫斑蝶 · P278

成虫翅面黑褐色，有紫蓝的幻彩光泽，外缘及亚外缘有2列白点，后翅亚外缘有2列白斑，雄蝶后翅前缘有一浅褐色香鳞斑。幼虫寄主为夹竹桃科的羊角拗。分布：我国华南、西南各省区；尼泊尔至菲律宾。

羊角拗

卵

幼虫

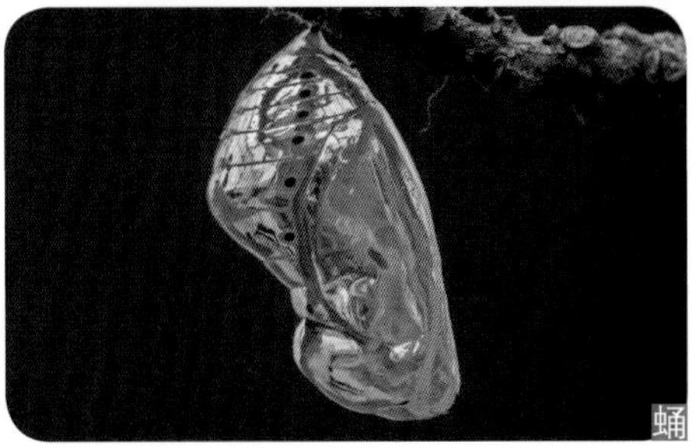
蛹

异型紫斑蝶 *Euploea mulciber* (Cramer)

雌蝶

雌蝶正面

雄蝶正面

雄蝶

相似蝶种比较：幻紫斑蝶、蓝点紫斑蝶 · P278

雌雄异型。雄蝶前正面有紫蓝色金属光泽，中部以上散布紫蓝色的斑点，雌蝶后翅布满白色放射状的线条斑纹。幼虫以萝藦科白叶藤、桑科榕属等植物为食料。分布：我国华南、西南各省区；尼泊尔至印度尼西亚。

卵

幼虫

白叶藤

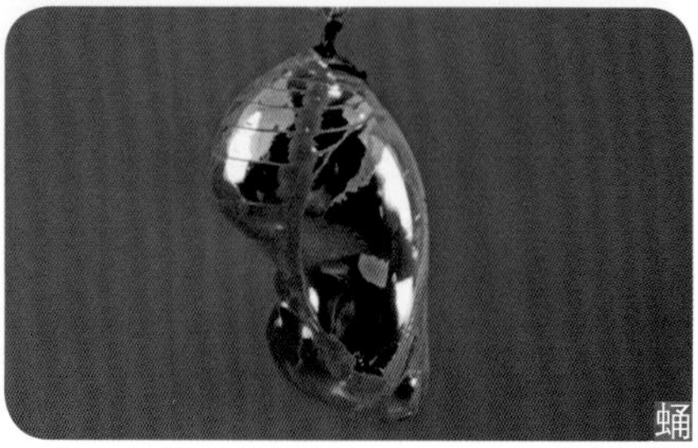
蛹

环蝶

中型至大型蝶种，色彩无华，行踪隐蔽。环蝶色彩沉实，林下暗处活动，如同隐者。全球已知 80 多种，中国已有记录 20 多种，广州仅记录 3 种。

凤眼方环蝶 *Discophora sondaica* (Boisduval)

雌蝶
雄蝶

雄蝶翅面深褐色，反面橙褐色，后翅外缘中部呈角状突出，前缘及近臀角有2个眼斑。雌蝶颜色较灰褐，前翅白斑多于雄蝶。幼虫群栖，取食禾本科粉箪竹等。分布：我国华南、西南各省区；越南至菲律宾。

卵

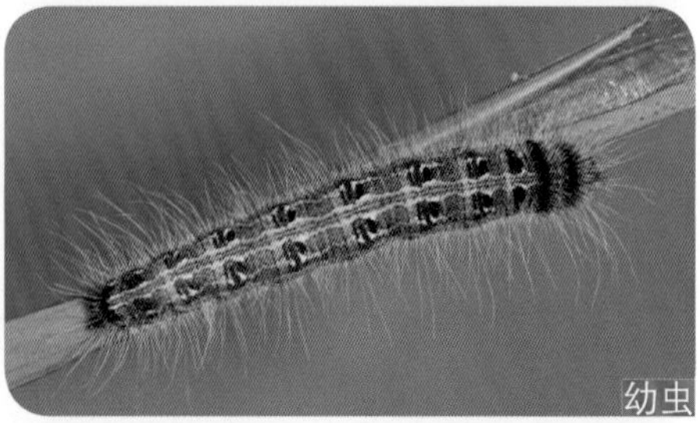
幼虫

粉箪竹

蛹

纹环蝶 *Aemona amathusia* (Hewitson)

雄蝶
雌蝶

成虫两翅深褐色，前翅近顶角至后翅臀角有一道深褐色长横纹，亚外缘有1列环形斑。雄蝶体翅颜色较浅，呈黄褐色。幼虫群栖，以菝葜科马甲菝葜等为寄主。分布：我国华南、西南各省区；印度、缅甸等。

卵

马甲菝葜

幼虫

蛹

串珠环蝶 *Faunis eumeus* (Drury)

雄蝶正面

雄蝶

卵

成虫翅面赭色，翅外缘呈圆弧状。前翅有一棕黄的色带。两翅反面呈黄褐色，后翅颜色较深，两翅中域均有一串黄白色的圆斑。幼虫寄主为土麦冬、肖菝葜等。分布：我国华南、西南各省区；印度至泰国等。

幼虫

土麦冬

蛹

眼蝶

小型至中型蝶种，色彩朴素，行踪隐蔽。眼蝶色彩实而不华，多以眼斑作自我保护。全球已知 3 000 多种，中国已有记录 370 多种，广州记录 23 种。

暮眼蝶 *Melanitis leda* (Linnaeus)

雄蝶

雌蝶

卵

成虫两翅棕褐色。前翅端半部有1个由橙色、黑色和2个白点组成的眼斑，翅反面斑纹因季节变化极大，亚外缘有1列眼斑或像枯叶一样。幼虫取食禾本科五节芒等。分布：我国大多数省区；日本至非洲等。

幼虫

五节芒

蛹

睇暮眼蝶 *Melanitis phedima* (Cramer)

雌蝶

本种与暮眼蝶相似，前翅色斑中的白点偏外，翅顶角突尖下弯，翅反面雄蝶黑褐色，雌蝶红褐色，亚外缘有1列小眼斑。幼虫取食禾本科的棕叶狗尾草等植物。分布：我国华南、西南各省区；印度至缅甸等。

棕叶狗尾草

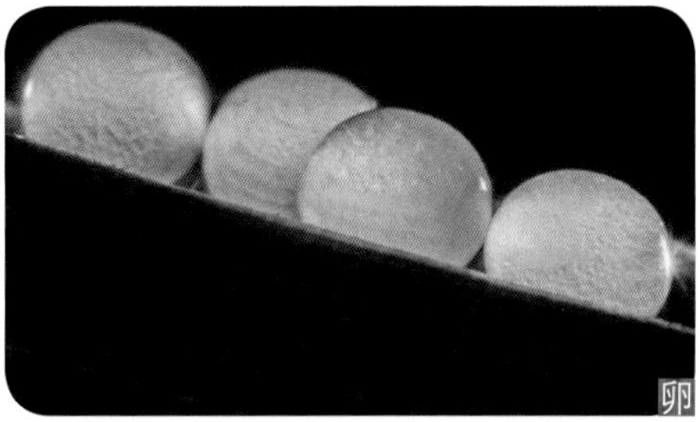
卵

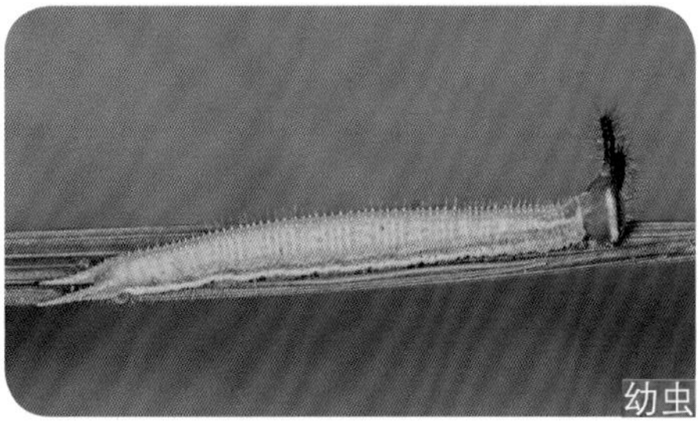
幼虫

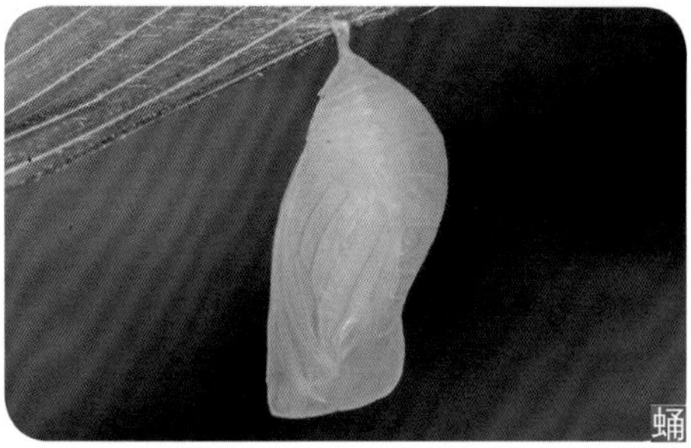
蛹

曲纹黛眼蝶 *Lethe chandica* (Moore)

雄蝶

雌蝶

卵

雄蝶翅面棕黑色，反面暗褐色，亚外缘颜色较浅。雌蝶翅面红褐色，前翅有弯曲的白带，后翅有1列明显的眼斑，后翅外缘中部角状突出。幼虫取食粉箪竹等。分布：我国华南、西南各省区；印度至印度尼西亚等。

幼虫

粉箪竹

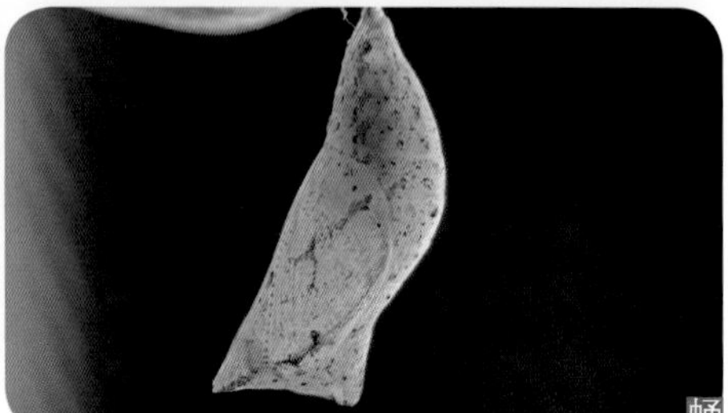

蛹

白带黛眼蝶 *Lethe confusa* Aurivillius

雌雄

雌蝶

成虫翅面黑褐色，前翅有一条白色宽斜带，翅反面中域有两浅色横带，亚外缘有1列大小眼斑；后翅有6个眼斑，第一个最大。幼虫以禾本科的芒草等为食料。分布：我国华南、西南各省区；尼泊尔至印度尼西亚。

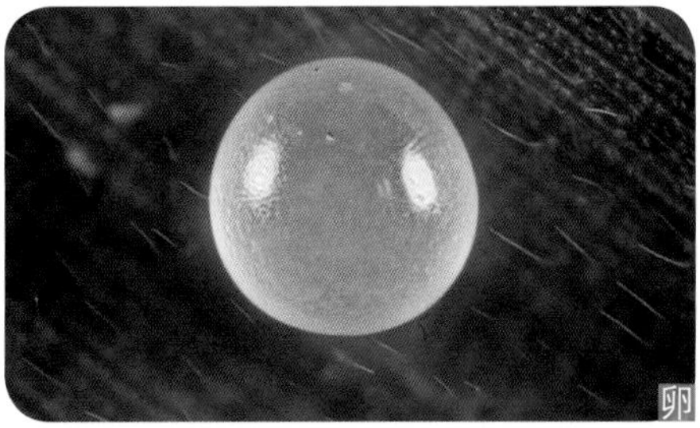
卵

芒草

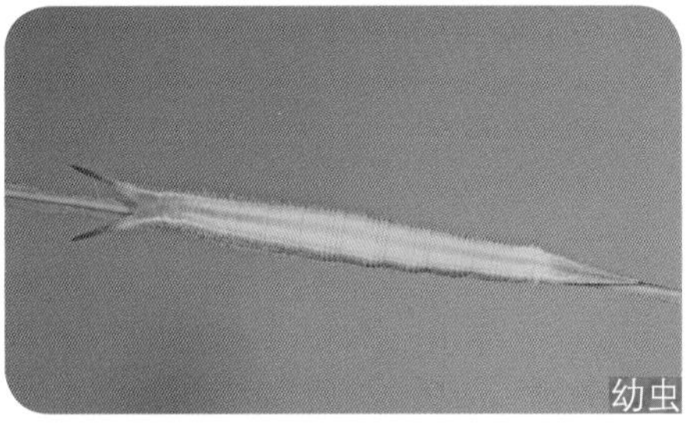
幼虫

蛹

长纹黛眼蝶 *Lethe europa* (Fabricius)

雌蝶
雄蝶

成虫翅面茶褐色，雌蝶前翅有一白色斜带，雄蝶不明显。两翅中域有一白色横带，前翅亚外缘有1列眼斑，后翅反面有1列长圆形眼斑。幼虫取食茶秆竹等植物。分布：我国华南、西南各省区；尼泊尔至印度尼西亚。

卵

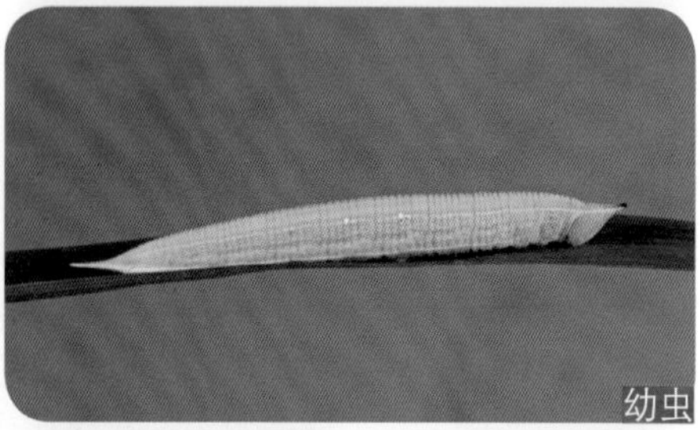
幼虫

茶秆竹

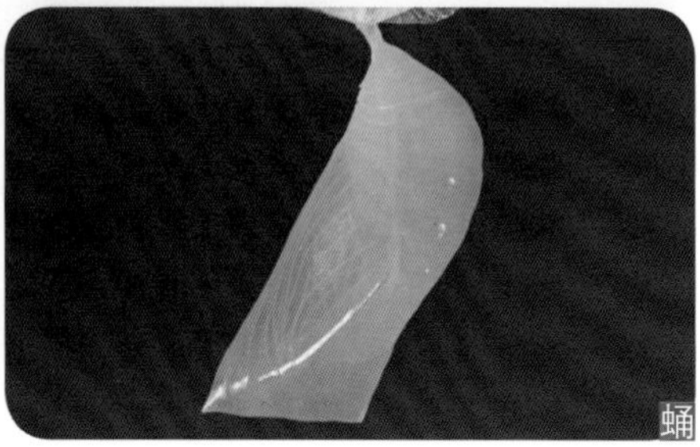
蛹

深山黛眼蝶 *Lethe insana* (Kollar)

雄蝶

雌蝶

成虫两翅深褐色，前翅亚外缘有3个小眼斑，后翅亚外缘有6个小眼斑呈弧形排列，后缘红褐色。雌蝶近顶角有白色宽斜带。幼虫寄主为禾本科的毛竹等。分布：长江以南各省区；印度至马来西亚等。

卵

毛竹

幼虫

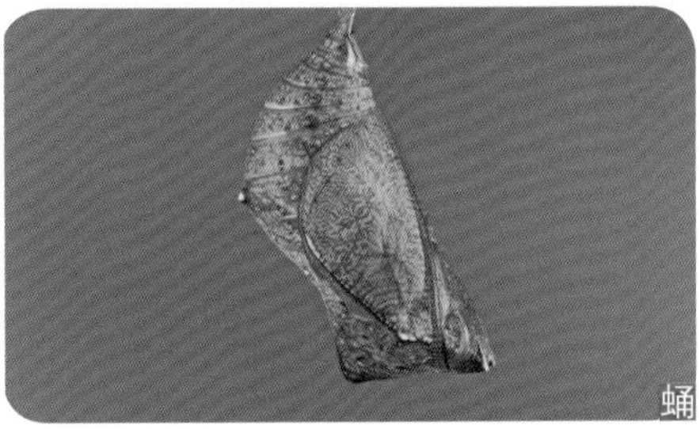

蛹

尖尾黛眼蝶 *Lethe sinorix* (Hewitson)

雄蝶

成虫两翅反面茶褐色。顶角外突呈钩状，中域从前翅前缘至后翅内缘有两条深褐色横纹，后翅反面近臀角区域红褐色，M_3脉突出呈尖尾突状。幼虫取食托竹等。分布：长江以南各省区；印度至马来西亚等。

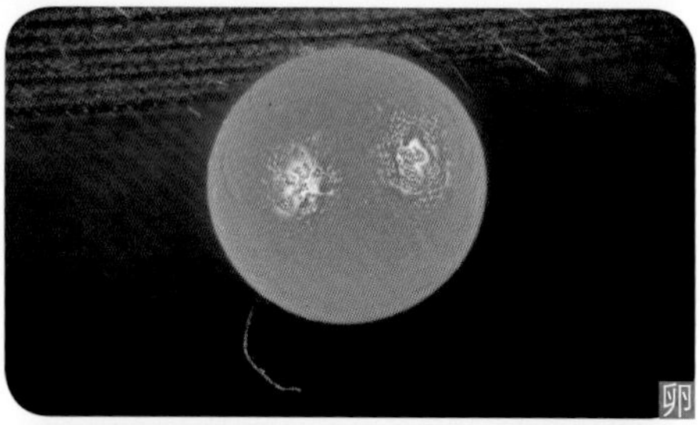
卵

幼虫

托竹

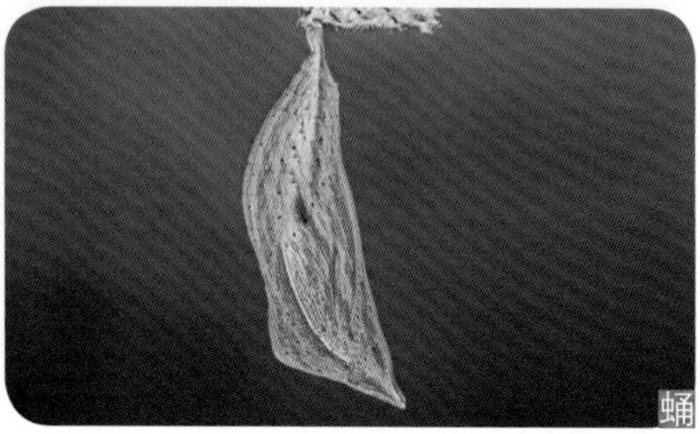
蛹

连纹黛眼蝶 *Lethe syrcis* (Hewitson)

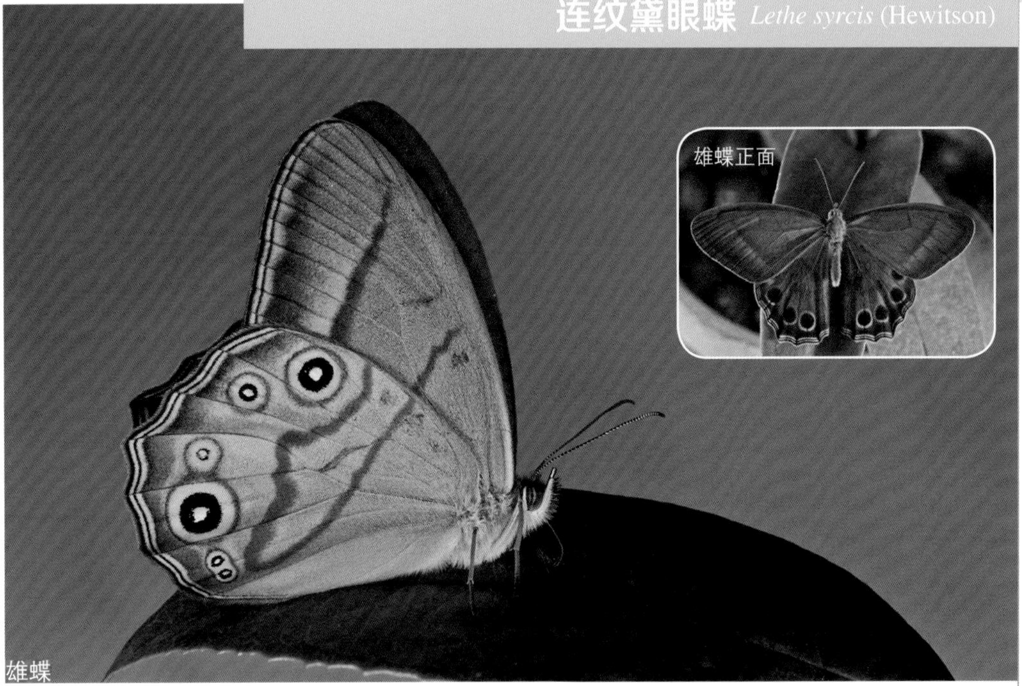
雄蝶正面
雄蝶

成虫翅面浅褐色，翅反面中域从前翅前缘至后翅内缘有2条褐色纹，后翅2条纹近内缘处连接；前翅反面无眼斑，后翅两眼斑大。幼虫取食禾本科花竹等多种植物。分布：我国大多数省区；缅甸、越南等。

卵

花竹

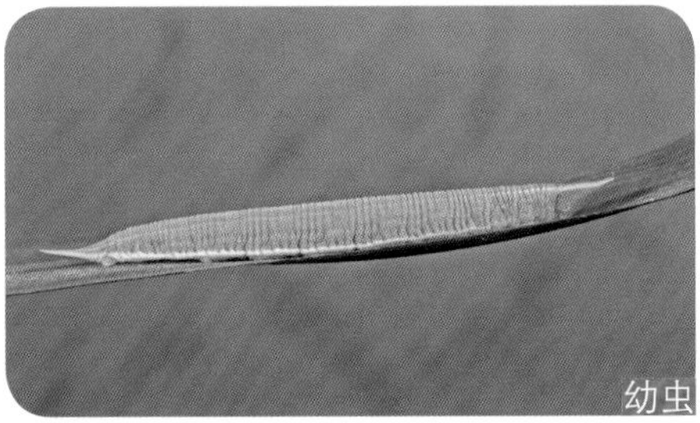
幼虫

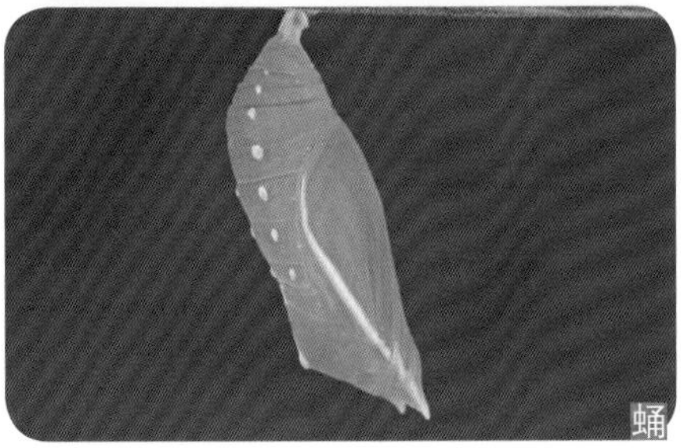
蛹

玉带黛眼蝶 *Lethe verma* (Kollar)

雄蝶

雌蝶

本种与白带黛眼蝶相似，主要区别是翅的外缘较圆，特别是后翅更明显，前翅白带外无小白斑，后翅的眼斑大小比较相近。幼虫取食禾本科的茶秆竹等植物。分布：我国华南、西南各省区；印度至马来西亚。

卵

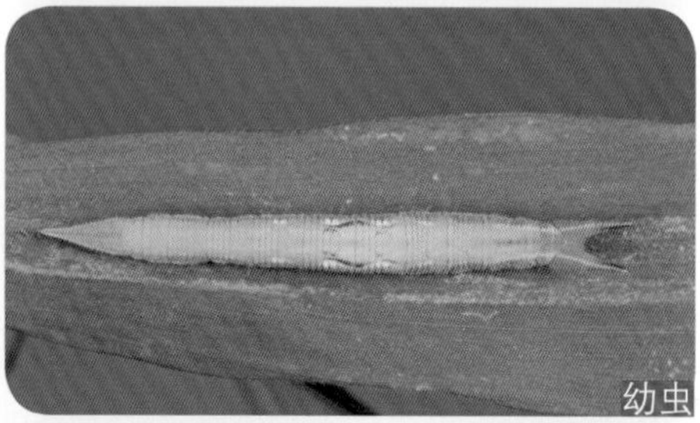

幼虫

茶秆竹

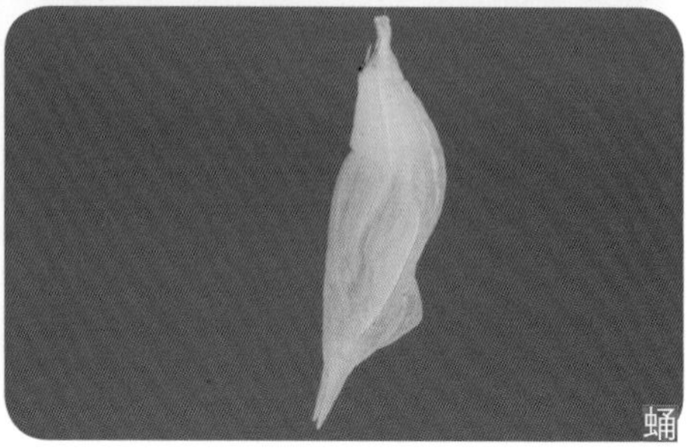

蛹

三楔黛眼蝶 *Lethe mekara* (Moore)

雄蝶
雌蝶

雄蝶翅面褐色，反面暗褐色，亚外缘颜色较浅，雌蝶翅面褐色，前翅有弯曲的白带，后翅亚外缘有1列不规则眼斑，后翅外缘中部角状突出。幼虫取食箬竹等。分布：我国华南、西南各省区；印度至印度尼西亚等。

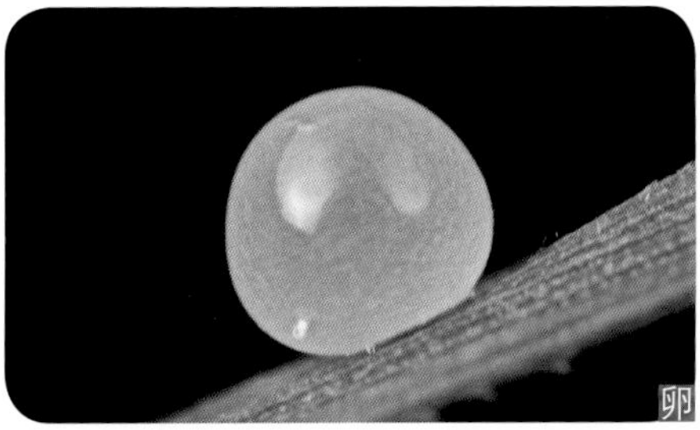
卵

箬竹

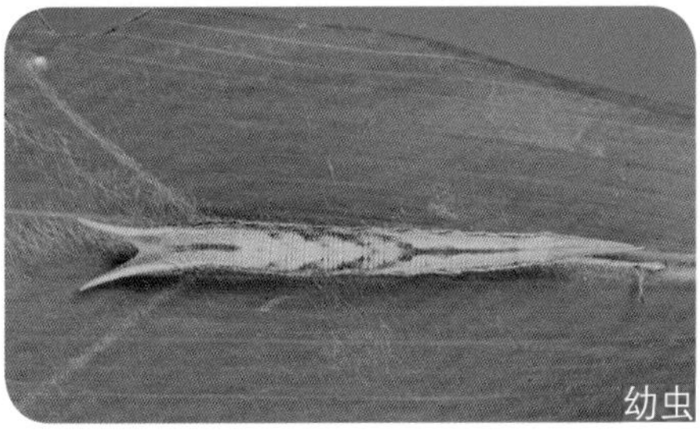
幼虫

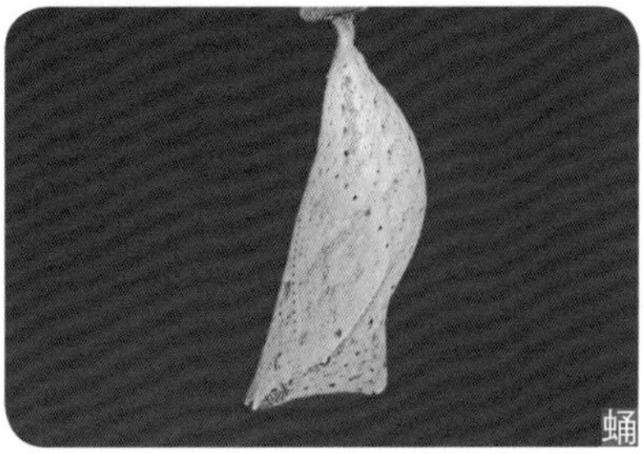
蛹

文娣黛眼蝶 *Lethe vindhya* (C. & R. Felder)

雄蝶正面

雄蝶

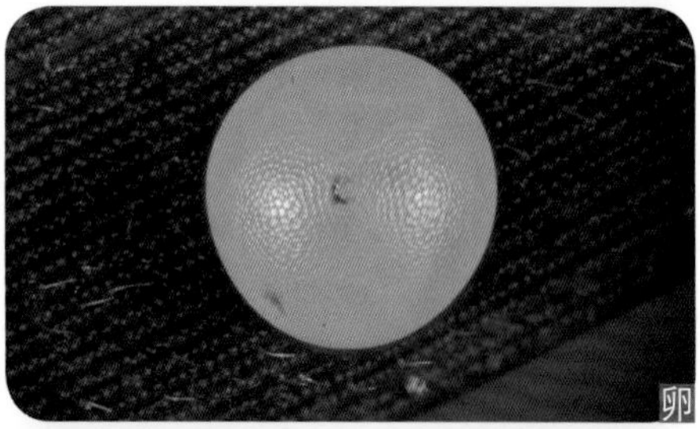

卵

成虫翅反面褐色，中域从前翅前缘至后翅内缘有一条深褐色横带，其外有浅蓝色的横纹，亚外缘颜色较浅，并有波状排列眼斑。幼虫寄主为禾本科毛竹等植物。分布：广东、广西等地；印度至马来西亚。

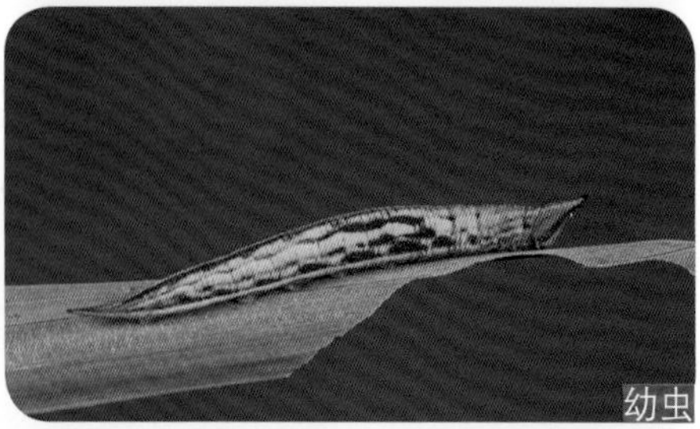

幼虫

毛竹

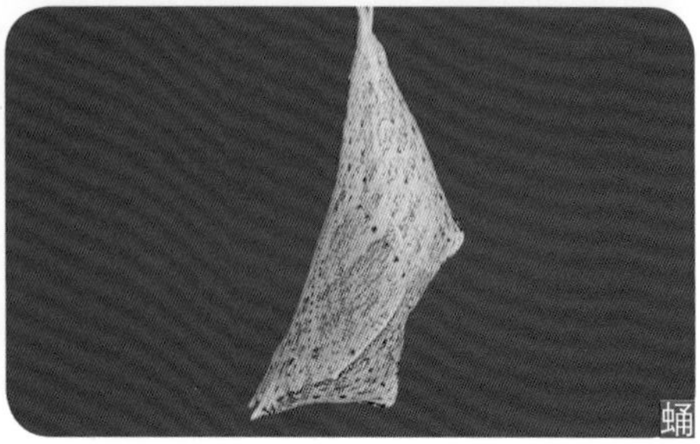

蛹

蒙链荫眼蝶 *Neope muirheadii* (C. & R. Felder)

雄蝶
雌蝶

成虫翅面黑褐色，翅面有一列眼斑，翅反面眼斑清晰，中部许多棕色弯曲条纹，图案复杂。小龄幼虫群栖，五龄分散藏于叶巢，幼虫取食禾本科茶秆竹等。分布：黄河以南各省区；缅甸、老挝、越南等。

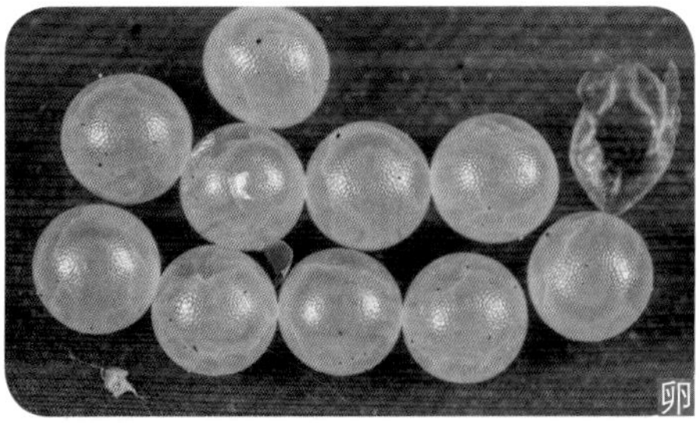
卵

茶秆竹

幼虫

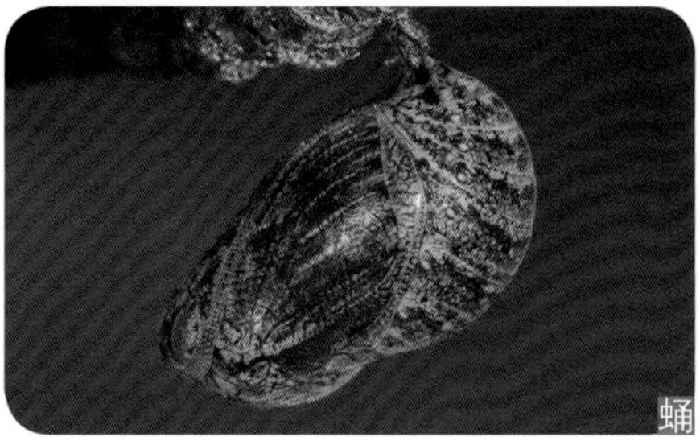
蛹

蓝斑丽眼蝶 *Mandarinia regalis* (Leech)

雄蝶正面

雄蝶

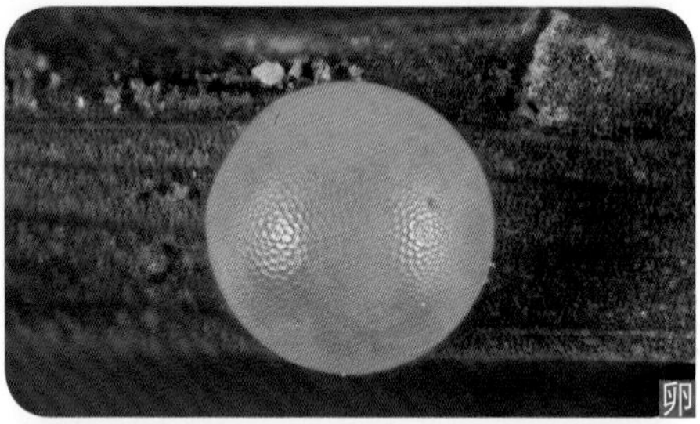

卵

成虫翅面深褐色，前翅中域有紫蓝色闪耀鳞宽斑，雌蝶紫蓝色斑较窄长，前翅反面亚外缘有5个小眼斑，后翅反面亚外缘有6个眼斑。幼虫取食天南星科石菖蒲。分布：长江以南各省区；缅甸、越南等。

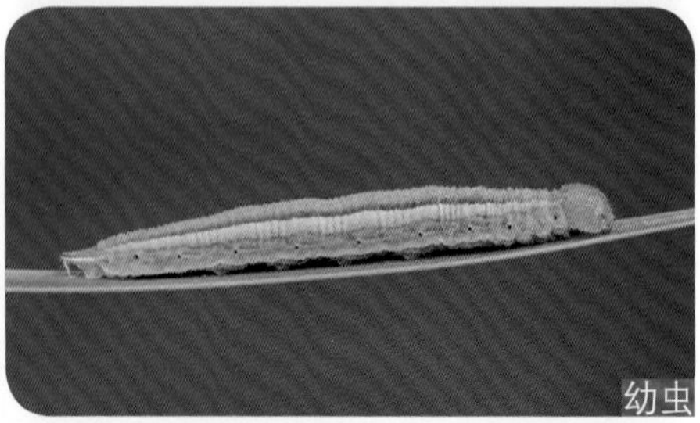

幼虫

石菖蒲

蛹

拟稻眉眼蝶 *Mycalesis francisca* (Stoll)

旱季型
雄蝶

成虫两翅黑褐色，湿季型翅反面眼斑较大，旱季型眼斑变小，两翅反面中域有浅蓝色横带。外缘有深褐色边，亚外缘有1列眼斑。幼虫寄主为禾本科竹叶草等。分布：黄河以南各省区；日本、朝鲜等。

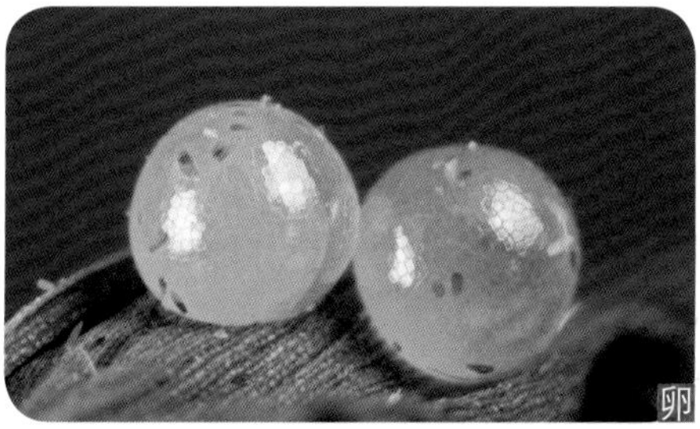
卵

竹叶草

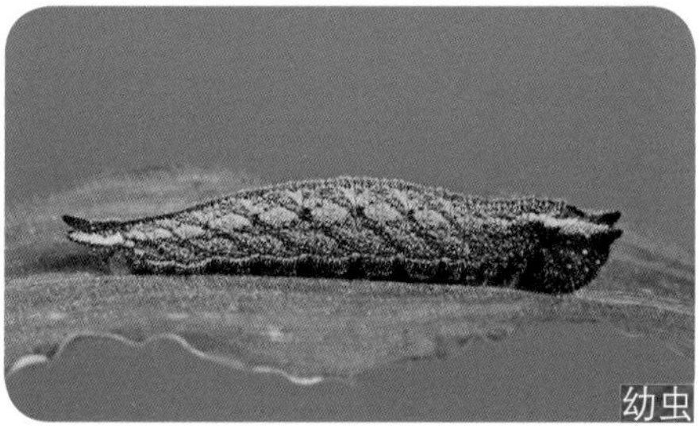
幼虫

蛹

稻眉眼蝶 *Mycalesis gotama* Moore

旱季型
湿季型

成虫两翅黄褐色，湿季型翅反面眼斑清晰；旱季型眼斑消失，仅有小眼点，两翅反面中域有浅黄褐色横带。亚外缘有1列眼斑。幼虫寄主为禾本科的芒草等植物。分布：长江以南各省区；日本、朝鲜等。

卵

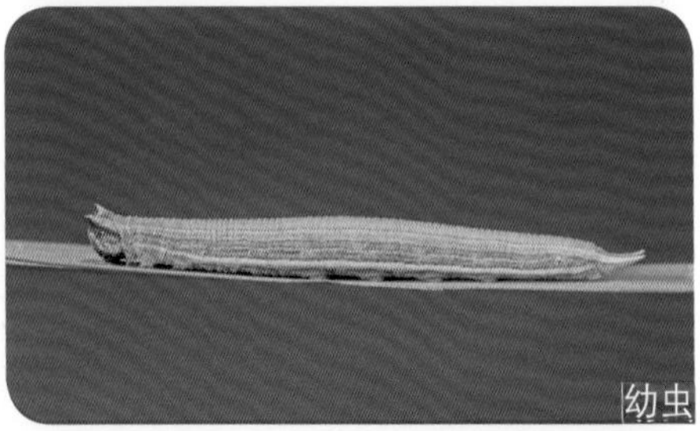
幼虫

芒草

蛹

小眉眼蝶 *Mycalesis mineus* (Linnaeus)

湿季型

湿季型正面

旱季型

相似蝶种比较：平顶眉眼蝶 · P277

成虫两翅黑褐色，前翅有1个眼斑，湿季型翅反面眼斑清晰，旱季型翅眼斑消失，仅有少数小黑点，两翅反面中域有浅色横带。幼虫以禾本科的芒草等植物为食料。分布：长江以南各省区；东南亚数国。

卵

芒草

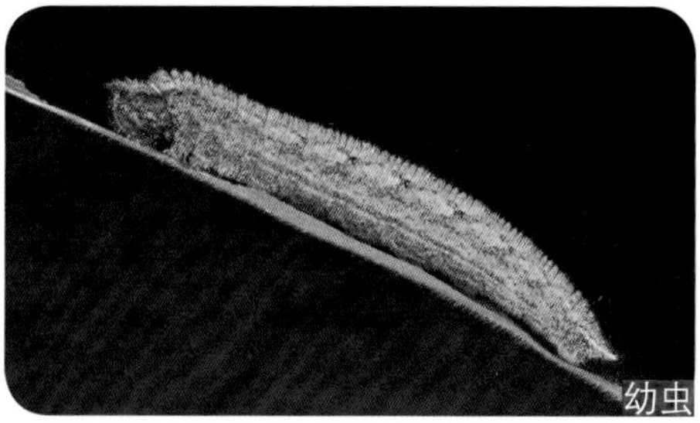

幼虫

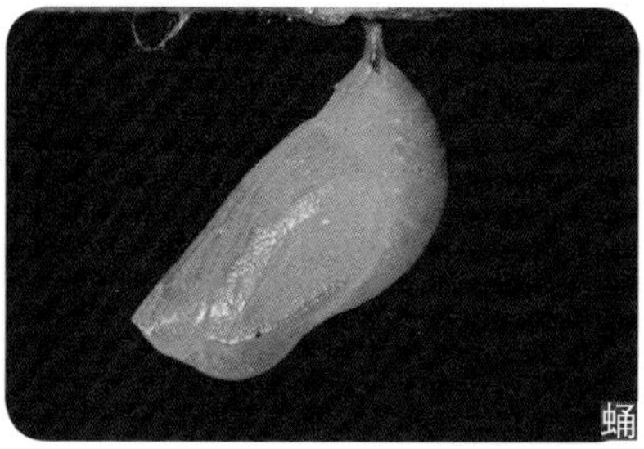

蛹

平顶眉眼蝶 *Mycalesis panthaka* Fruhstorfer

旱季型
湿季型正面
湿季型

相似蝶种比较：小眉眼蝶 · P277

成虫两翅灰褐色，前翅顶角平截，翅反面亚外缘眼斑清晰，第三个眼斑最大，其内有一浅色横纹，旱季型个体则眼斑消失，只有小黑点。幼虫取食淡竹叶等植物。分布：我国华南、西南各省区；东南亚多国。

卵

幼虫

淡竹叶

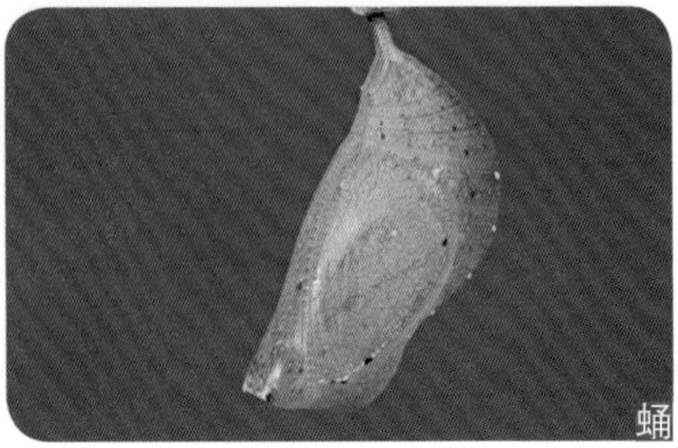
蛹

白斑眼蝶 *Penthema adelma* (C. & R. Felder)

雌蝶正面

雄蝶

成虫翅面黑褐色，前翅中域有数个大白斑，后翅中域的白斑较小，外缘及亚外缘各有1列小白斑，两翅反面颜色稍浅，复眼宝蓝色。幼虫取食禾本科毛竹等植物。分布：陕西、四川、浙江、广东等省。

卵

毛竹

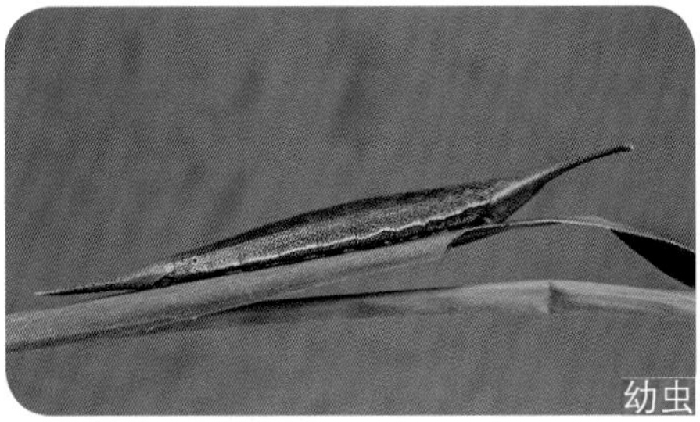
幼虫

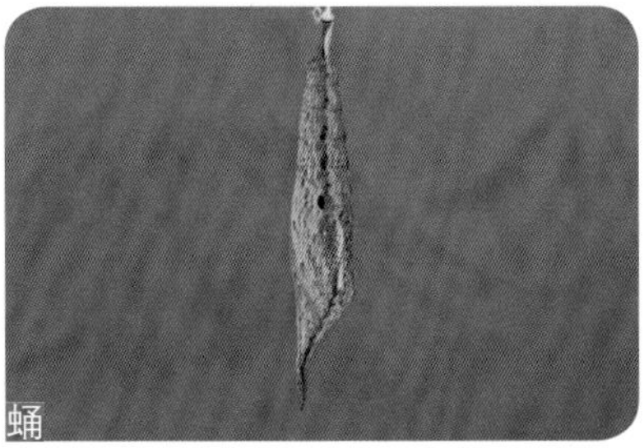
蛹

翠袖锯眼蝶 *Elymnias hypermnestra* (Linnaeus)

雌雄

雄蝶

成虫两翅暗褐色，前翅亚外缘有1列紫斑，雄蝶青紫色，雌蝶紫红色，两翅反面红褐色，后翅前缘有一小白斑。幼虫以棕榈科的散尾葵、鱼尾葵等植物为寄主。分布：我国华南各省区；印度至东南亚多国。

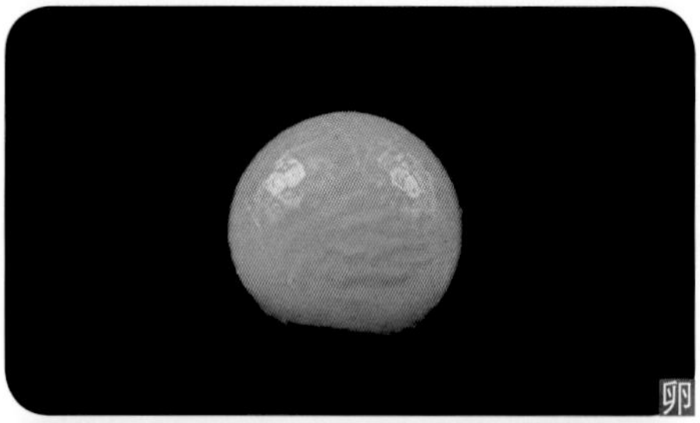

卵

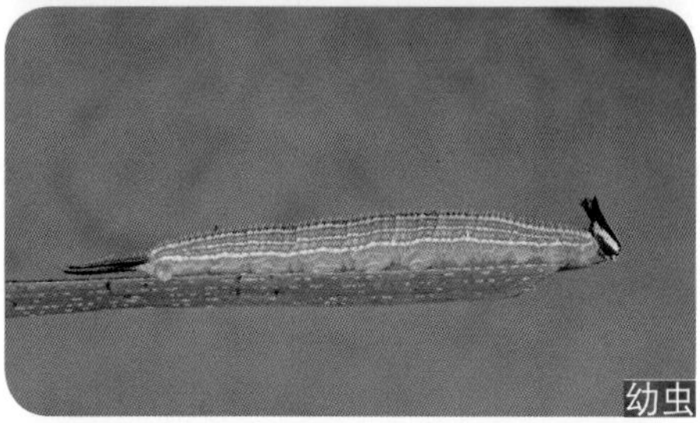

幼虫

散尾葵

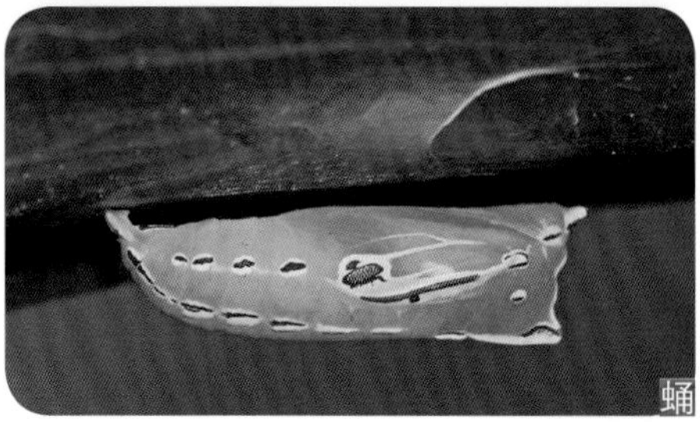

蛹

矍眼蝶 *Ypthima balda* (Fabricius)

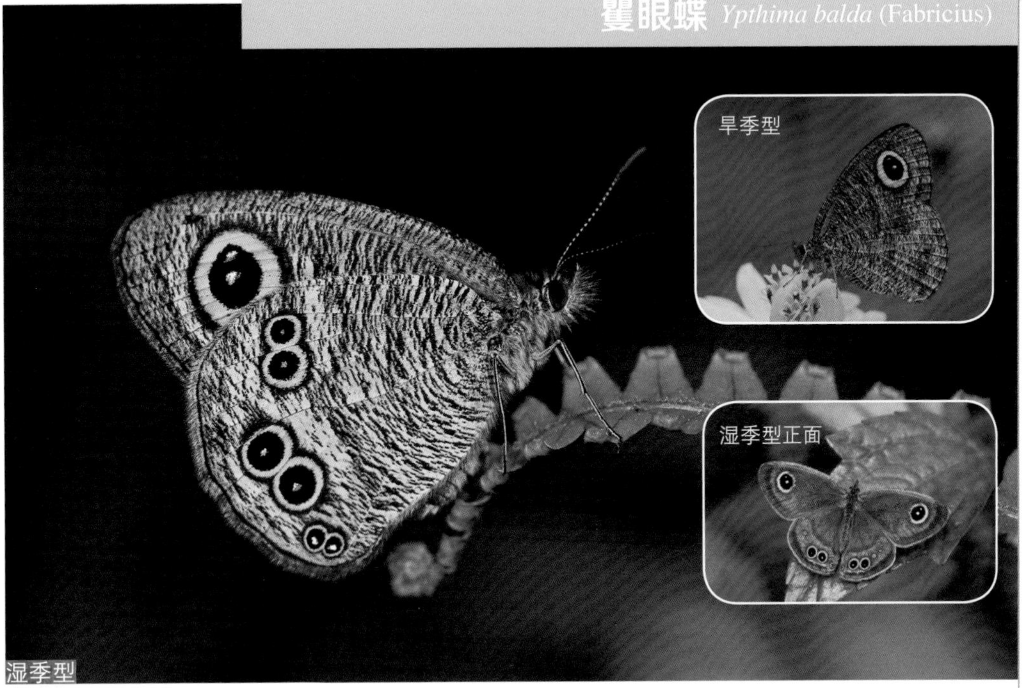
旱季型
湿季型正面
湿季型

成虫翅面褐色，前翅正面有1个眼斑，后翅正面有2个眼斑。两翅反面密布深褐色网状细横纹，前翅有1个眼斑，后翅亚外缘有6个眼斑。幼虫取食禾本科淡竹叶等。分布：我国多数省区；尼泊尔至马来西亚。

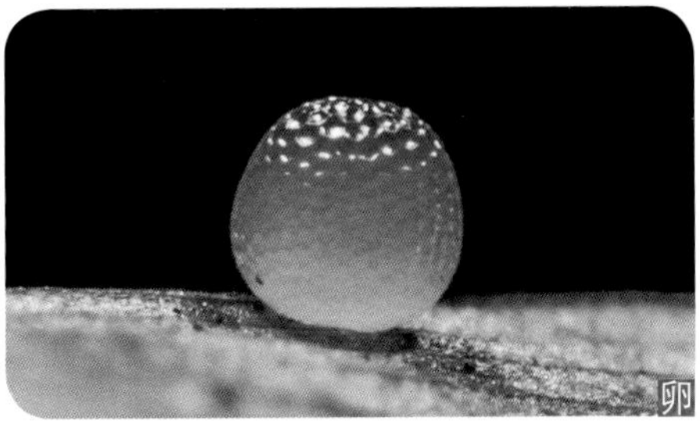
卵

淡竹叶

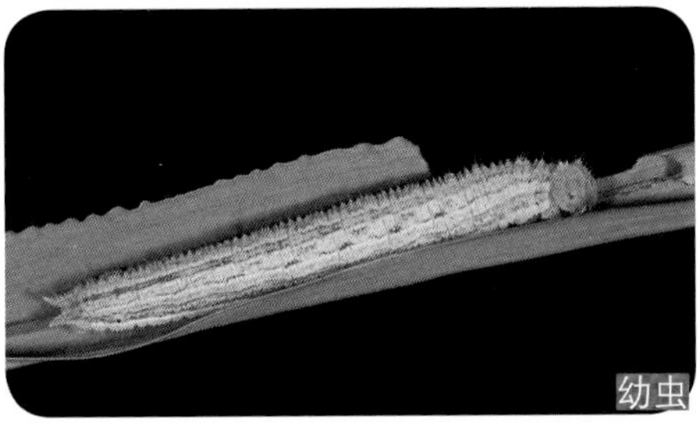
幼虫

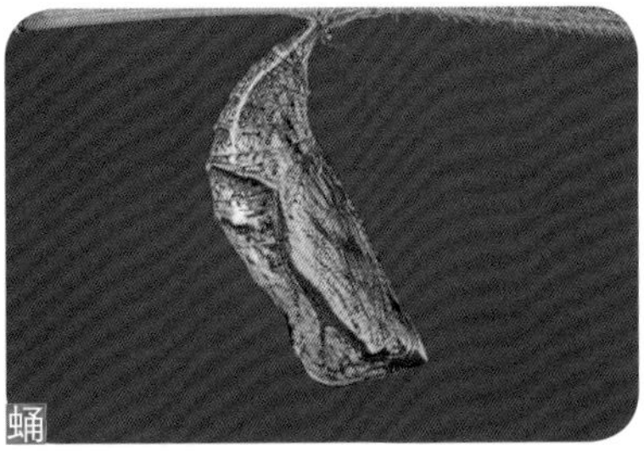
蛹

东亚矍眼蝶 *Ypthima motschulskyi* (Bremer & Grey)

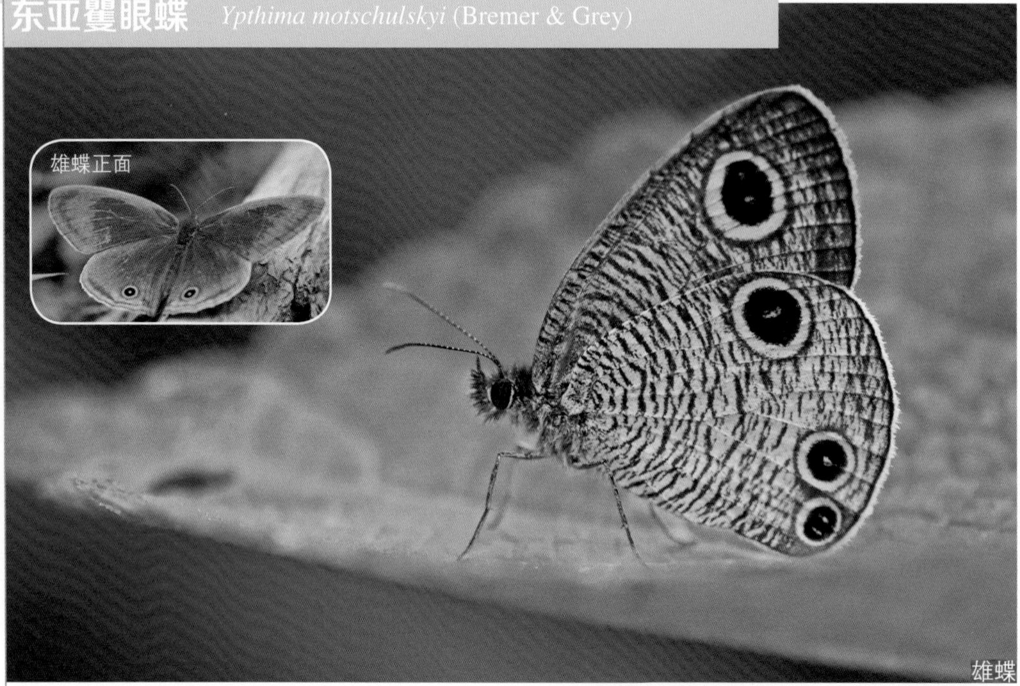
雄蝶正面
雄蝶

本种与矍眼蝶相似，成虫后翅正面有1个眼斑。两翅反面密布深褐色网状小横纹，前翅有1个眼斑，后翅亚外缘有3个眼斑。幼虫以禾本科柔枝莠竹等为食料。分布：我国多数省区；朝鲜至澳大利亚等。

卵

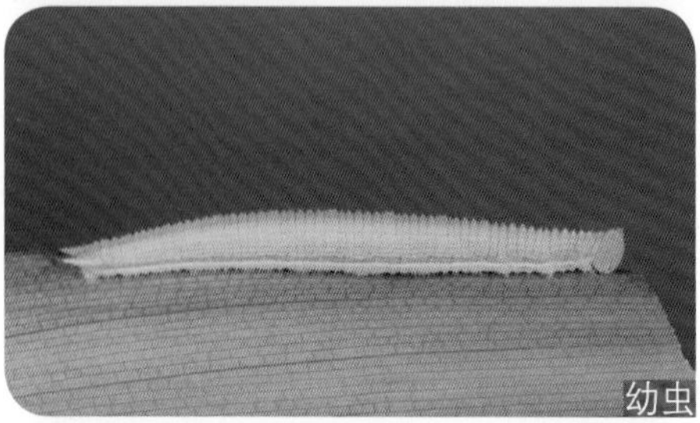
幼虫

柔枝莠竹

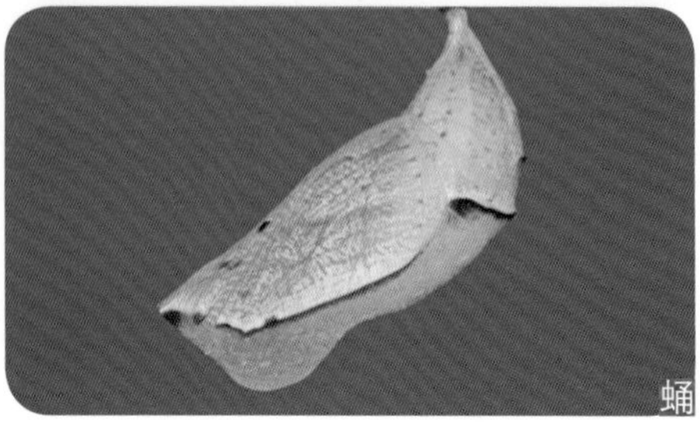
蛹

蛱蝶

中型至中大型种，形态多样，色彩丰富。习性纷繁复杂，更富变化，广州蝶种之冠。全球已知 3 400 多种，中国已有记录 280 多种，广州记录 63 种。

60 ~ 75mm

窄斑凤尾蛱蝶 *Polyura athamas* (Drury)

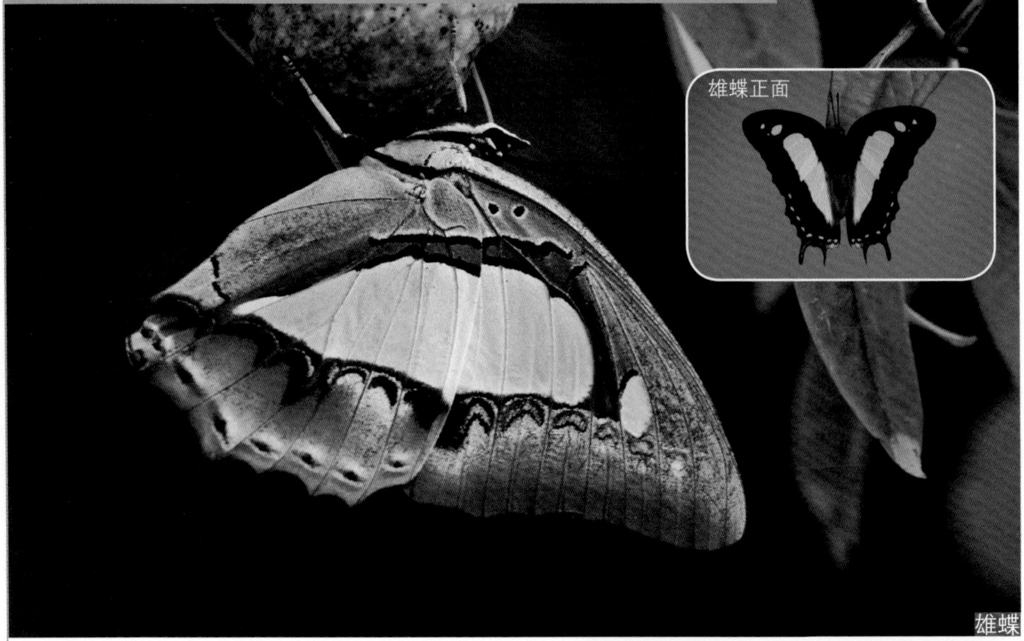

雄蝶

卵

两翅中域带绿色，较窄，雄蝶尤为明显，中带顶端较锐，其内为缀黑边的褐色宽带纹，前翅反面基部黑点为2个。幼虫以含羞草科藤仔树等植物为寄主。分布：我国华南、西南各省区；老挝至马来西亚。

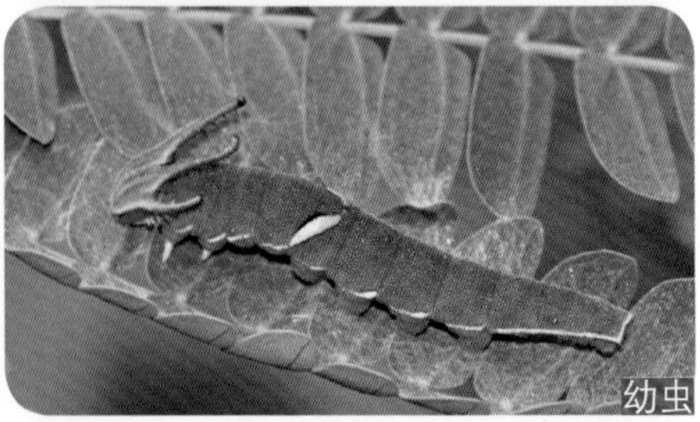
幼虫

簕仔树

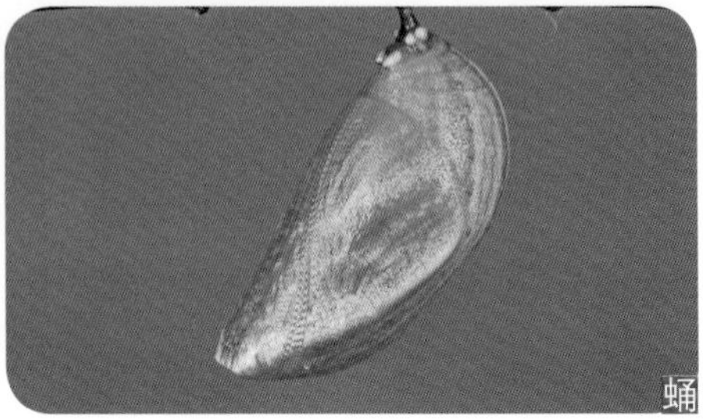
蛹

大二尾蛱蝶 *Polyura eudamippus* (Doubleday)

雄蝶

雄蝶正面

成虫翅面粉绿色。前翅外缘黑色，有黄白色斑点，后翅亚外缘有2列黑斑以及1列橙黄色斑，翅反面银白色，有两条深褐色至黄色横带。幼虫取食阔裂叶羊蹄甲等。分布：长江以南各省区；印度至日本等。

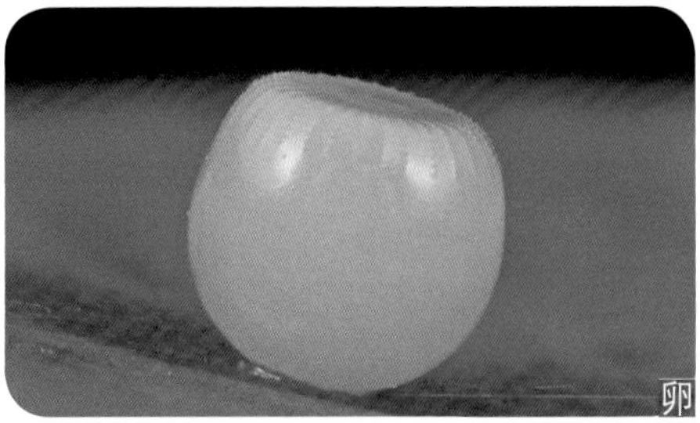

卵

阔裂叶羊蹄甲

幼虫

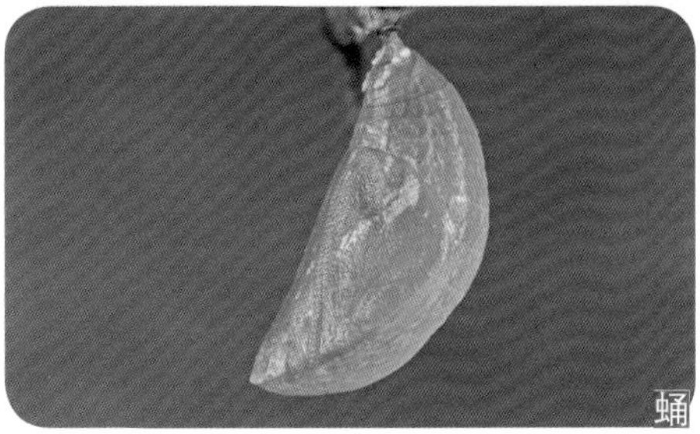

蛹

忘忧尾蛱蝶 *Polyura nepenthes* (Grose-Smith)

雄蝶正面

雄蝶

成虫翅面淡黄绿色。前翅边缘黑褐色，有黄白色的斑点，后翅亚外缘有2列黑斑。翅反面银白色，有2条棕褐色至黄色的横带。幼虫寄主为鼠李科的翼核木等植物。分布：长江以南各省区；老挝至泰国等。

卵

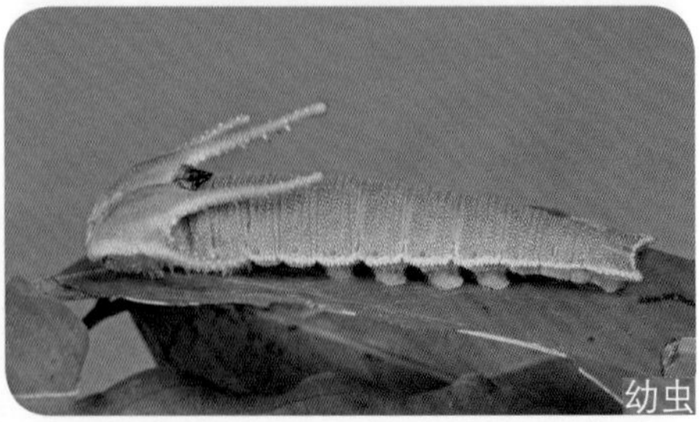
幼虫

翼核木

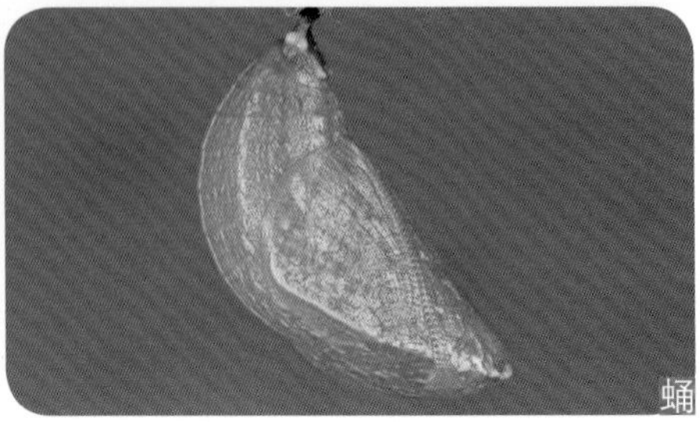
蛹

白带螯蛱蝶 *Charaxes bernardus* (Fabricius)

正面
雄蝶

成虫翅正面红棕色或黄褐色，反面棕褐色。雄蝶前翅中域有白色带。后翅亚外缘有黑带，中域前半部分也有白色宽带。幼虫以樟科樟、阴香、潺槁等植物为食料。分布：长江以南各省区；印度至澳大利亚等。

樟

卵

幼虫

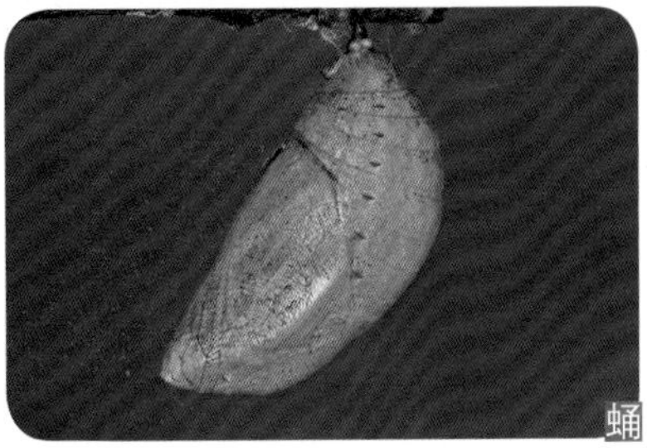
蛹

螯蛱蝶 *Charaxes marmax* Westwood

雄蝶正面
雄蝶

本种与白带螯蛱蝶相似，成虫翅正面红棕色或黄褐色，反面棕褐色，两翅外缘有宽黑带，翅反面中线内侧有许多细黑线。幼虫以大戟科巴豆等数种植物为寄主。分布：我国华南、西南各省区；印度至越南等。

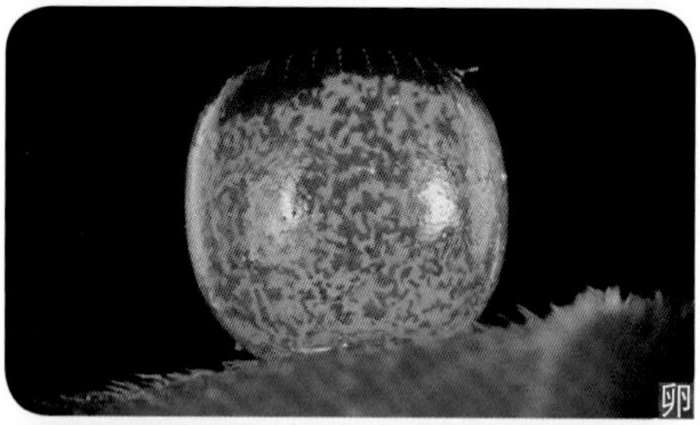
卵

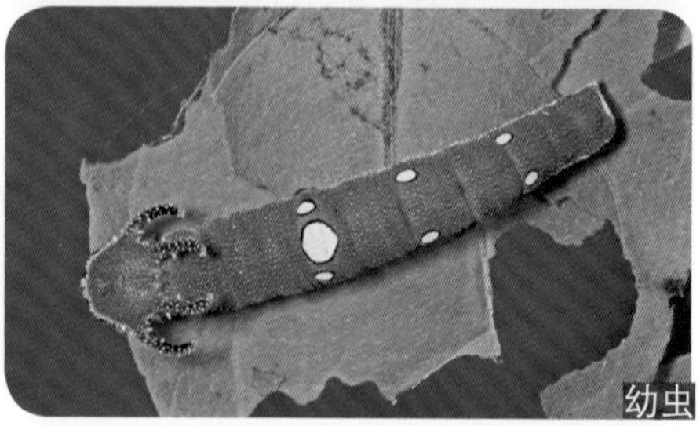
幼虫

巴豆

蛹

红锯蛱蝶 *Cethosia biblis* (Drury)

雄蝶

雄蝶正面

雌蝶正面

雄蝶翅正面橘红色。雌蝶墨绿色，两翅具白色锯状外缘，中域有1列T字形白色斑，其外有1列白斑。翅反面黄褐色，中域有一串面谱形斑。幼虫取食蛇王藤等。分布：我国华南、西南各省区；尼泊尔至缅甸。

卵

蛇王藤

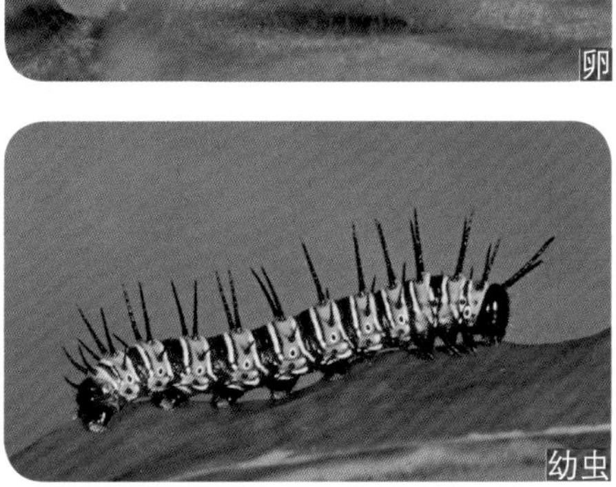
幼虫

蛹

柳紫闪蛱蝶 *Apatura ilia* (Schiffermüller)

雄蝶
雄蝶正面
雌蝶

雄蝶两翅正面具紫色幻彩，前翅中域有白色带。两翅反面黄褐色。有少数白斑和黑斑。后翅近臀角有一眼状斑，雌蝶无紫蓝色幻彩。幼虫以杨柳科垂柳为食料。分布：我国大多数省区；欧洲至朝鲜等。

卵

幼虫

垂柳

蛹

罗蛱蝶 *Rohana parisatis* (Westwood)

雄蝶

雄蝶翅面褐黑色，近顶角处有一小白斑，两翅外缘颜色稍浅，翅反面有众多小斑纹。雌蝶翅面黄褐色，并具多数褐色细纹。幼虫以榆科的朴树等植物为寄主。分布：我国华南、西南各省区；印度至印度尼西亚等。

卵

朴树

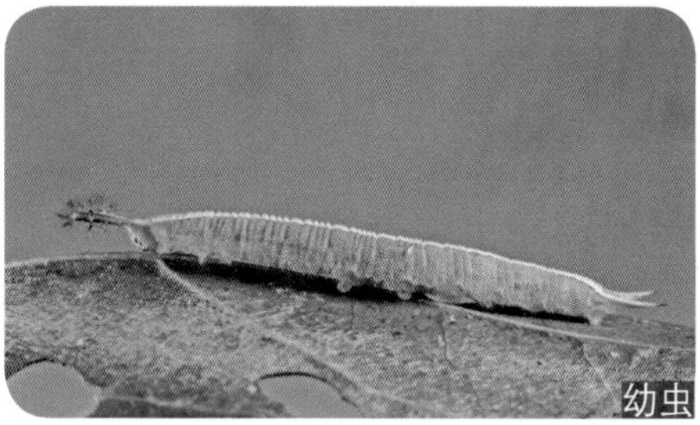
幼虫

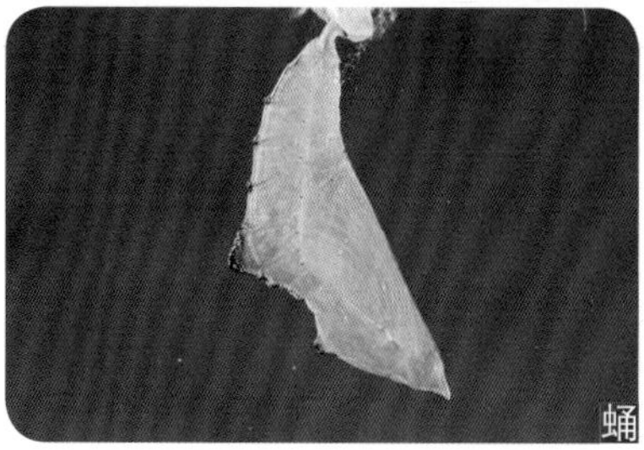
蛹

芒蛱蝶 *Euripus nyctelius* (Doubleday)

雌蝶正面
雌蝶反面
雄蝶
雄蝶

模拟蝶种。雄蝶模拟青斑蝶，两翅蓝黑色，各翅室均有淡青色斑，翅反面褐色。雌蝶模拟紫斑蝶，淡青色斑极少。幼虫以山黄麻等植物为寄主。分布：我国华南、西南各省区；印度至马来西亚。

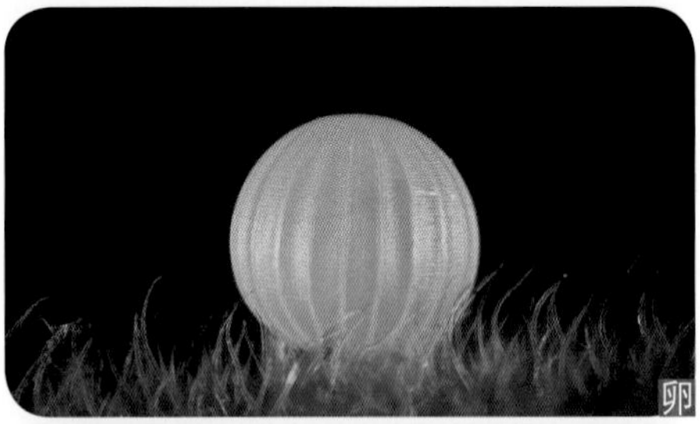
卵

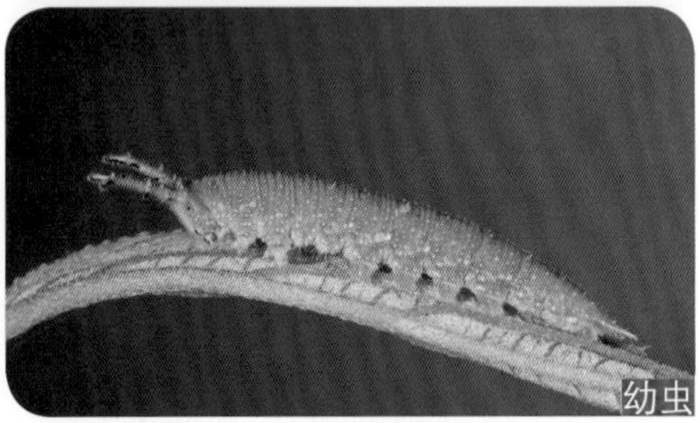
幼虫

山黄麻

蛹

黑脉蛱蝶 *Hestina assimilis* (Linnaeus)

雄蝶
淡色型
雄蝶正面

成虫翅面淡蓝绿色，翅脉纹黑色，各室均有深色横纹把浅色斑分隔成数个，后翅后缘有一列红色环形斑，斑中央黑色，喙管黄色。幼虫以榆科朴树等为食料。分布：我国大多数省区；朝鲜、日本等。

卵

朴树

幼虫

蛹

素饰蛱蝶 *Stibochiona nicea* (Gray)

雌蝶
雄蝶

成虫雄蝶两翅深蓝色。外缘颜色稍浅，外缘及亚外缘有2列白色小点，后翅外缘有1列白色环形斑。雌蝶偏墨绿色，翅基暗褐。幼虫以荨麻科的紫麻等为寄主。分布：我国华南、西南各省区；印度至马来西亚。

卵

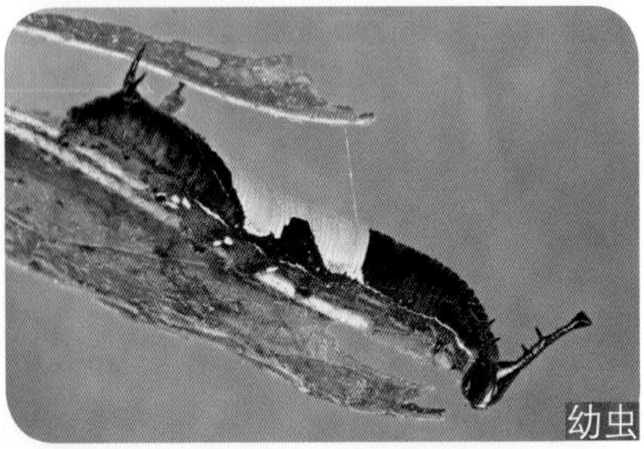
幼虫

紫麻

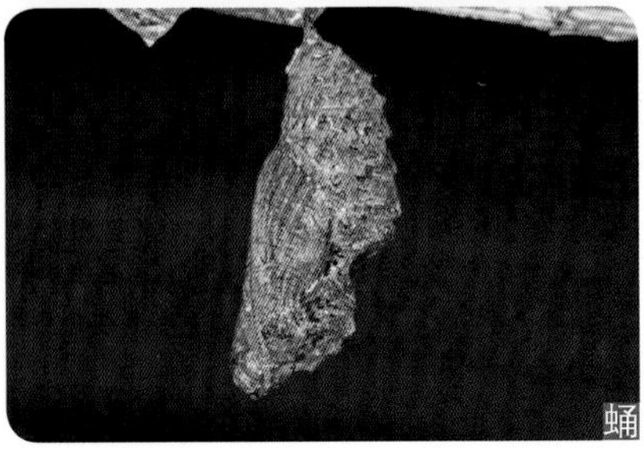
蛹

电蛱蝶 *Dichorragia nesimachus* (Doyère)

雄蝶

雄蝶

成虫翅面墨绿色，亚外缘各室均有2个白色箭纹，中室内及中域有数个深色斑，后翅亚外缘与前翅相似，其内还有1列黑色圆斑。幼虫以清风藤科红柴枝为食料。分布：陕西以南各省区；印度至日本等。

卵

红柴枝

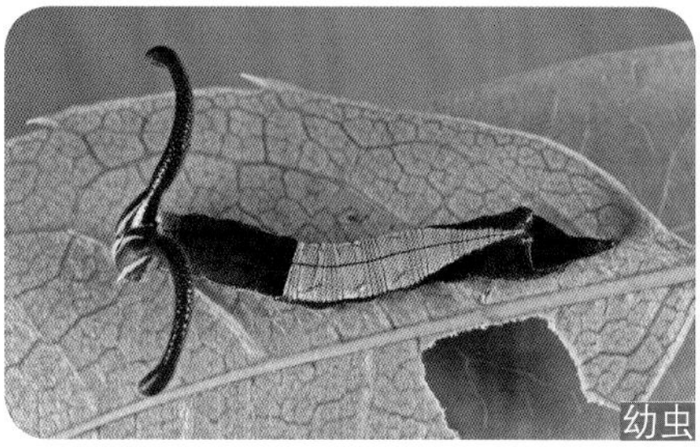
幼虫

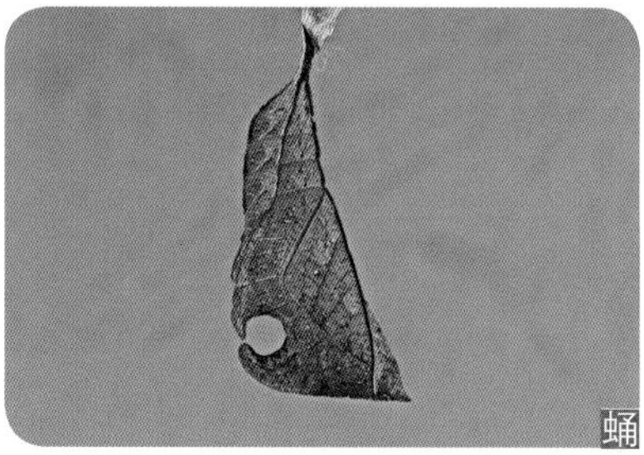
蛹

60 ~ 75mm

彩蛱蝶 *Vagrans egista* (Cramer)

雄蝶正面

雄蝶

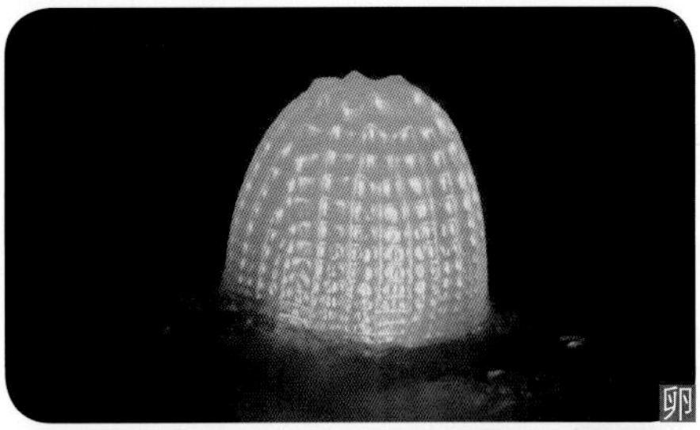
卵

成虫翅面黄褐色，外缘褐黑色，前翅近前缘有数个黑褐色斑，两翅的反面有多个深褐色和黄褐色斑，后翅外缘M_3翅突出呈尾突状。幼虫取食红花天料木等植物。分布：我国华南、西南各省区；印度至澳大利亚等。

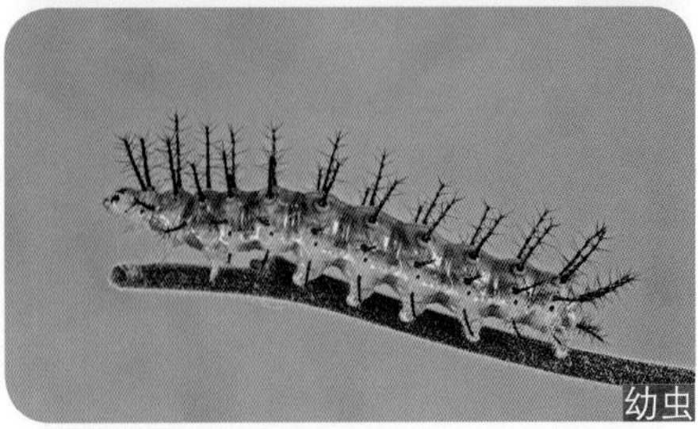
幼虫

红花天料木

蛹

黄襟蛱蝶 *Cupha erymanthis* (Drury)

雄蝶

雄蝶正面

成虫两翅黄褐色，斑纹黑褐。顶角有一小黄斑，中域有一条橙黄色不则规宽带，后翅有5个黑色圆点。反面中域有1列黑色偏斜圆点。幼虫取食红花天料木等。分布：我国华南、西南各省区；印度至澳大利亚等。

卵

红花天料木

幼虫

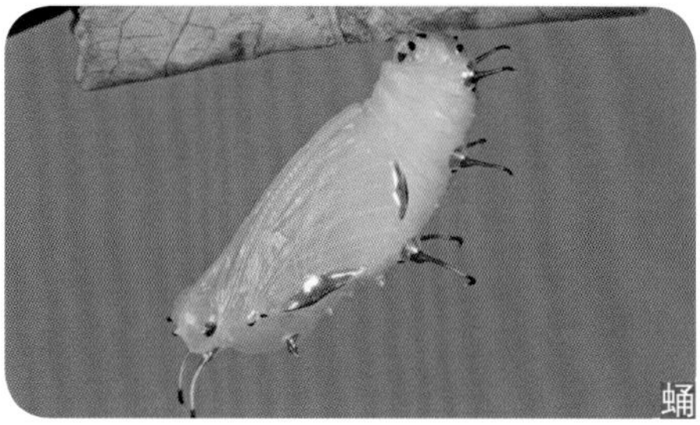

蛹

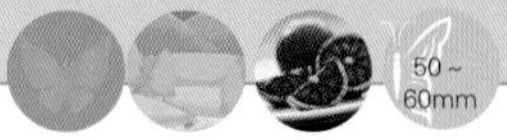

珐蛱蝶 *Phalanta phalantha* (Drury)

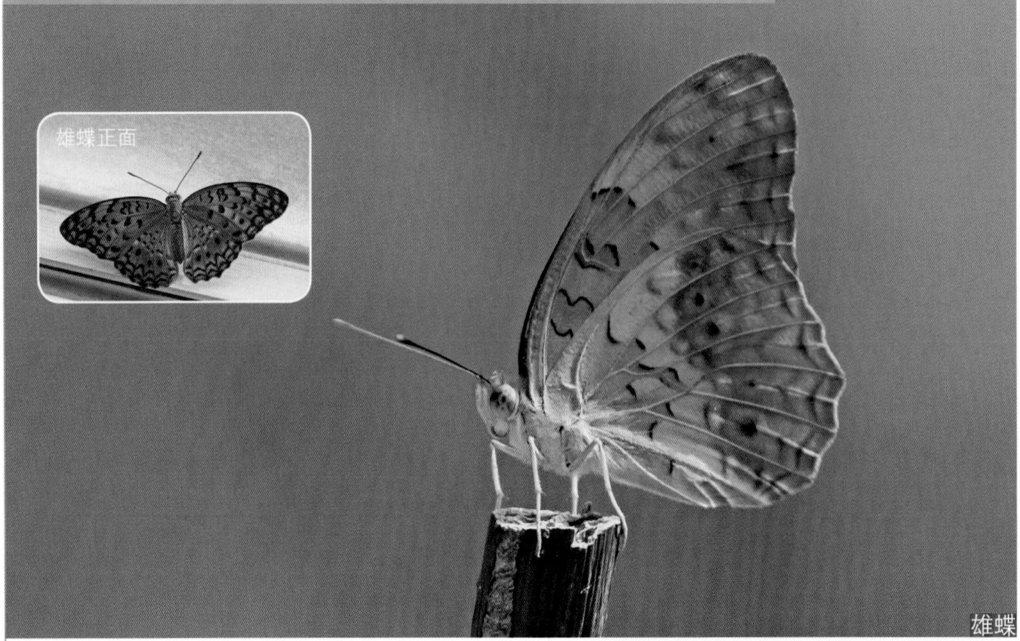
雄蝶正面
雄蝶

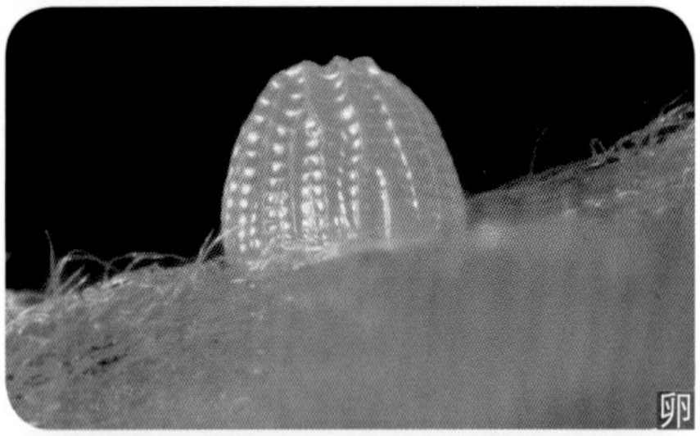
卵

两翅橘黄色，前翅中室有4列黑色斑纹弯曲排列，波状缘线和亚外缘线褐色。翅反面色较浅，后翅亚外缘内有近似眼纹的黑斑。幼虫以杨柳科的垂柳等为寄主。分布：我国华南、西南各省区；印度至日本等。

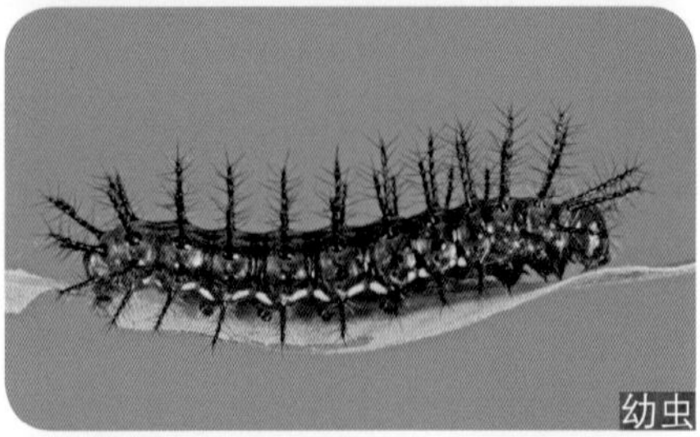
幼虫

垂柳

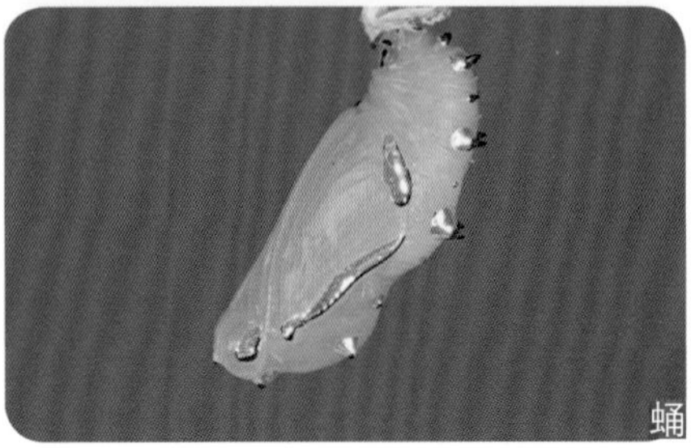
蛹

斐豹蛱蝶 *Argyreus hyperbius* (Linnaeus)

雄蝶

雌蝶

雄蝶

雌雄异型。雄蝶翅橙黄色，翅面有黑色圆点。雌蝶前翅端半部有一白色斜带。反面斑纹和颜色与正面有较大差异，后翅斑纹暗绿色。幼虫取食堇菜科的犁头草等。分布：遍布我国各省区；印度至日本等。

卵

犁头草

幼虫

蛹

银豹蛱蝶 *Childrena childreni* (Gray)

雄蝶

雌雄同型。两翅正面橙黄色，翅面有黑色圆点。雄蝶前翅后3条纵脉具绒毛。后翅外缘至臀角具灰蓝色宽边，反面绿褐色，具多数银纹。幼虫取食犁头草等植物。分布：遍布我国各省区；印度至日本等。

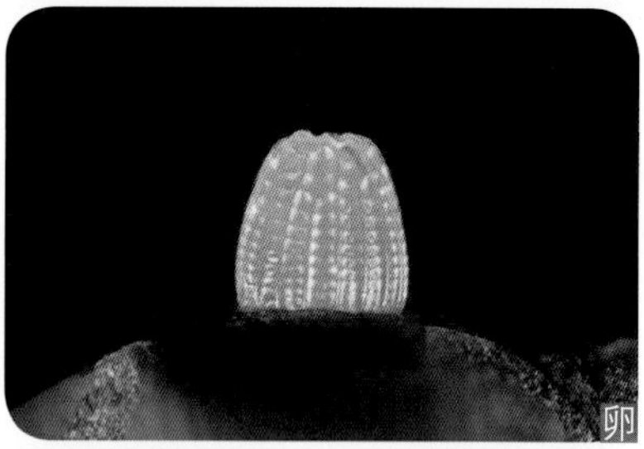

卵

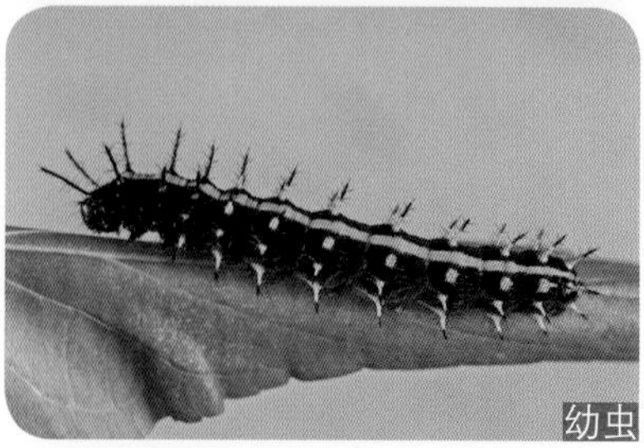

幼虫

犁头草

蛹

矛翠蛱蝶 *Euthalia aconthea* (Cramer)

雌蝶正面
雌蝶反面
雄蝶

雄蝶翅较雌蝶翅尖，翅基颜色为深棕色，前后翅外缘颜色淡，有深色宽而模糊的中带及较窄的亚缘带，两翅中室内有深色环纹。幼虫以壳斗科的柯等为寄主。分布：我国华南、西南各省区；印度至马来西亚。

卵

柯

幼虫

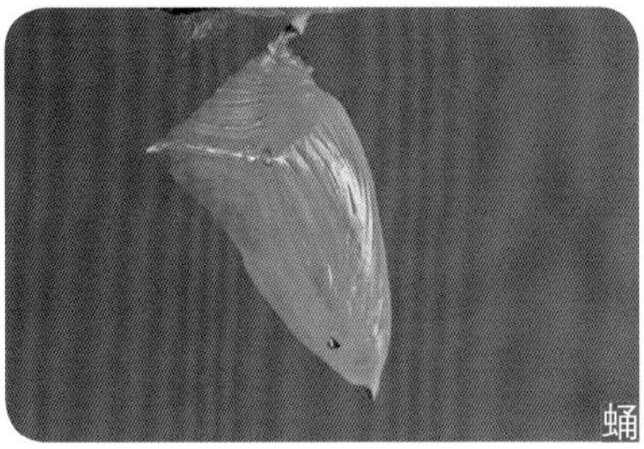
蛹

红斑翠蛱蝶 *Euthalia lubentina* (Cramer)

雌蝶正面
雌蝶反面
雄蝶

雌雄异型。雄蝶翅面墨绿色。前翅顶角与后翅臀角尖锐，中室内有红色小斑。雌蝶翅角较圆钝，前翅中域有数个白斑组成宽斜带。幼虫取食桑寄生科广寄生。分布：我国华南、西南各省区；印度至马来西亚。

卵

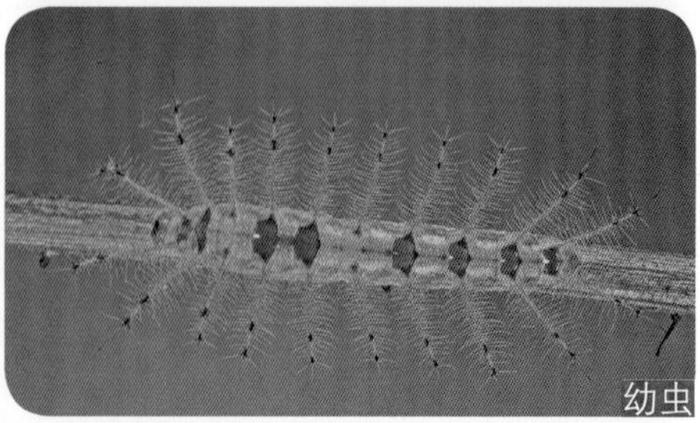
幼虫

广寄生

蛹

绿裙边翠蛱蝶 *Euthalia niepelti* Strand

雌蝶
雄蝶反面
雄蝶

雌雄异型。雄蝶翅黑色，前翅外缘近臀角有窄的蓝色带，后翅外缘有一蓝色宽带。雌蝶前后翅的蓝色带均向翅基部偏移，翅反面棕褐色。幼虫取食山茶科木荷等植物。分布：长江以南各省区；缅甸等国。

卵

木荷

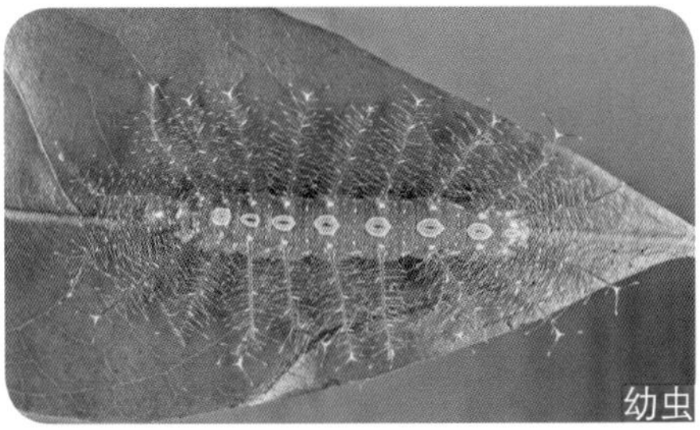
幼虫

蛹

尖翅翠蛱蝶 *Euthalia phemius* (Doubleday)

雄蝶

雌蝶

卵

雌雄异型。雄蝶前翅顶与后翅臀角尖锐，翅黑褐。前翅中室外有白色细线组成“V”形纹，后翅臀角蓝色。雌蝶翅角较圆，前翅有白色斜带。幼虫取食芒果等。分布：我国华南、西南各省区；印度至马来西亚。

幼虫

芒果

蛹

小豹蕉蛱蝶 *Lexias pardalis* (Moore)

雄蝶

雌雄异型。雄蝶前后翅臀角较尖锐，翅黑褐色。前翅外至后翅臀角为灰蓝色宽带。雌蝶翅角较圆，两翅褐色，满布数列黄色小斑。幼虫寄主为黄牛木等植物。分布：我国华南、西南各省区；印度至马来西亚。

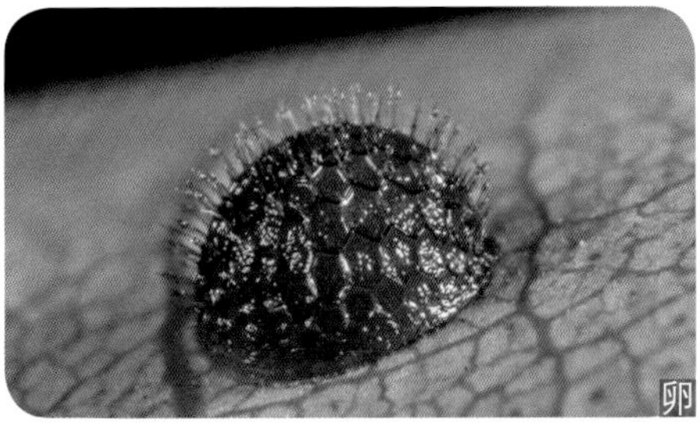
卵

黄牛木

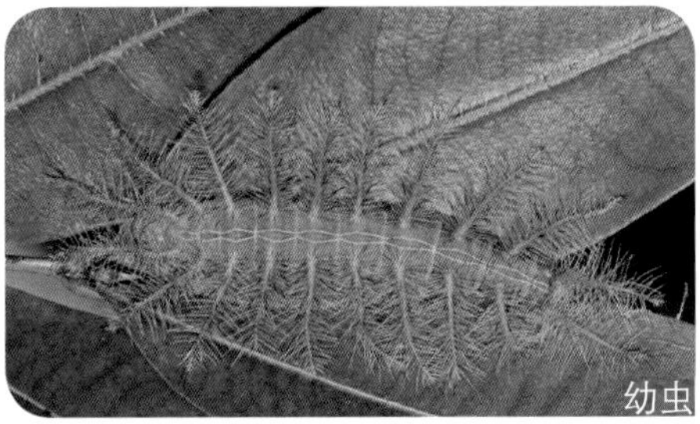
幼虫

蛹

残锷线蛱蝶 *Limenitis sulpitia* (Cramer)

雌蝶正面
雄蝶

相似蝶种比较：玄珠带蛱蝶、新月带蛱蝶 · P279

成虫翅正面黑褐色，斑纹白色，前翅中室内剑状纹在2/3处残缺，前翅中横斑列弧形排列，翅反面黄褐色，翅基部有数个黑色小斑点。幼虫取食华南忍冬等。分布：长江以南各省区；印度至越南等。

卵

幼虫

华南忍冬

蛹

珠履带蛱蝶 *Athyma asura* Moore

雌蝶正面

雄蝶

两翅褐黑色。前翅中室内的白带细且短，角顶有3个小白斑，中域有白斑组成的宽带，并与后翅白斑带连接，后翅亚外缘有1列白环。幼虫取食冬青科秃毛冬青。分布：长江以南各省区；尼泊尔至印度尼西亚。

卵

秃毛冬青

幼虫

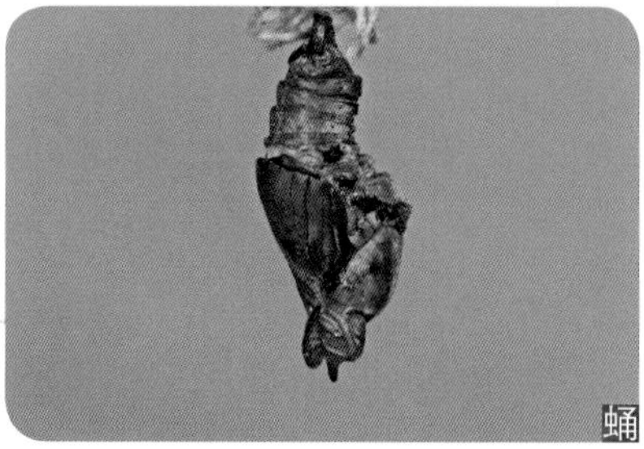

蛹

双色带蛱蝶 *Athyma cama* Moore

雄蝶

雄蝶前翅顶角有一赭黄斑，中室外侧有2个白斑组成横带，中域向后有白斑组成的宽带，并连接后翅宽白带。雌蝶全部翅斑均为赭黄色。幼虫取食光叶算盘子等。分布：长江以南各省区；印度至菲律宾。

卵

幼虫

光叶算盘子

蛹

玉杵带蛱蝶 *Athyma jina* Moore

雄蝶正面

雌蝶正面

雄蝶

成虫两翅正面黑褐色，前翅中室内有1条白色棒纹。中室外有白斑组成的横带2条，中域有宽白斑带。翅反面茶褐色，斑纹与正面对应。幼虫取食长花忍冬等。分布：长江以南各省区；印度、缅甸等。

长花忍冬

卵

幼虫

蛹

相思带蛱蝶 *Athyma nefte* (Cramer)

雄蝶

成虫翅黑褐色，雄蝶前翅中室内的白斑断成3段，横列斑白色，顶角斑赭黄色。后翅中横带白色。雌蝶中室内眉斑锯齿状，斑纹均赭黄色。幼虫寄主为毛果算盘子。分布：我国华南、西南各省区；东南亚各国。

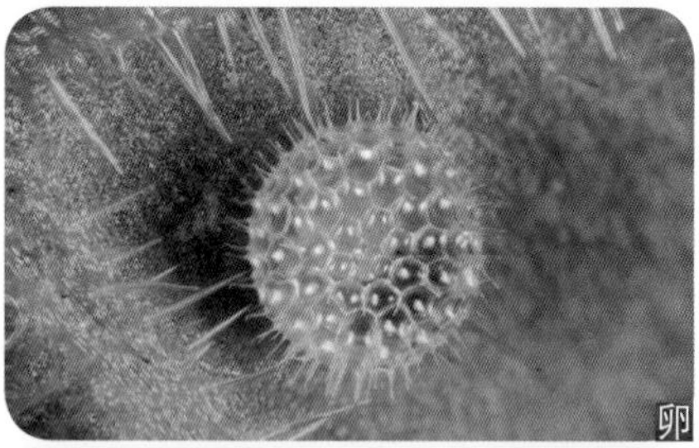
卵

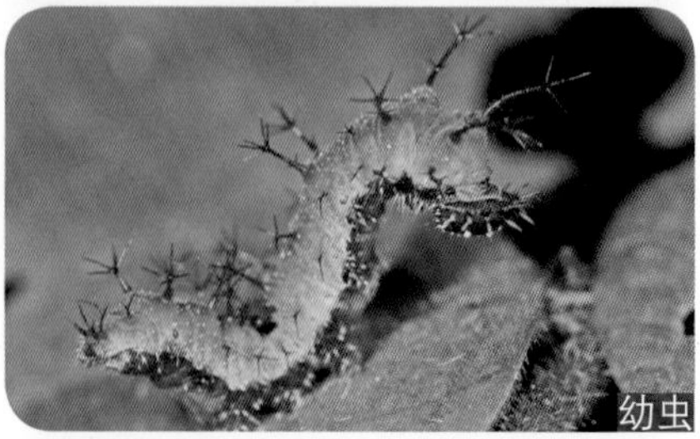
幼虫

毛果算盘子

蛹

玄珠带蛱蝶 *Athyma perius* (Linnaeus)

雄蝶正面
雄蝶

相似蝶种比较：残锷线蛱蝶、新月带蛱蝶 · P279

成虫翅面黑褐色，斑纹白色，前翅中室内条纹分4段，后翅中室外横列斑内侧各有黑色圆点，翅反面黄褐色，白斑围有黑边，缘线褐色。幼虫取食毛果算盘子等。分布：长江以南各省区；印度至缅甸等。

卵

毛果算盘子

幼虫

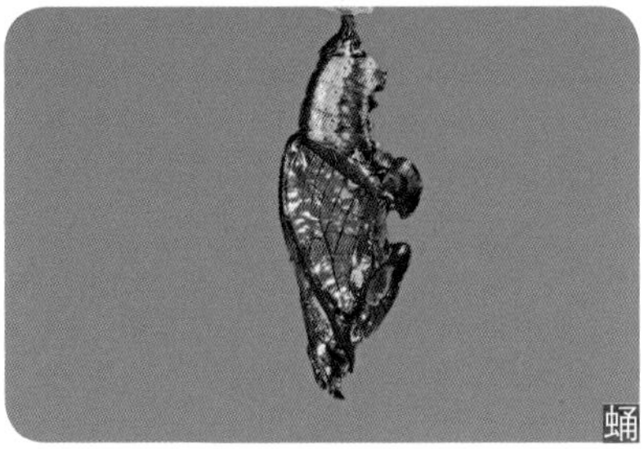
蛹

离斑带蛱蝶 *Athyma ranga* Moore

雄蝶

成虫两翅正反面均黑褐色，斑纹白色，正面有2列白斑特别明显。翅反面斑纹比正面多且明显。前翅中室内条纹碎成不规则小斑。幼虫寄主为木犀科桂花等植物。分布：我国华南、西南各省区；尼泊尔至缅甸。

卵

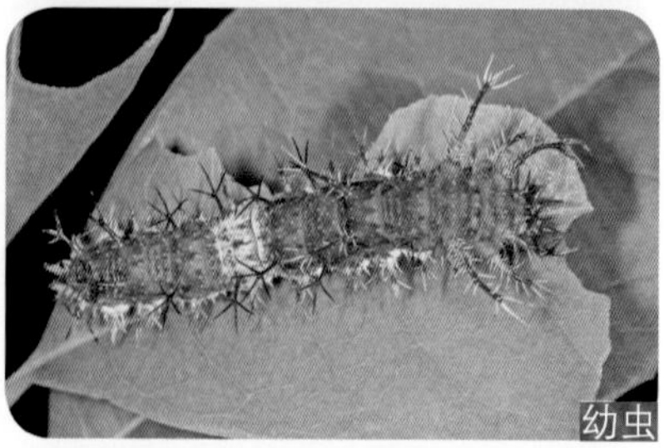
幼虫

蛹

桂花

新月带蛱蝶 *Athyma selenophora* (Kollar)

雌蝶正面
雌蝶
雄蝶正面
雄蝶

相似蝶种比较：残锷线蛱蝶、玄珠带蛱蝶 · P279

雌雄异型。雄蝶正面黑褐色，有1条弧形白带及3个白斜斑。雌蝶翅面有3条白色斑带。雌雄蝶两翅反面茶褐色，斑纹与正面相似。幼虫以茜草科玉叶金花等植物为食。分布：我国华南各省区；东南亚各国。

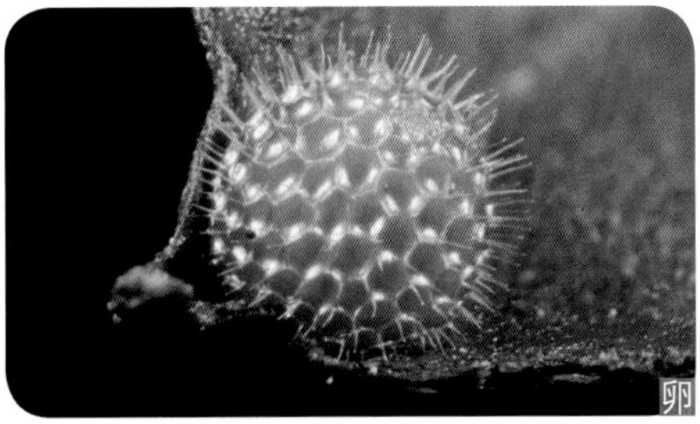
卵

玉叶金花

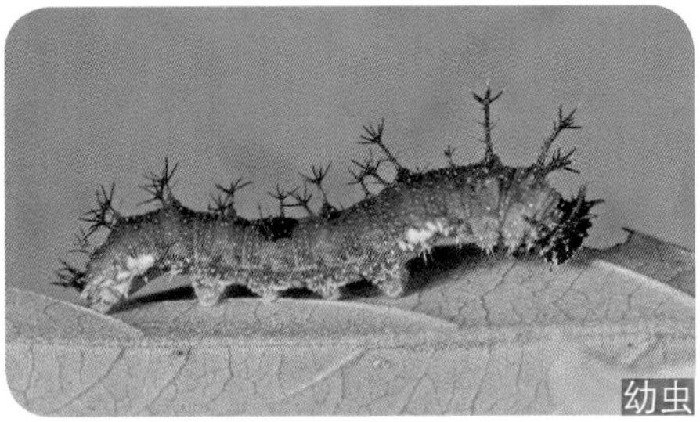
幼虫

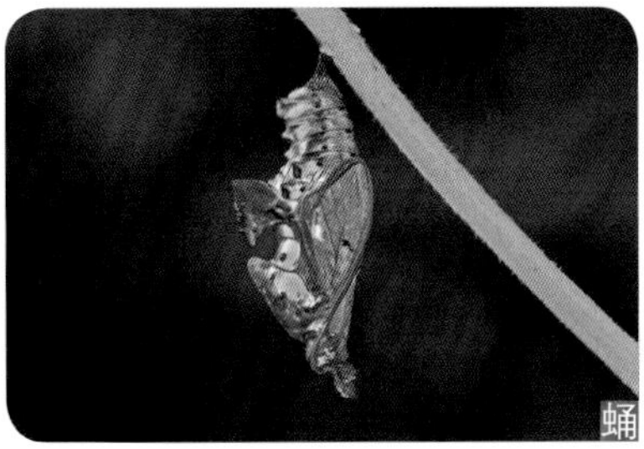
蛹

孤斑带蛱蝶 *Athyma zeroca* Moore

雌蝶反面
雌蝶正面
雄蝶正面
雄蝶

雌雄异型。雄蝶正面黑褐色，有1条鲜明的弧形宽白带。雌蝶正面有3条黄色的斑带。雌雄两翅反面茶褐色，斑纹与正面对应。幼虫以茜草科的多种钩藤为寄主。分布：我国华南各省区；尼泊尔至缅甸等。

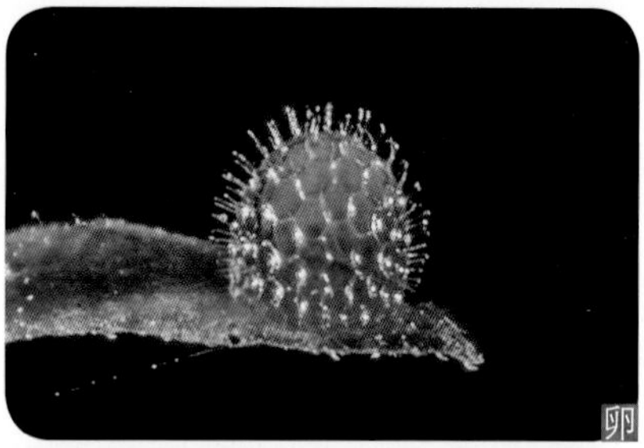
卵

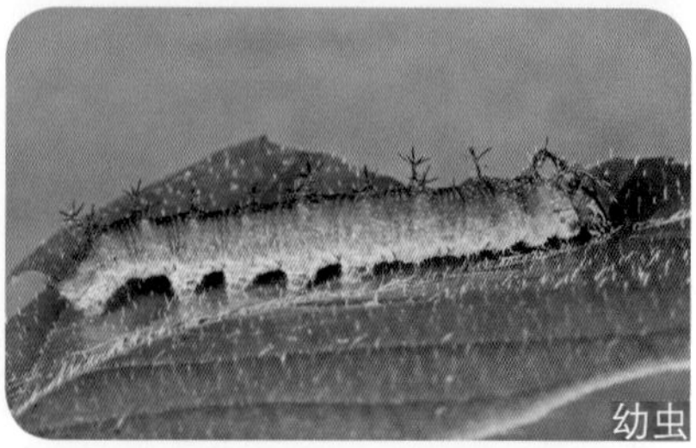
幼虫

白钩藤

蛹

穆蛱蝶 *Moduza procris* (Cramer)

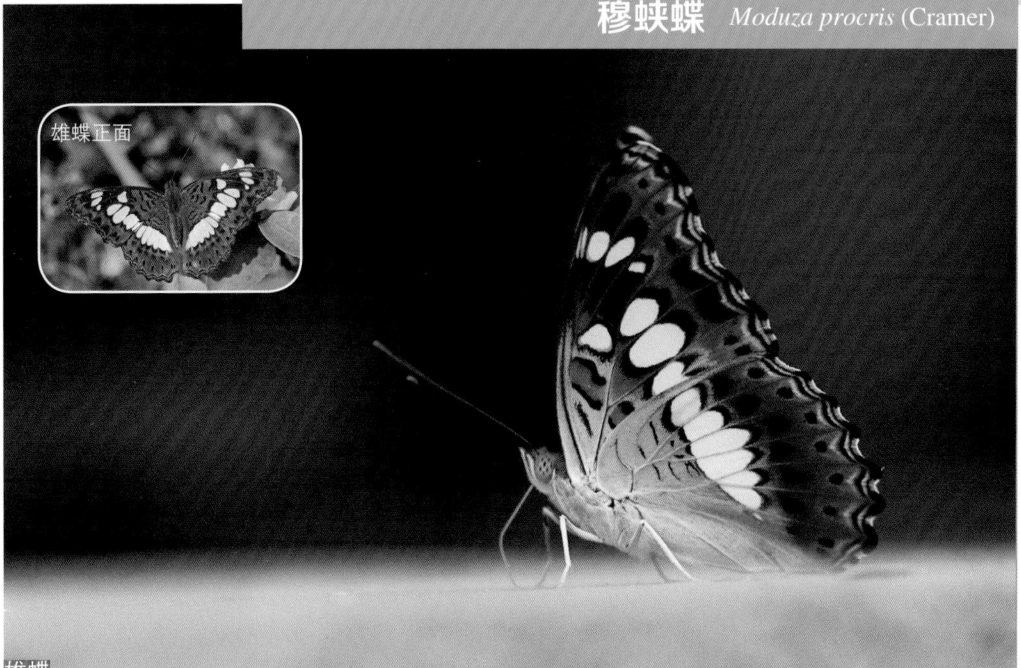
雄蝶正面

雄蝶

成虫翅正面红褐色，有白斑组成的宽中带横贯两翅，翅缘有波状线纹，亚外缘有1列小黑斑。翅反面似正面，但翅基部呈灰蓝色。幼虫取食茜草科白钩藤等。分布：我国华南、西南各省区；印度至马来西亚。

卵

白钩藤

幼虫

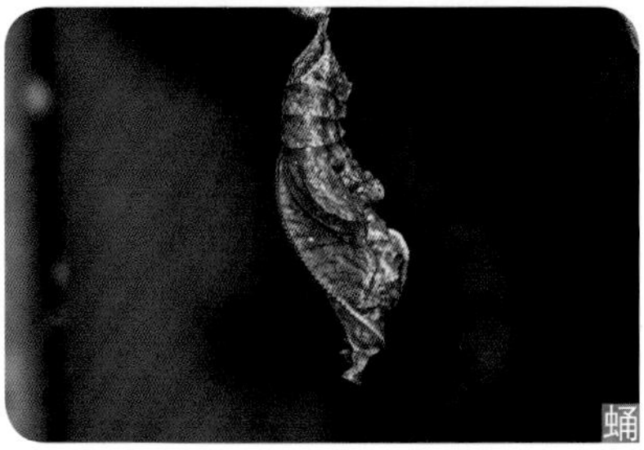
蛹

耙蛱蝶 *Bhagadatta austenia* (Moore)

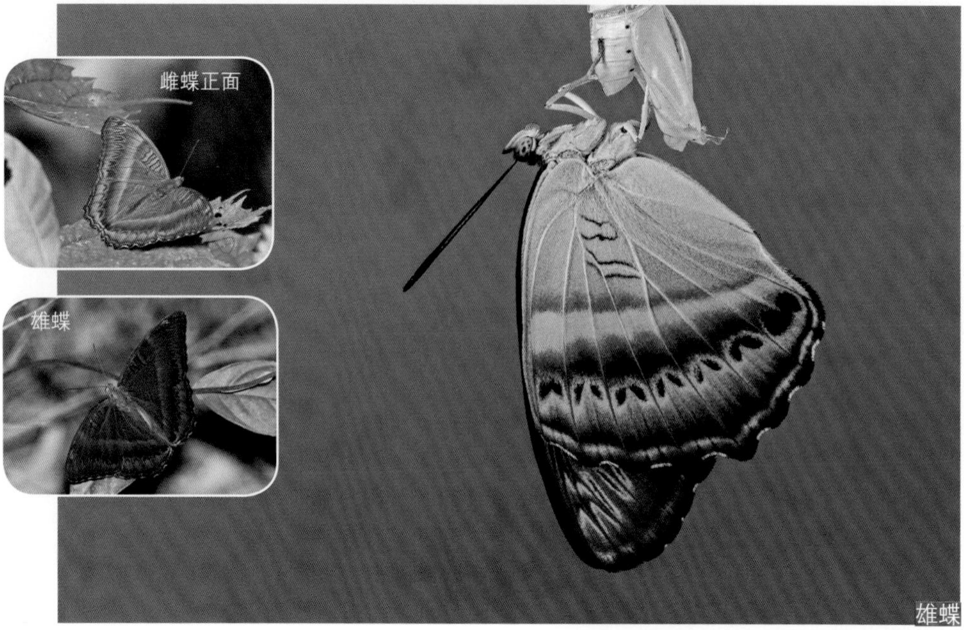
雌蝶正面
雄蝶
雄蝶

翅正面黄褐色，雄蝶具有紫红色幻彩光泽，两翅反面灰色，中室内有深褐色不规则环纹，亚外缘内有1列“V”字纹。卵群造型奇特。幼虫取食茶茱萸科定心藤等。分布：我国华南、西南各省区；印度至泰国。

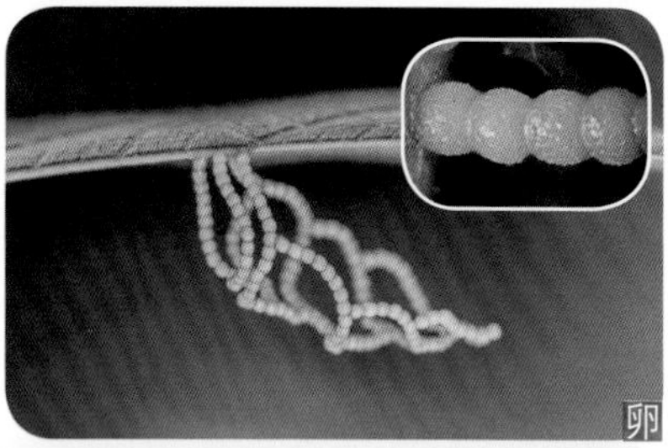
卵

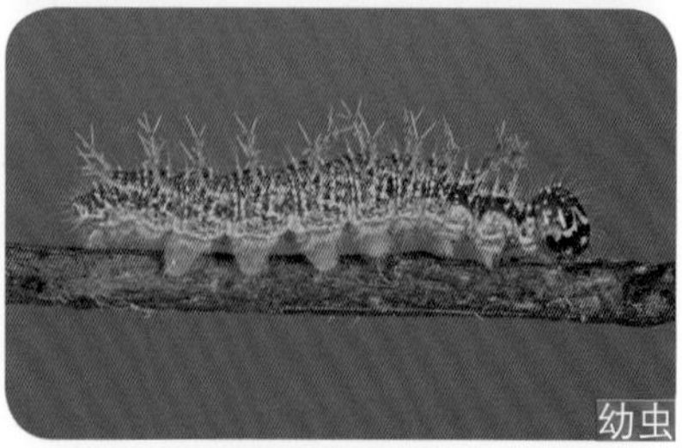
幼虫

定心藤

蛹

丫纹俳蛱蝶 *Parasarpa dudu* (Doubleday)

雄蝶
雄蝶反面

两翅正面黑褐色，前翅白色中带前端向内弯曲呈丫形。后翅中带末端尖锐，臀角有绛红色斑。翅反面灰青色，前翅有围黑边的暗褐斑。幼虫以华南忍冬等为寄主。分布：我国华南、西南各省区；印度至缅甸等。

卵

华南忍冬

幼虫

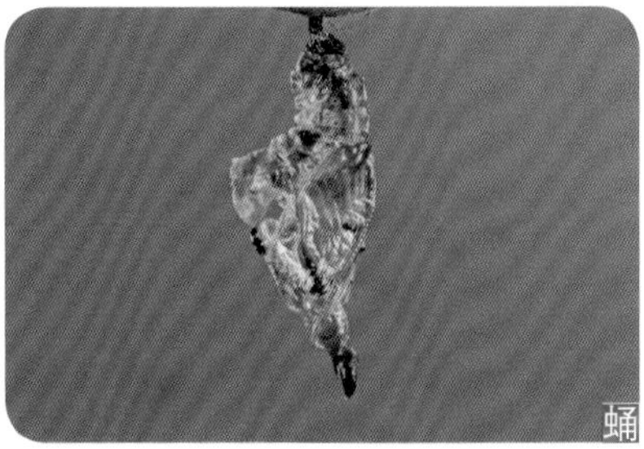
蛹

金蟠蛱蝶 *Pantoporia hordonia* (Stoll)

雄蝶

雄蝶正面

成虫两翅正面褐色，前后翅共3条黄色宽带纹，顶角还有一黄色斑，翅反面颜色较浅，满布细纹，斑纹较模糊。幼虫寄主为含羞草科天香藤、猴耳环等植物。分布：我国华南、西南各省区；印度至马来西亚。

卵

幼虫

天香藤

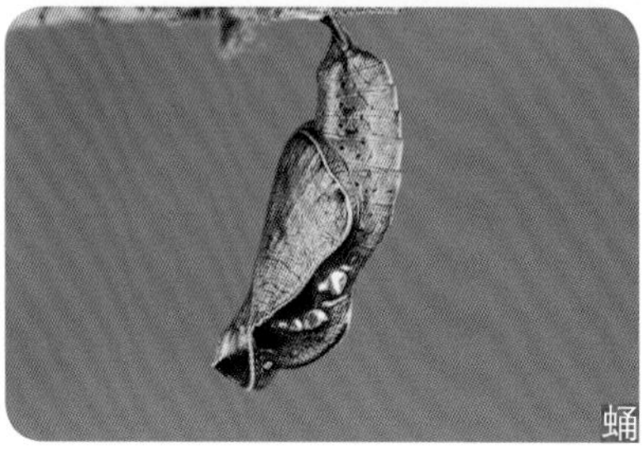
蛹

卡环蛱蝶 *Neptis cartica* Moore

雄蝶正面

雄蝶

成虫两翅正面黑褐色，斑纹乳白色。中室内白带不完全断裂，其外有1个小2个大共3个白斑，后翅基部反面只有1条白带。幼虫以壳斗科植物藜蒴为寄主。分布：长江以南各省区；中印半岛至马来西亚等。

卵

藜蒴

幼虫

蛹

阿环蛱蝶 *Neptis ananta* Moore

雄蝶正面

雄蝶

卵

成虫两翅正面黑褐色，前后翅共3条黄色带纹，顶角还有2个黄色斑组成的斜带，中横带外侧黄斑与中横带分离，两翅反面颜色红褐。幼虫取食樟科的润楠等。分布：我国华南、西南各省区；印度、泰国等。

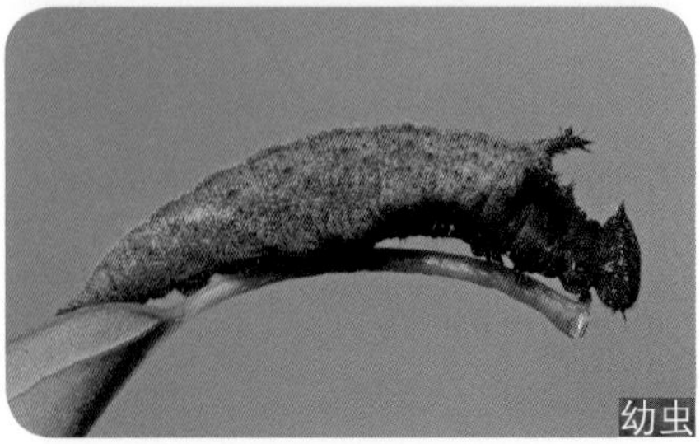

幼虫

润楠

蛹

珂环蛱蝶 *Neptis clinia* Moore

雄蝶正面
雄蝶

成虫两翅正面黑褐色，斑纹乳白色。中室内白带断裂，外有3个白斑组成的斜带，后缘有3个白斑与后翅中带连接。幼虫以梧桐科假苹婆等数种植物为寄主。分布：长江以南各省区；印度至马来西亚。

卵

假苹婆

幼虫

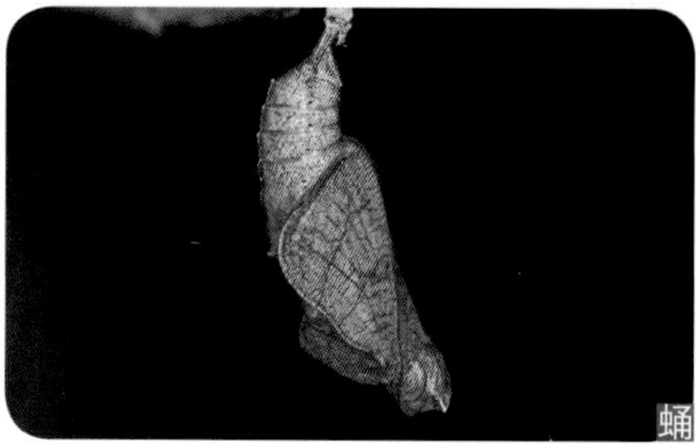
蛹

中环蛱蝶 *Neptis hylas* (Linnaeus)

雄蝶

两翅正面黑褐色，斑纹白色。前翅正面中室条纹近端部有深色横线，翅反面棕黄色，后翅中带及外带等白斑纹具有深色的外围线。幼虫寄主为山黄麻等植物。分布：我国华南、西南各省区；印度至马来西亚。

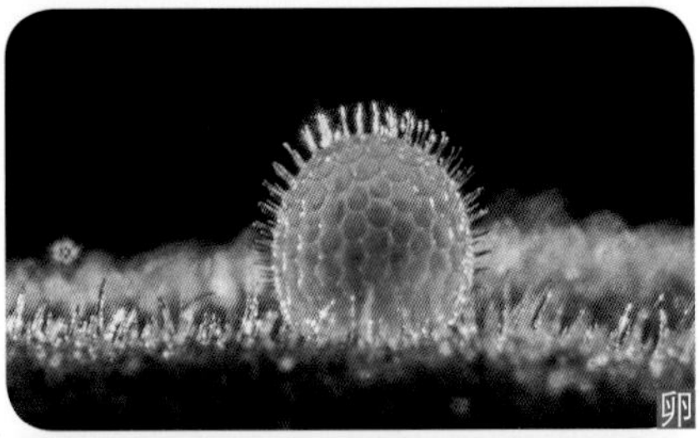
卵

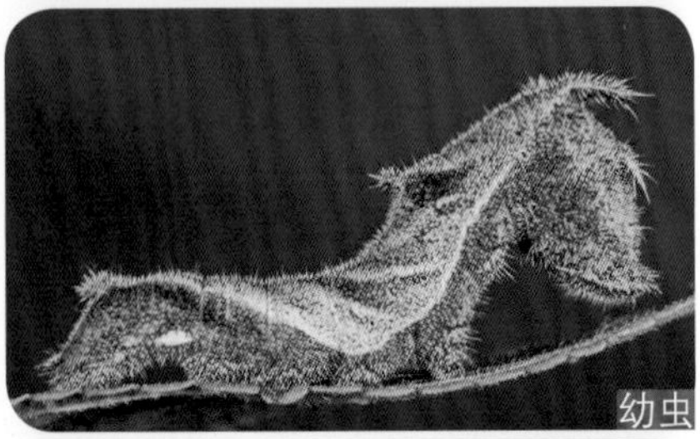
幼虫

山黄麻

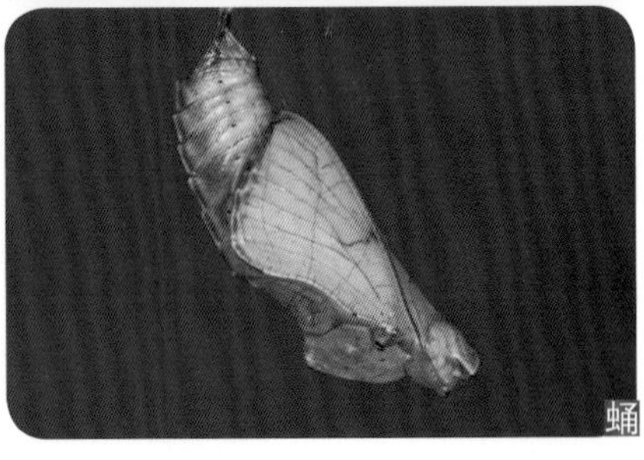
蛹

弥环蛱蝶 *Neptis miah* Moore

雄蝶

雄蝶反面

成虫两翅正面深褐色，前后翅共3条黄色带纹，顶角还有2个黄色斑组成的斜带，中横带外侧黄斑与中横带连接，两翅反面颜色稍浅。幼虫取食苏木科龙须藤。分布：长江以南各省区；印度至马来西亚。

龙须藤

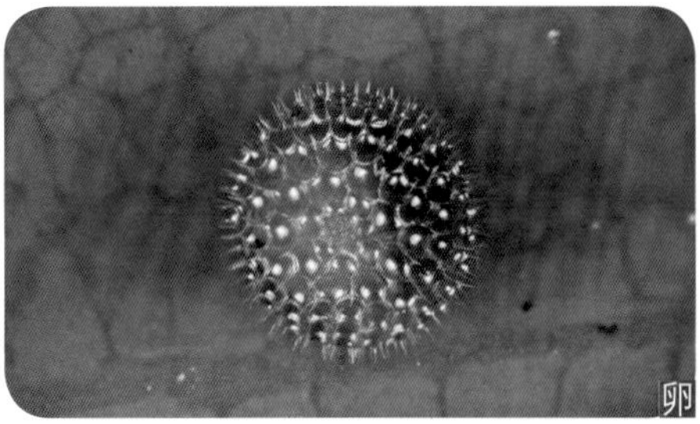
卵

幼虫

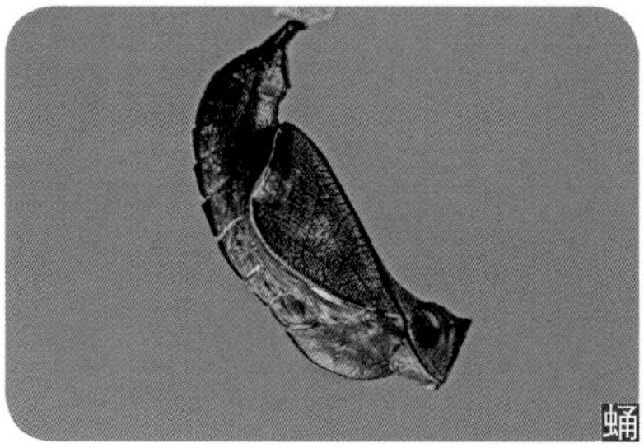
蛹

娑环蛱蝶 *Neptis soma* Moore

雌蝶正面

雄蝶

卵

成虫两翅正面黑褐色，斑纹白色。前翅中室条斑近端部被暗色切断。后翅中带较宽，翅反面深棕色，白斑外缘无深色外围线。幼虫寄主为蝶形花科山鸡血藤等。分布：我国华南、西南各省区；印度至马来西亚。

幼虫

山鸡血藤

蛹

柱菲蛱蝶 *Phaedyma columella* (Cramer)

雄蝶
反面

两翅正面黑褐色，斑纹白色，中室条斑与中室端外侧斑分离，亚外缘有1列小白斑，后翅反面外缘线、亚外缘线显著。幼虫寄主为黄牛木、布渣叶等植物。分布：我国华南、西南各省区；印度至越南等。

卵

黄牛木

幼虫

蛹

波蛱蝶 *Ariadne ariadne* (Hewitson)

雄蝶正面
雄蝶

成虫两翅正面红褐色，两翅从基部到外缘有5条横贯翅面的黑色波状线纹，前翅有一小白点，反面颜色较正面深，有3条褐红色带。幼虫以蓖麻等植物为寄主。分布：我国华南、西南各省区；伊朗至印度尼西亚等。

卵

幼虫

蓖麻

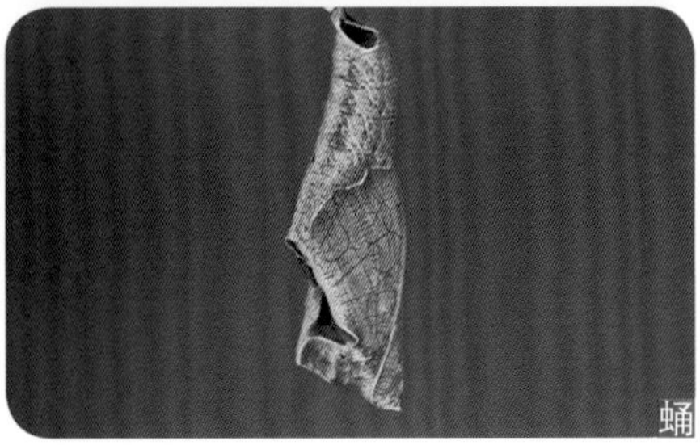
蛹

枯叶蛱蝶 *Kallima inachus* (Boisduval)

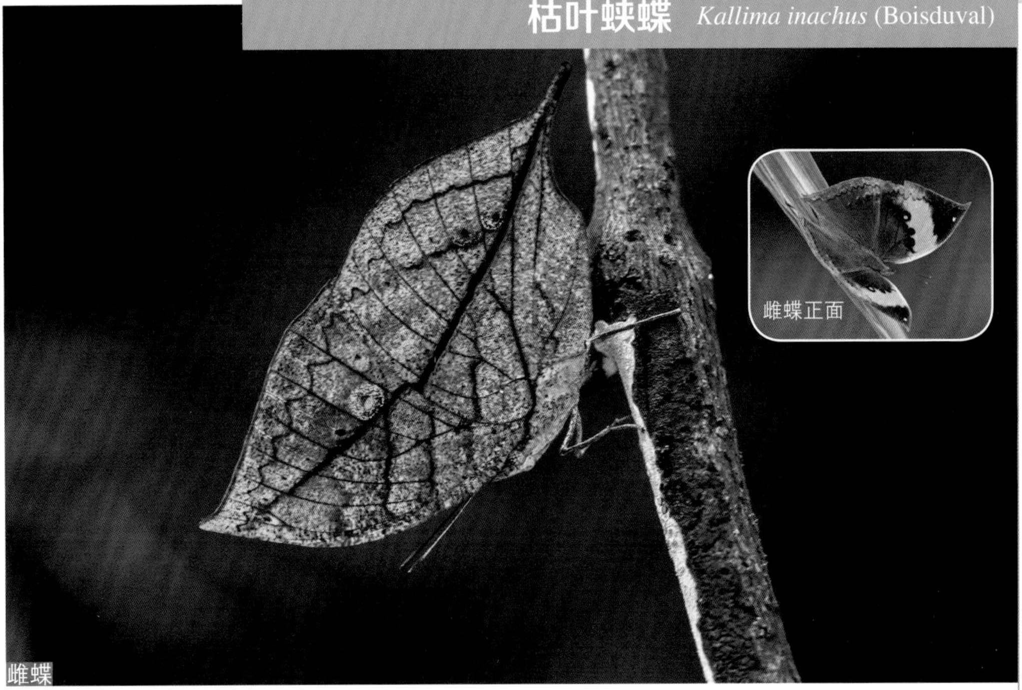

雌蝶

雌蝶正面

成虫两翅褐色，具藏青色光泽。前翅顶角突出，中域有1条宽阔的橙黄色斜带，前翅有2个白斑。后翅尾突叶柄状。翅反面斑纹模拟枯叶。幼虫寄主为黄球花等。分布：陕西以南各省区；印度至日本等。

卵

黄球花

幼虫

蛹

网丝蛱蝶 *Cyrestis thyodamas* Boisduval

雌蝶

雄蝶

雄蝶两翅白色，雌蝶淡黄色。脉纹褐色，翅上的线条和斑纹均为黑褐色与赭色或黄色等混合交织形成网纹。翅薄，呈半透明。幼虫取食桑科的琴叶榕、变叶榕等。分布：长江以南各省区；尼泊尔至新几内亚。

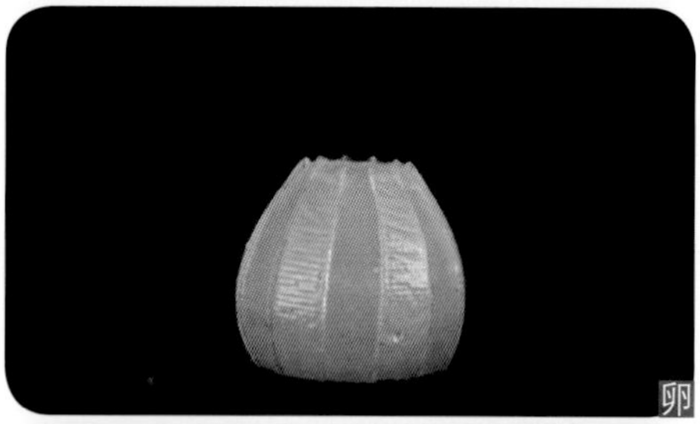
卵

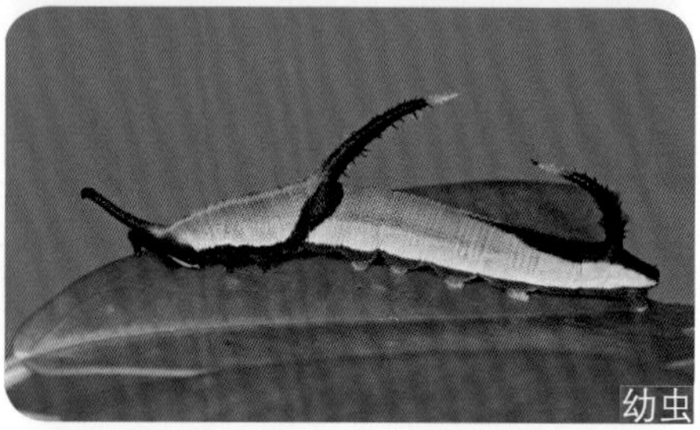
幼虫

变叶榕

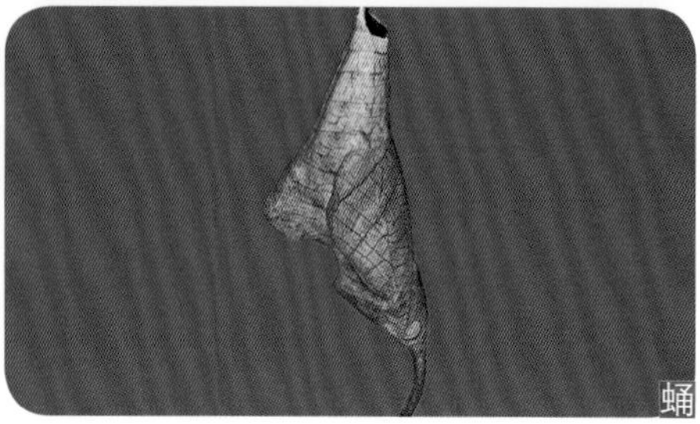
蛹

幻紫斑蛱蝶 *Hypolimnas bolina* (Linnaeus)

雌性

雄蝶正面

雌蝶

雄蝶黑紫色，两翅中域均有一近圆形蓝紫色幻彩大斑。雌蝶前翅外缘及亚外缘有波状线，亚外缘各室有1列白点及齿状斑。幼虫以旋花科的番薯等植物为食料。分布：长江以南各省区；印度至印度尼西亚等。

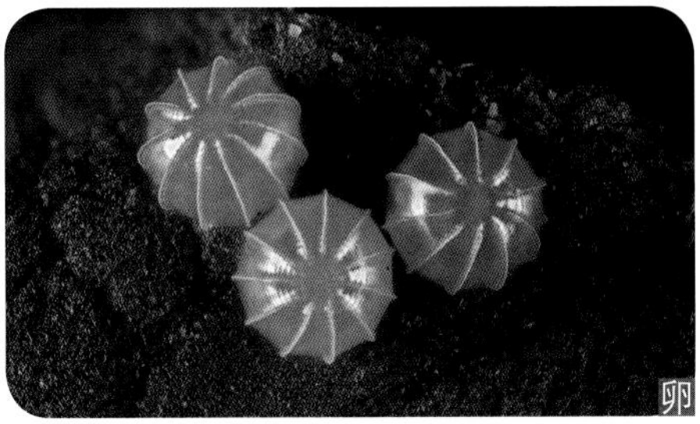

卵

番薯

幼虫

蛹

金斑蛱蝶 *Hypolimnas missipus* (Linnaeus)

雌蝶

雄蝶两翅正面紫黑色，前后翅中域各有一椭圆形大白斑。雌蝶两翅红色，模拟金斑蝶，顶角黑色并有白斜带，外缘、亚缘有波状线。幼虫取食马齿苋科马齿苋。分布：我国华南、西南各省区；日本至非洲等。

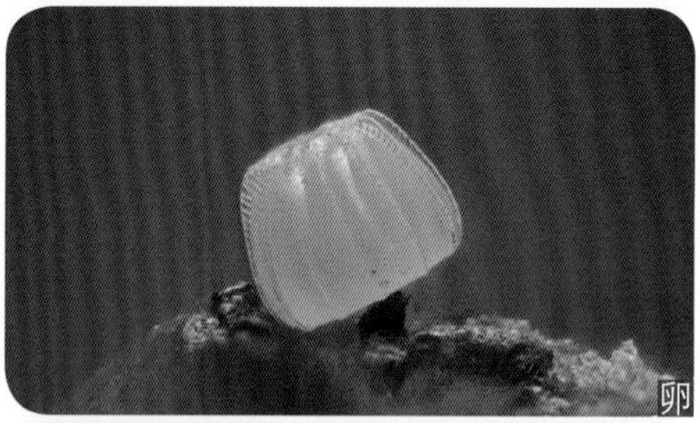
卵

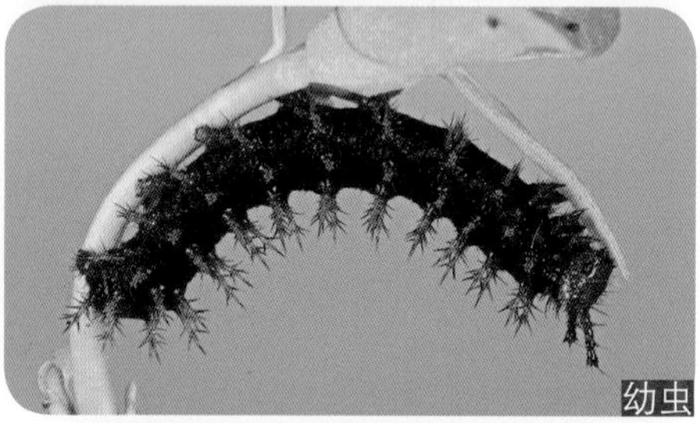
幼虫

马齿苋

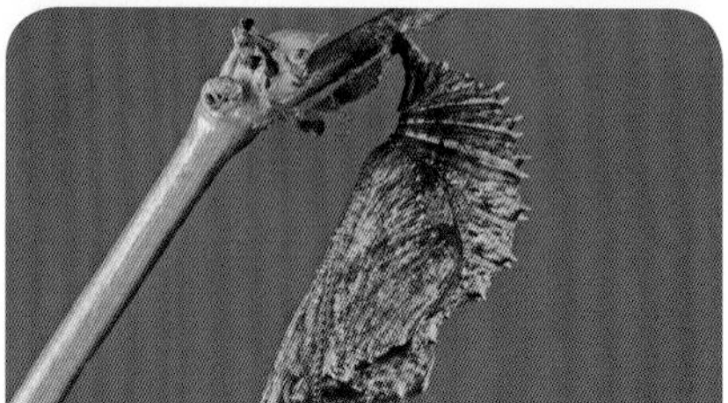
蛹

大红蛱蝶 *Vanessa indica* (Herbst)

雄蝶

雄蝶正面

体翅黑褐色。顶角有几个小白点及3个斜列黄斑，中域有一橘红色不规则斜带。后翅外缘橘红色，内有1列黑斑，反面有灰褐色晕斑。幼虫寄主为苎麻等植物。分布：广布我国各省区；北半球多国。

卵

苎麻

幼虫

蛹

50～60mm

小红蛱蝶 *Vanessa cardui* (Linnaeus)

雄蝶反面
雌蝶

卵

本种与大红蛱蝶近似，主要区别是：前翅顶区有4个排成弧形的小白点，中域3个黑斑相连。后翅反面亚外缘有1列眼状斑。幼虫寄主为荨麻科密花苎麻等植物。分布：广布我国各省区；南美以外广布。

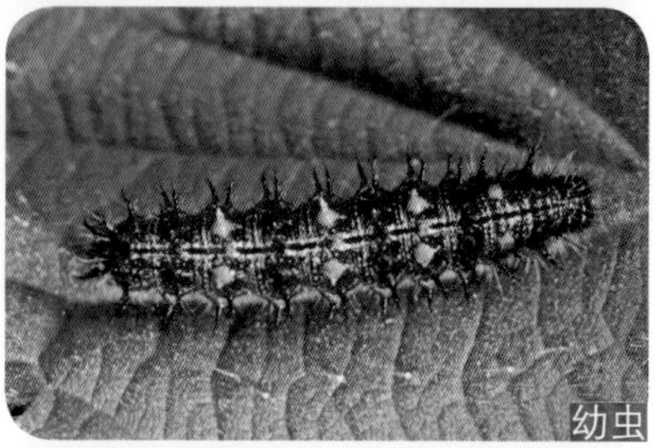
幼虫

密花苎麻

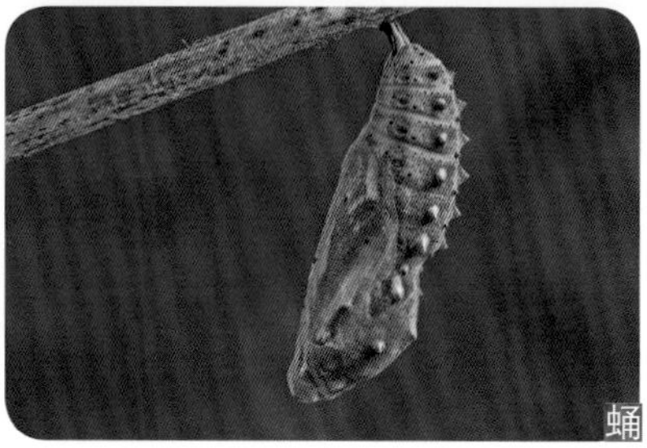
蛹

琉璃蛱蝶 *Kaniska canace* (Linnaeus)

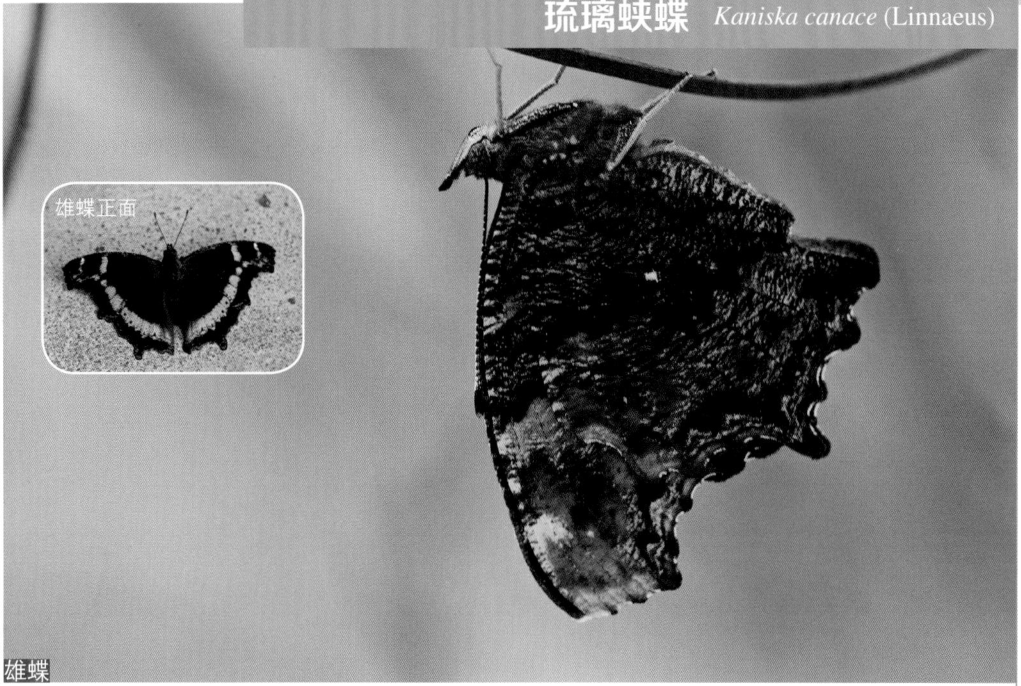
雄蝶正面
雄蝶

两翅正面深蓝色，外缘凹凸多角，两翅亚外缘贯穿浅蓝色宽带，宽带于前翅分叉状，后翅宽带内各室均有小黑点。翅反面模拟树皮。幼虫寄主为菝葜科的菝葜等。分布：广布我国各省区；阿富汗至日本。

卵

菝葜

幼虫

蛹

黄钩蛱蝶 *Polygonia c-aureum* (Linnaeus)

雌蝶

两翅正面黄褐色，有许多黑斑，前翅中室内有3个黑斑。翅外缘凹凸多角，两翅反面深褐色（湿季型为黄褐色），后翅中室端有“L”形黄色斑。幼虫取食葎草等。分布：广布我国各省区；西伯利亚至越南。

卵

幼虫

葎草

蛹

美眼蛱蝶 *Junonia almana* (Linnaeus)

湿季型

旱季型

雄蝶正面

成虫两翅正面橙黄色，前翅有一个眼斑，后翅两个眼斑大小悬殊，翅反面湿季型有眼斑。旱季型无眼斑，颜色近似枯叶状。幼虫以玄参科旱田草等植物为寄主。分布：黄河以南各省区；尼泊尔至印度尼西亚。

卵

旱田草

幼虫

蛹

波纹眼蛱蝶 *Junonia atlites* (Linnaeus)

雌蝶正面

雄蝶

卵

成虫两翅正面淡灰褐色，有褐色波状线，前后翅亚外缘均有一列眼斑。旱季型翅反面眼纹消失，色苍白近似枯叶。幼虫以水蓑衣、翠芦莉等多种植物为食料。分布：我国华南、西南各省区；印度至马来西亚。

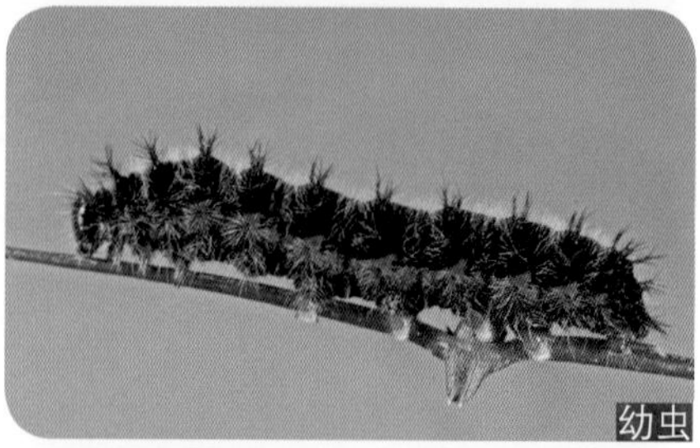

幼虫

水蓑衣

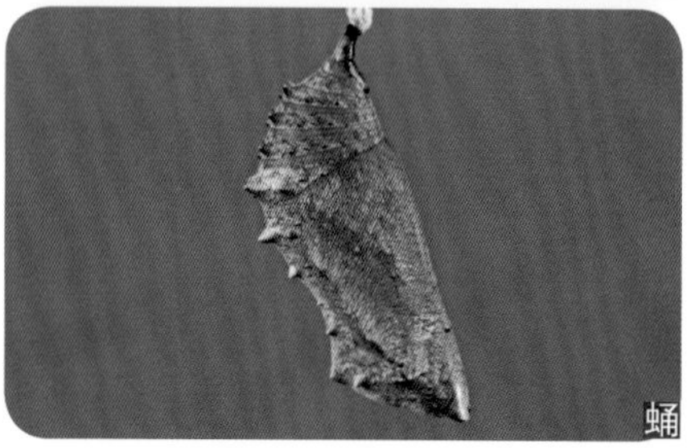

蛹

黄裳眼蛱蝶 *Junonia hierta* (Fabricius)

雄蝶反面
雌蝶
雄蝶

雄蝶两翅橙黄色，外缘黑色，后翅基部黑色斑中有一紫蓝色幻彩圆斑，雌蝶前翅后缘有紫眼斑，后翅橙色区中有2个黑点。幼虫以爵床科假杜鹃等植物为食料。分布：我国华南、西南各省区；印度至缅甸等。

卵

假杜鹃

幼虫

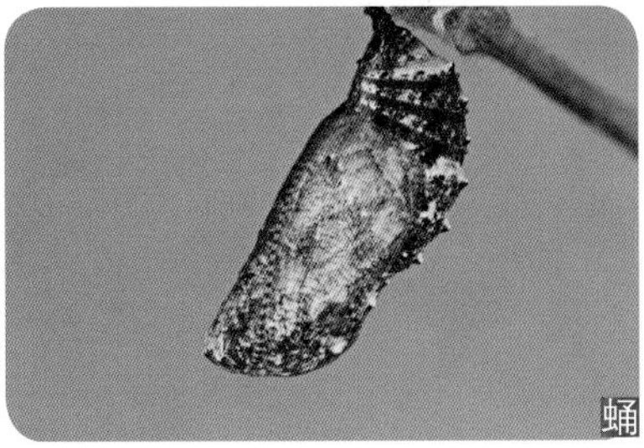
蛹

55~65mm

钩翅眼蛱蝶 *Junonia iphita* (Cramer)

雄蝶正面

雄蝶

卵

两翅正面深褐色，斑纹黑褐色，顶角外突呈钩状，后翅亚外缘内有一列模糊眼斑。两翅反面黑褐色，后翅近臀角有灰蓝色晕斑。幼虫以爵床科黄球花等为寄主。分布：长江以南各省区；尼泊尔至印度尼西亚。

幼虫

黄球花

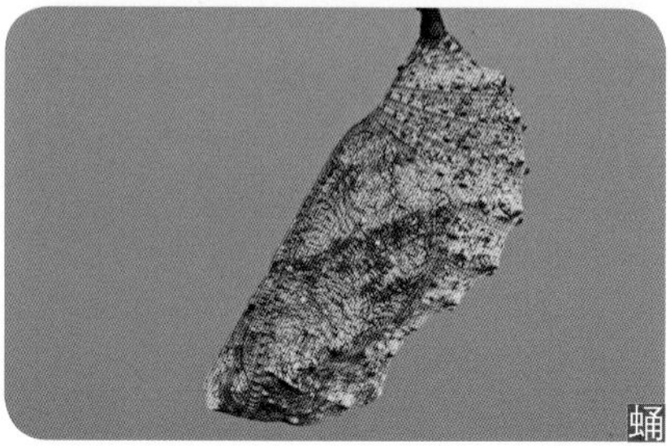
蛹

蛇眼蛱蝶 *Junonia lemonias* (Linnaeus)

雄蝶

雄蝶正面

翅面褐色，前翅有浅黄色斑纹，前后翅均有黑色眼斑，内有紫色瞳点，外围有橘黄色环。两翅反面颜色稍浅，斑纹更多。幼虫以爵床科的假杜鹃等植物为寄主。分布：我国华南、西南各省区；印度至菲律宾。

卵

假杜鹃

幼虫

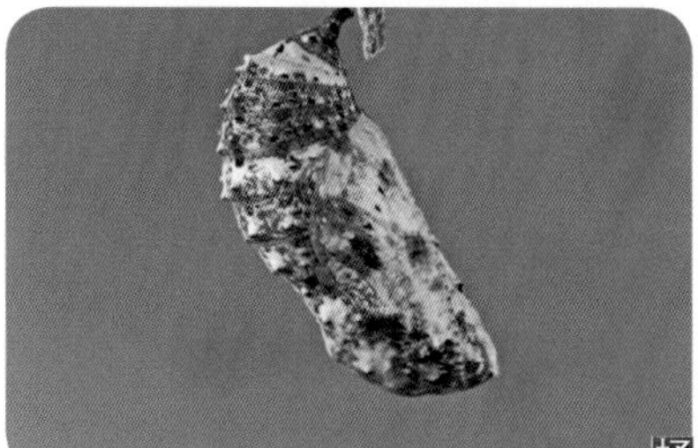
蛹

翠蓝眼蛱蝶 *Junonia orithya* (Linnaeus)

雄蝶

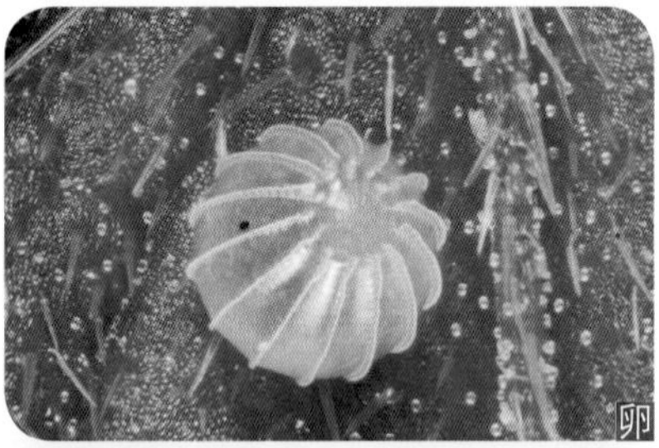
卵

雄蝶前翅黑褐色，后翅为明艳蓝色，前翅有白色斜带，前后翅各有两个眼斑。雌蝶翅基部深褐色，后翅蓝色较暗，眼斑大于雄蝶。幼虫以爵床科鳞花草为寄主。分布：陕西以南各省区；广布亚洲多国。

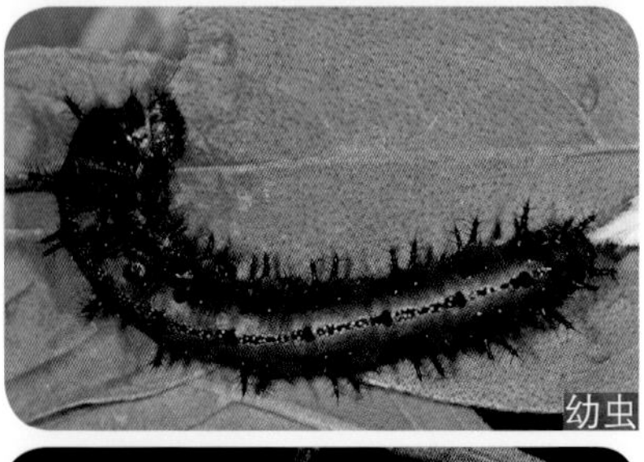
幼虫

鳞花草

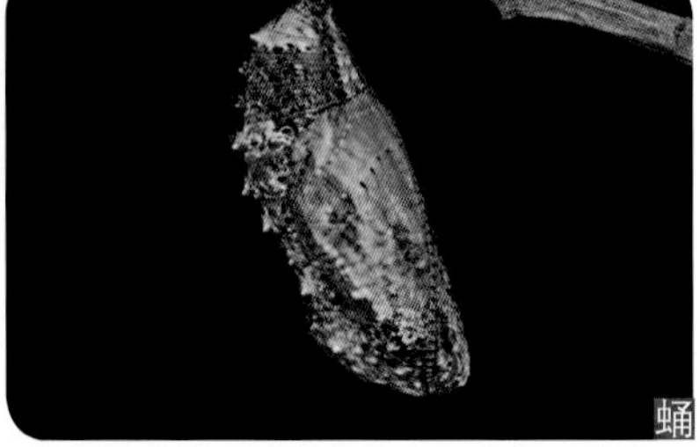
蛹

黄豹盛蛱蝶 *Symbrenthia brabira* Moore

雄蝶

雄蝶正面

成虫两翅正面棕黑色，前后翅共有3条黄褐色宽带，顶角有黄褐色斜带。两翅反面黄色，散布许多小黑斑，后翅亚外缘1列三角环斑较小。幼虫取食荨麻科赤车。分布：我国华南、西南各省区；印度至印度尼西亚。

卵

赤车

幼虫

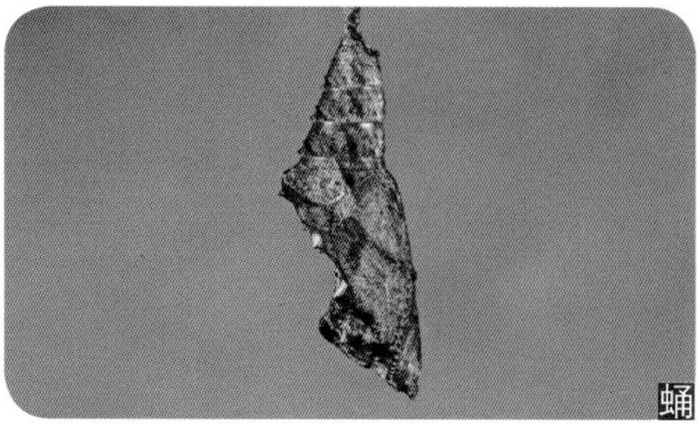
蛹

花豹盛蛱蝶 *Symbrenthia hypselis* (Godart)

雄蝶正面

雄蝶

两翅正面棕黑色，前后翅共有3条黄褐色宽带，中室端黄斑分离。两翅反面黄色，散布许多黑色小斑，后翅亚外缘有1列长三角形环斑。幼虫取食荨麻科楼梯草。分布：我国华南、西南各省区；印度至印度尼西亚。

卵

幼虫

楼梯草

蛹

散纹盛蛱蝶 *Symbrenthia lilaea* (Hewitson)

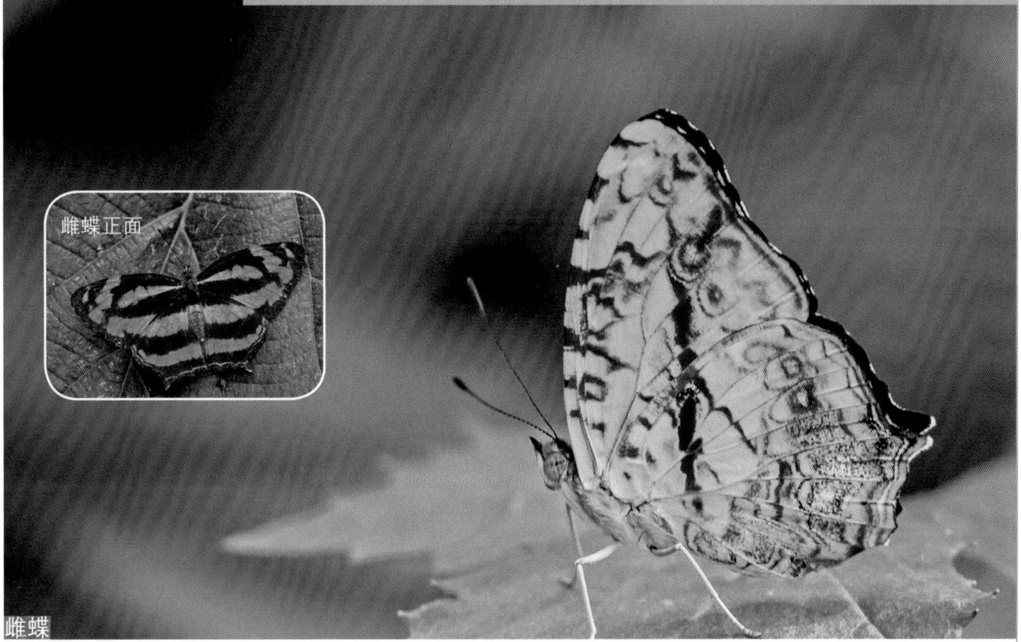
雌蝶正面
雌蝶

两翅正面深褐色，前翅中室黄带较宽，顶角有2个小黄斑，后翅有2条较宽黄带。两翅反面土黄色，散布纷乱细线纹。幼虫群栖，以荨麻科苎麻等植物为食料。分布：我国华南、西南各省区；印度至印度尼西亚等。

卵

苎麻

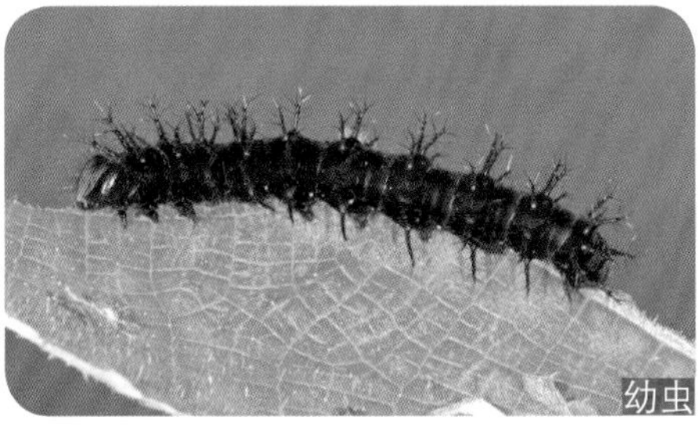
幼虫

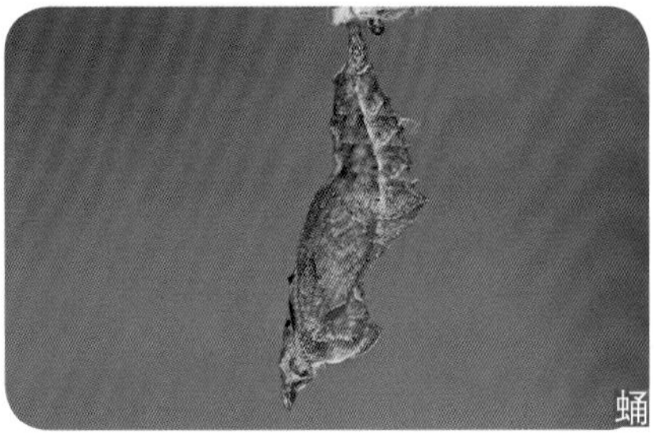
蛹

绢蛱蝶 *Calinaga buddha* Moore

雄蝶正面

雄蝶

成虫胸部密被黄绒毛，两翅面斑纹为淡蓝绿色，翅脉纹为灰色，各室均有深色横纹把浅色斑分隔成2个，后翅反面呈浅黄褐色。幼虫以桑科的鸡桑等植物为食料。分布：长江以南各省区；朝鲜、日本等。

卵

幼虫

鸡桑

蛹

珍蝶

中小型蝶种，翅窄长卵圆，色彩淡雅。珍蝶主要分布于非洲。全球已知约200多种，中国仅记录2种，广州只记录1种。

苎麻珍蝶 *Acraea issoria* (Hübner)

雄蝶正面
雌雄
雌蝶

两翅褐黄色，外缘有灰黑色宽带，内有黄白色斑，亚外缘有一波纹细线。两翅反面褐黄色，翅脉深褐色。幼虫群栖，并以荨麻科的糯米团、苎麻等植物为寄主。分布：长江以南各省区；印度至菲律宾。

卵

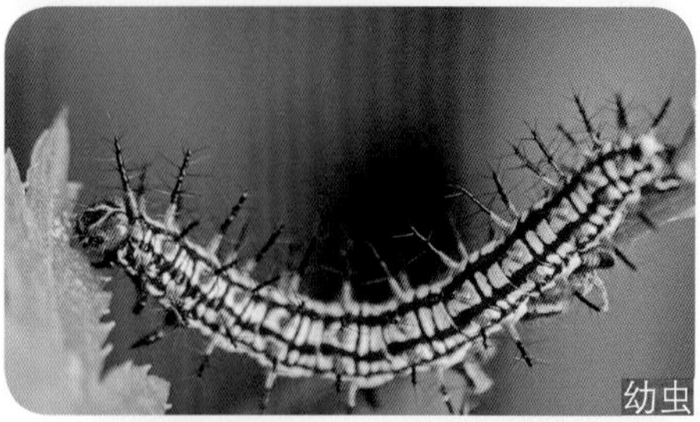
幼虫

糯米团

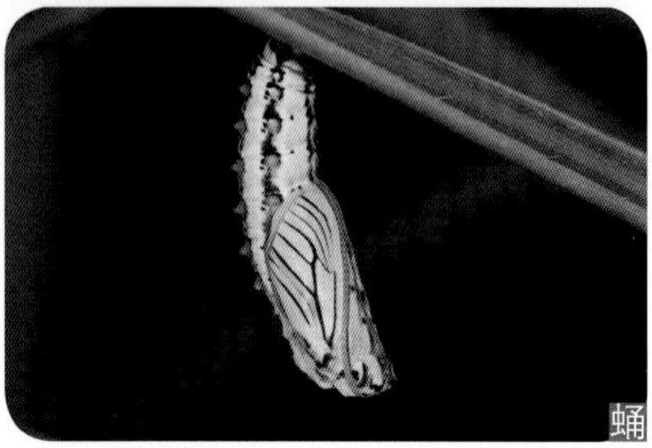
蛹

蚬蝶

小型蝶种，娇小灵活，行为独特。蚬蝶双翅半张而不合，以此特殊行为得名。全球已知 1 350 多种，中国已有记录 30 多种，广州仅记录 8 种。

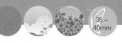

蛇目褐蚬蝶 *Abisara echerius* (Stoll)

雄蝶

雄蝶正面

两翅褐色、棕色至红褐色，因季节不同有所变化，两翅中域均有一深浅双色横带，后翅前角有3个近似眼斑。成虫停栖时双翅“V”形摆放。幼虫取食紫金牛科酸藤子等。分布：长江以南各省区；印度至泰国等。

卵

幼虫

酸藤子

蛹

白带褐蚬蝶 *Abisara fylloides* (Moore)

雄蝶反面

雄蝶

两翅灰黑色，前翅前缘至后角有一宽白带，顶角有两小白点，后翅亚外缘有一列黑色三角斑，每个三角斑外侧有小白点。幼虫以紫金牛科杜茎山等植物为寄主。分布：长江以南各省区；越南、老挝等。

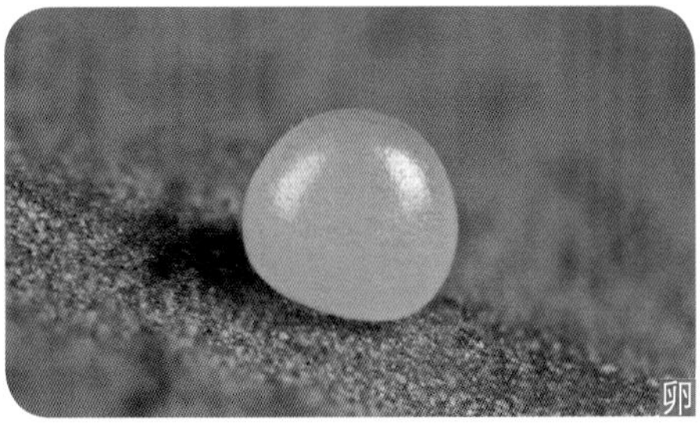

卵

杜茎山

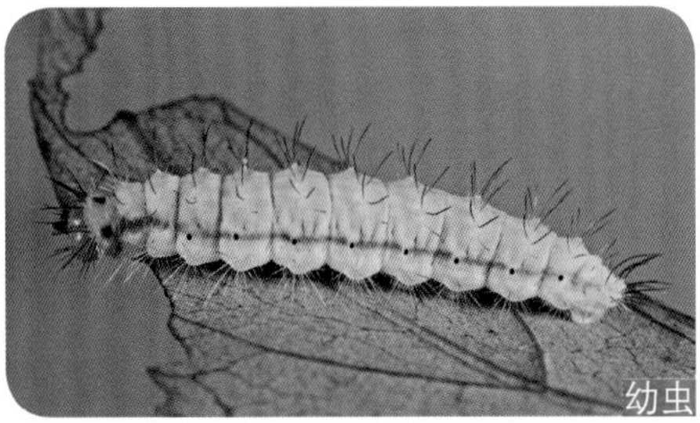

幼虫

蛹

35~45mm

长尾褐蚬蝶 *Abisara neophron* (Hewitson)

雄蝶正面

雄蝶

两翅灰褐色，前翅前缘至后角有一宽白带，亚外缘也有一窄带，后翅顶角有2个两端白色的黑色矩形斑，尾突较长。幼虫取食紫金牛科白花酸藤果等植物。分布：我国华南、西南各省区；缅甸至马来西亚。

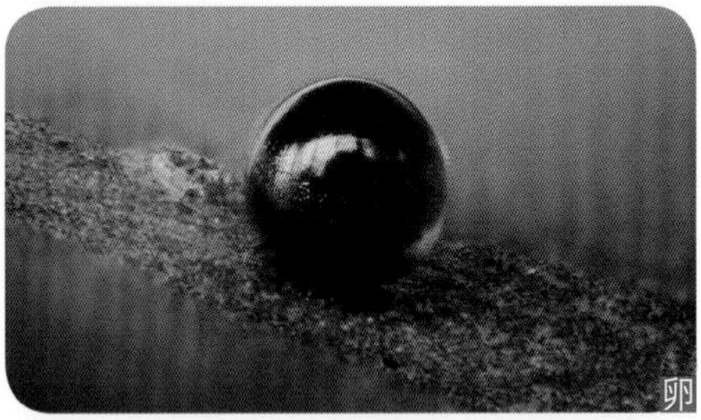

卵

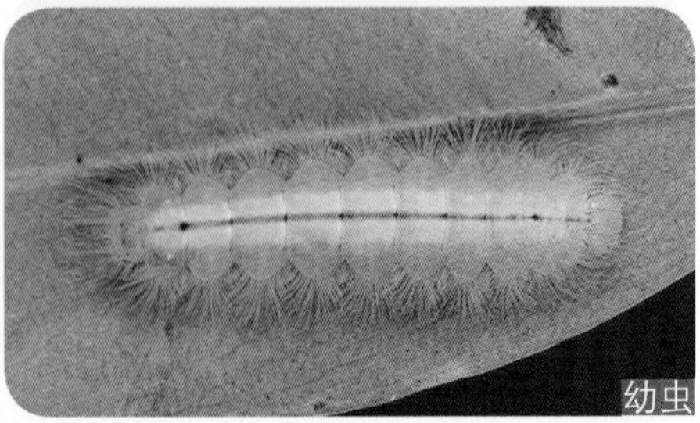

幼虫

白花酸藤果

蛹

白蚬蝶 *Stiboges nymphidia* Butler

雄蝶

雌蝶正面

成虫两翅白色。外缘有黑褐色宽边，宽边内缘不规则，当中由外至内有两列白色条斑及波状细线，顶角前缘向翅基方向有两小白斑。幼虫取食紫金牛科虎舌红。分布：我国华南、西南各省区；缅甸至印度尼西亚等。

卵

虎舌红

幼虫

蛹

波蚬蝶 *Zemeros flegyas* (Cramer)

雄蝶正面

雄蝶

两翅正面绯红褐色，脉纹颜色较浅，各室颜色较暗，散布有许多白点，白点连接着深色斑。两翅反面的白点及黑斑更明显。幼虫寄主为紫金牛科鲫鱼胆等植物。分布：长江以南各省区；印度至菲律宾。

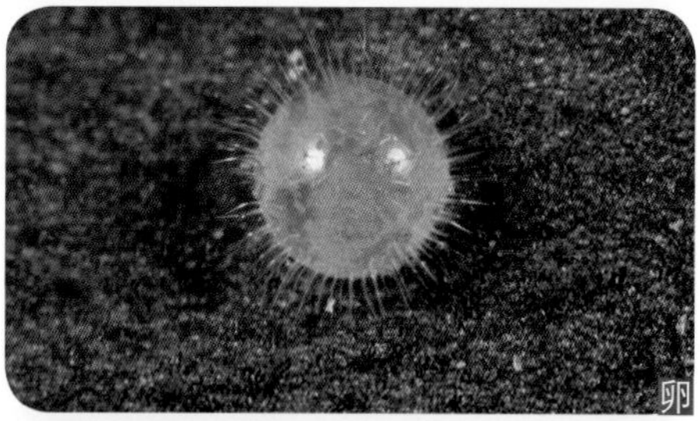

卵

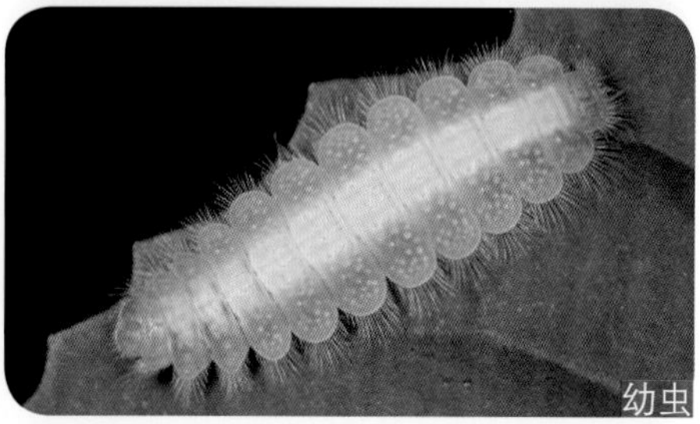

幼虫

鲫鱼胆

蛹

黑燕尾蚬蝶 *Dodona deodata* Hewitson

雄蝶正面
雄蝶

两翅正面黑褐色，顶角散布乳白色斑，中域有一乳白色宽带。两翅反面深褐色，翅基数条横纹，亚外缘近臀角有黄带，尾突长。幼虫取食紫金牛科密花树。分布：我国华南、西南各省区；尼泊尔至马来西亚。

卵

密花树

幼虫

蛹

大斑尾蚬蝶 *Dodona egeon* (Westwood)

雄蝶反面
雌蝶

本种与银纹尾蚬蝶很相似。成虫两翅正面深褐色，散布众多黄褐色横斑，两翅反面赭褐色，斑纹与正面相对应，臀角有短尾突。幼虫取食紫金牛科密花树。分布：我国华南、西南各省区；尼泊尔至马来西亚。

卵

幼虫

密花树

蛹

银纹尾蚬蝶 *Dodona eugenes* Bates

雄蝶

成虫两翅正面黑褐色，散布众多黄褐色横斑，近翅基的黄褐斑呈条状。两翅反面褐色，斑纹与正面对应，臀角突出，尾突稍长。幼虫取食紫金牛科密花树。分布：我国华南、西南各省区；尼泊尔至马来西亚。

卵

密花树

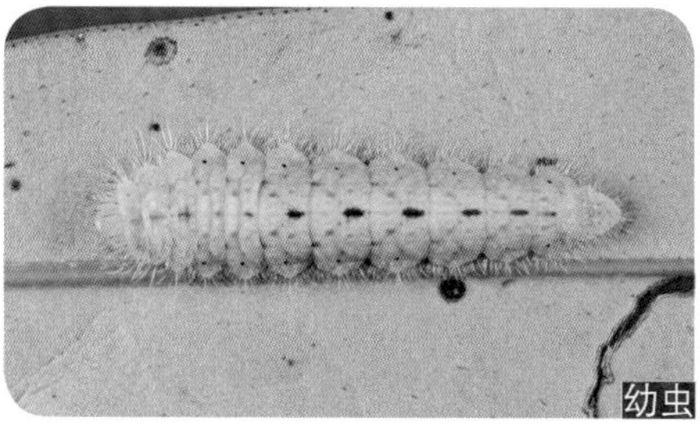
幼虫

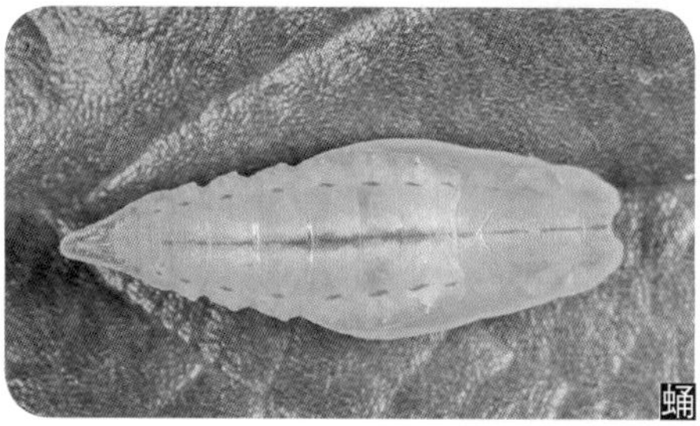
蛹

灰蝶

小型蝶种，翅正反两面斑纹截然不同。正面多具金属幻彩，反面斑纹则丰富多彩。全球已知 4 400 多种，中国已有记录 590 多种，广州记录 53 种。

中华云灰蝶 *Miletus chinensis* C. Felder

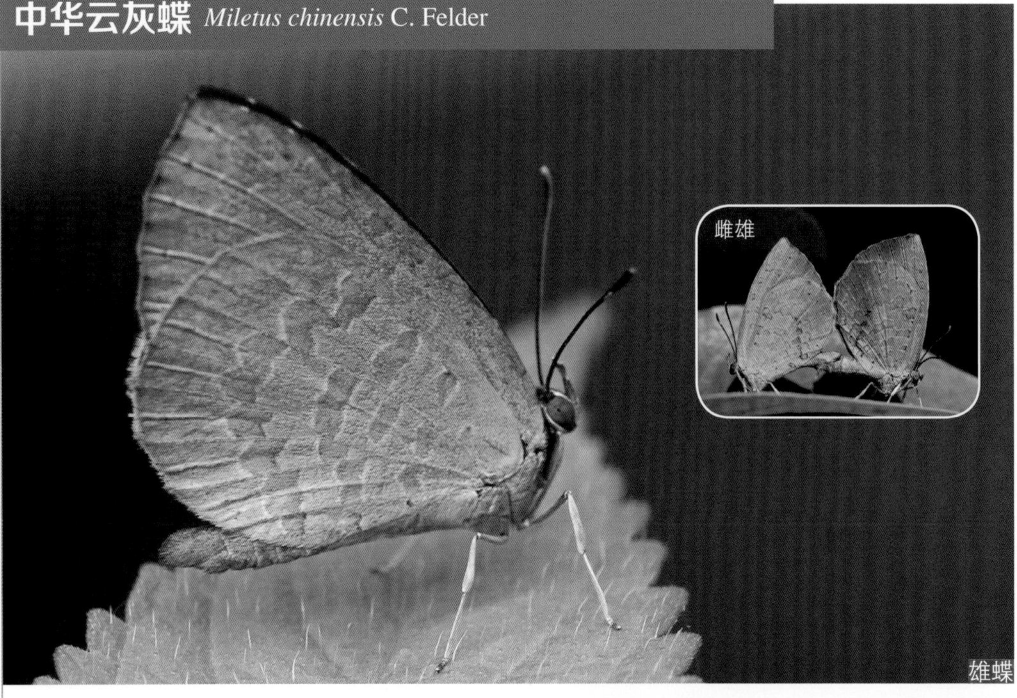
雌雄
雄蝶

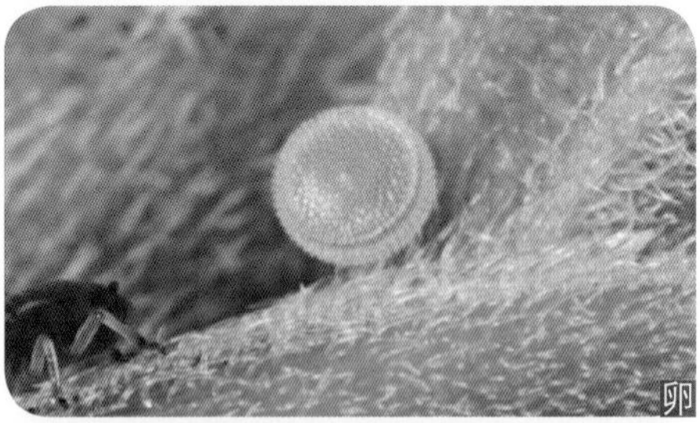
卵

翅面灰褐色，前翅中域至后角有3个排列成弧形的白色晕斑，两翅反面浅褐色，基部至中域有数列暗色横斑，其外为排成弧形的“V”形斑。幼虫以管蚜科管蚜为寄主。分布：我国华南、西南各省区；缅甸至印度尼西亚等。

幼虫

管蚜

蛹

蚜灰蝶 *Taraka hamada* (Druce)

雄蝶

雌蝶

翅面灰黑色，中域有时白色，翅反面灰白色，并散布许多黑褐色点状斑。缘毛较长，并具黑缘线。幼虫寄主为竹及草叶背寄生的数种扁蚜，是著名的肉食蝶种。分布：我国大多数省区；印度至日本等。

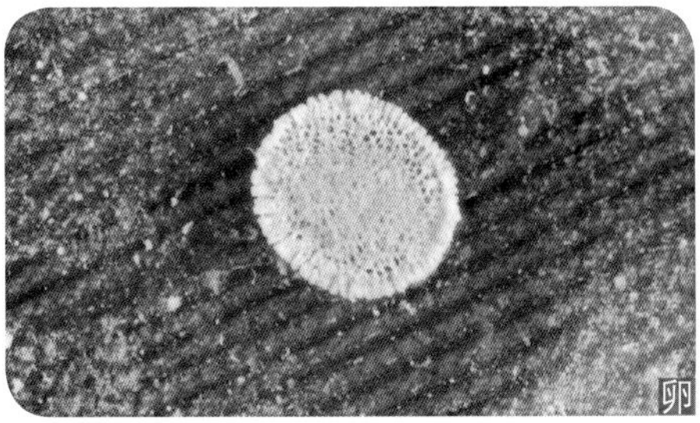
卵

扁蚜

幼虫

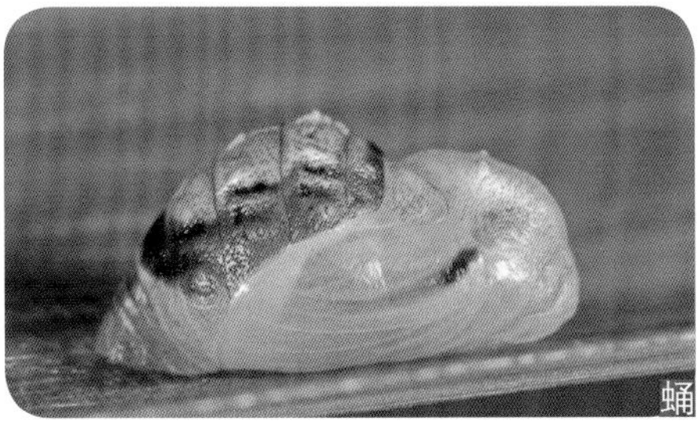
蛹

40~45mm

尖翅银灰蝶 *Curetis acuta* Moore

雌蝶
雄蝶正面
雄蝶

前翅顶角及后翅臀角尖锐，翅面黑褐色，雄蝶中域红色，雌蝶中域蓝白色。两翅反面银灰色，满布许多小黑点及线。幼虫以蝶形花科野葛的花蕾等植物为寄主。分布：陕西以南各省区；印度至日本等。

卵

幼虫

野葛

蛹

百娆灰蝶 *Arhopala bazala* (Hewitson)

雌蝶正面
雄蝶

两翅黑褐色，雄蝶翅面有紫蓝色耀斑，雌蝶翅面浓紫斑明显。翅反面褐色，散布深褐色并围有浅色边的斑纹，尾突较宽长。幼虫寄主为壳斗科的柯等数种植物。分布：长江以南各省区；印度至印度尼西亚等。

卵

柯

幼虫

蛹

小娆灰蝶 *Arhopala paramuta* (de Nicéville)

雄蝶正面

雄蝶

本种与百娆灰蝶近似，但体型较小，翅外缘呈圆弧形，后翅无尾突。两翅反面褐色，暗褐色斑纹对比不强，臀角有小白斑。幼虫以壳斗科红锥等植物为寄主。分布：我国华南、西南各省区；印度至缅甸等。

卵

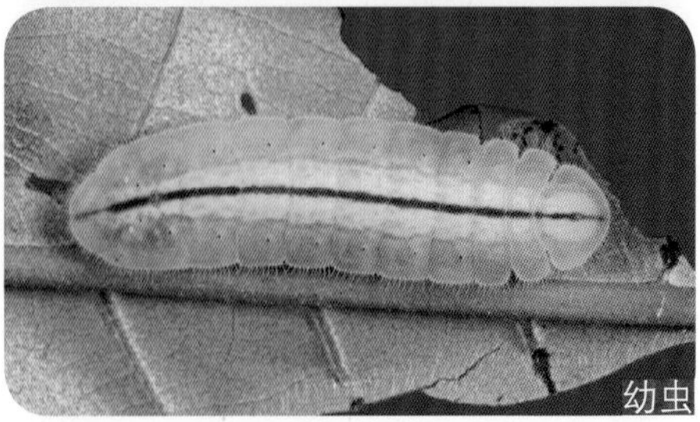
幼虫

红锥

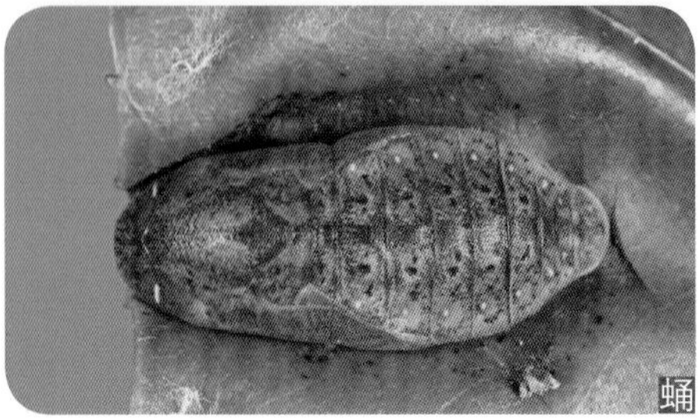
蛹

齿翅娆灰蝶 *Arhopala rama* (Kollar)

雄蝶正面

雄蝶

成虫与百娆灰蝶近似，但本种前翅外缘波状，在顶角下明显凹入，翅面有紫色大斑。两翅反面灰褐色，暗色斑纹对比不明显，尾突较短。幼虫取食壳斗科青冈。分布：我国华南、西南各省区；尼泊尔至缅甸。

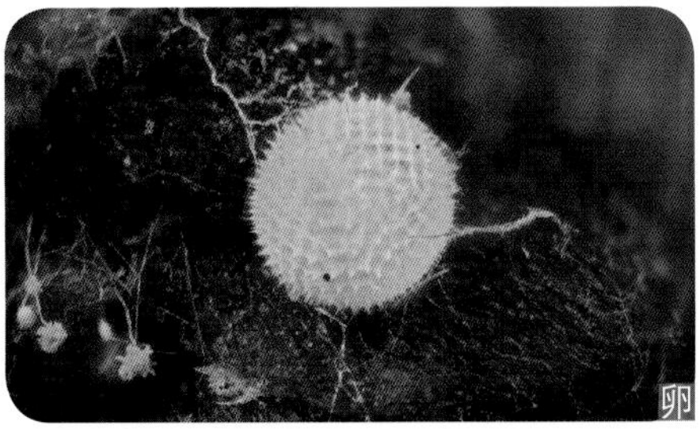

卵

青冈

幼虫

蛹

缅甸娆灰蝶 *Arhopala birmana* (Moore)

雌蝶正面
雌蝶

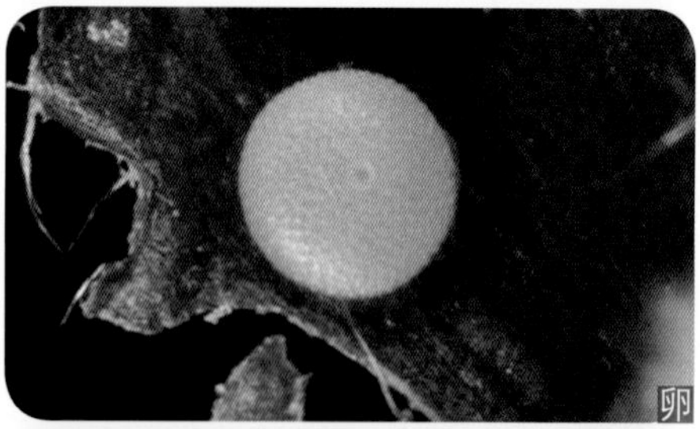
卵

成虫与百娆灰蝶近似，但复眼带青色，两翅正面有青蓝色大耀斑。两翅反面具众多明显围浅色细边的褐色斑纹，尾突较细长。幼虫取食壳斗科华南青冈。分布：我国华南、西南各省区；尼泊尔至中印半岛。

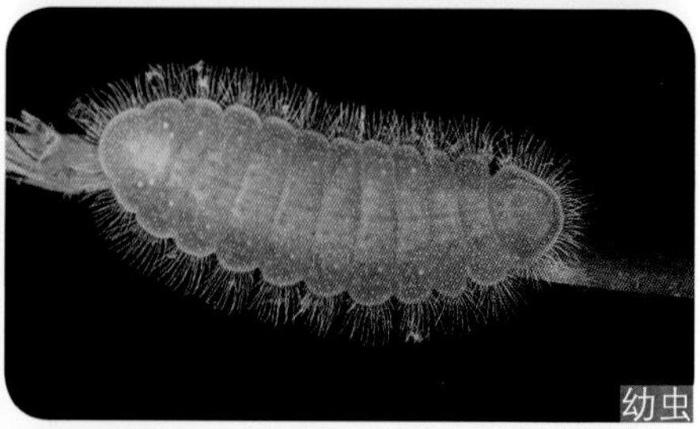
幼虫

华南青冈

蛹

玛灰蝶 *Mahathala ameria* (Hewitson)

雄蝶正面
雄蝶

两翅面黑褐色，翅面有紫蓝色耀斑。两翅反面深褐色，散布浅褐色及灰色对比不明显的斑纹，后翅前角突出，内缘有凹陷。幼虫以大戟科的石岩枫等植物为寄主。分布：长江以南各省区；印度至印度尼西亚等。

卵

石岩枫

幼虫

蛹

杨氏陶灰蝶 *Zinaspa youngi* Hsu & Johnson

雄蝶正面
雄蝶

前翅顶角及后翅臀角较尖锐，雄蝶背面有紫蓝色耀斑，两翅反面灰褐色稍浅，前翅亚外缘有一列三角斑，后翅具多数不规则细横纹。幼虫取食含羞草科藤金合欢嫩芽。分布：广东；国外未见分布记录。

卵

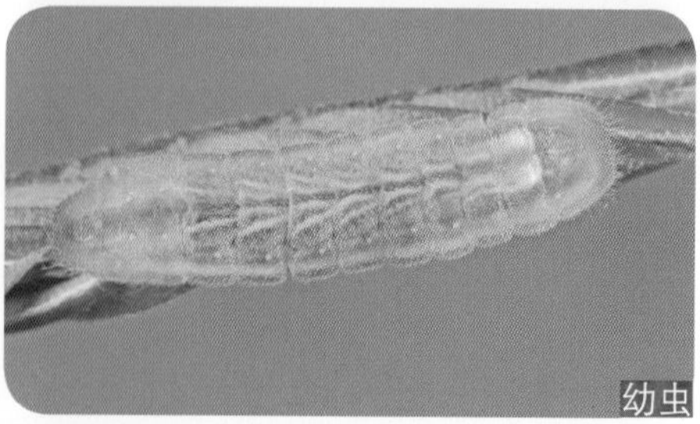
幼虫

藤金合欢

蛹

三尾灰蝶 *Catapaecilma major* (Druce)

雄蝶正面
雄蝶

雄蝶两翅正面紫色，两翅反面浅灰褐色，翅基部有数个由银线围绕的红褐色斑，散布多条银色小横斑及多个小褐斑，后翅尾突3条。幼虫取食蚁巢中蚧壳虫。分布：我国华南、西南各省区；印度至印度尼西亚等。

卵

蚧壳虫

幼虫

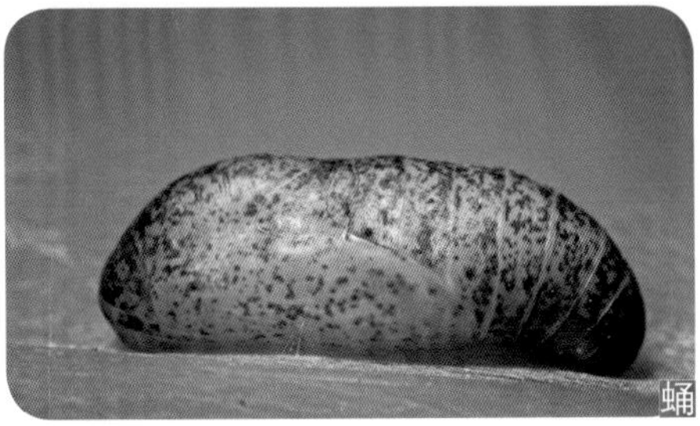
蛹

铁木莱异灰蝶 *Iraota timoleon* (Stoll)

雄蝶

两翅正面具光泽耀斑，雄蝶金蓝色，雌蝶紫蓝色，有深褐色宽边。翅反面栗褐色，有银白色斑纹，臀角突出呈耳垂状，尾突2条。幼虫取食桑科高山榕等植物。分布：我国华南各省区；印度至马来西亚等。

卵

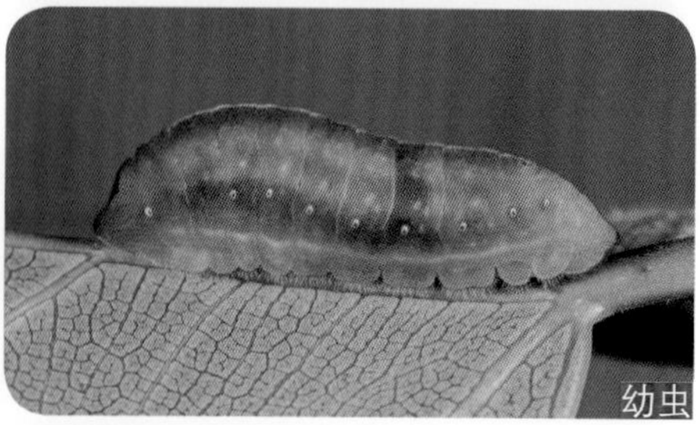
幼虫

蛹

高山榕

白斑灰蝶 *Horaga albimacula* (Wood-Mason & de Nicéville)

雄蝶正面
雄蝶

成虫翅面紫黑色，前翅有三角形白斑，两翅反面具深色中横线，白斑与翅面对应。后翅亚外缘有数个银色半圆斑，尾突3条。幼虫以无患子科荔枝嫩芽为寄主。分布：我国华南、西南各省区；印度至菲律宾。

卵

荔枝

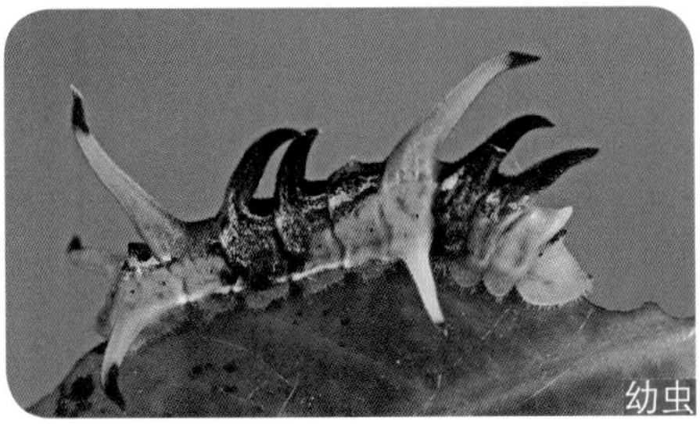
幼虫

蛹

斑灰蝶 *Horaga onyx* (Moore)

雄蝶
雌蝶

两翅正面淡蓝色，前翅前半部黑色，中域有一白斑。翅反面雄蝶灰褐色，雌蝶黄褐色，后翅中域有1条内褐外白的中横线，尾突共有3条。幼虫取食荔枝嫩叶。分布：我国华南、西南各省区；印度至印度尼西亚等。

卵

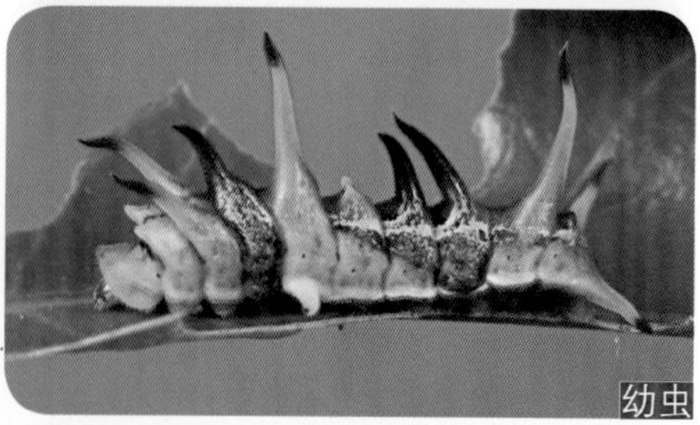
幼虫

荔枝

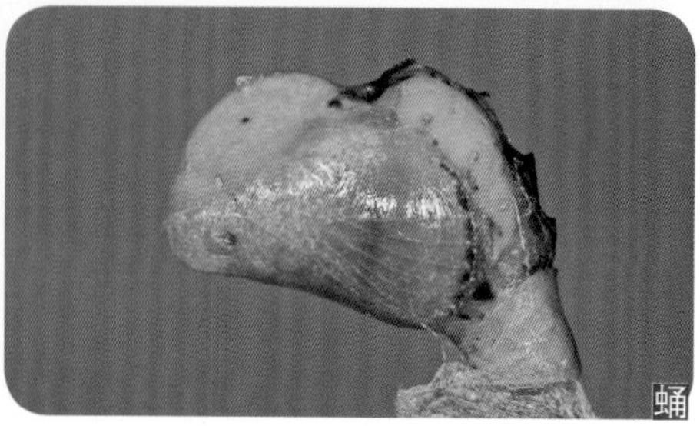
蛹

银线灰蝶 *Spindasis lohita* (Horsfield)

雄蝶
雄蝶正面
雌雄

本种与豆粒银线灰蝶相似，但两翅反面颜色更黄，后翅基部第一列斑纹连成一条带纹不分开，银线纹外围红褐色。幼虫与蚂蚁共生，以薯蓣科薯莨等为寄主。分布：我国华南、西南各省区；印度至缅甸等。

卵

薯莨

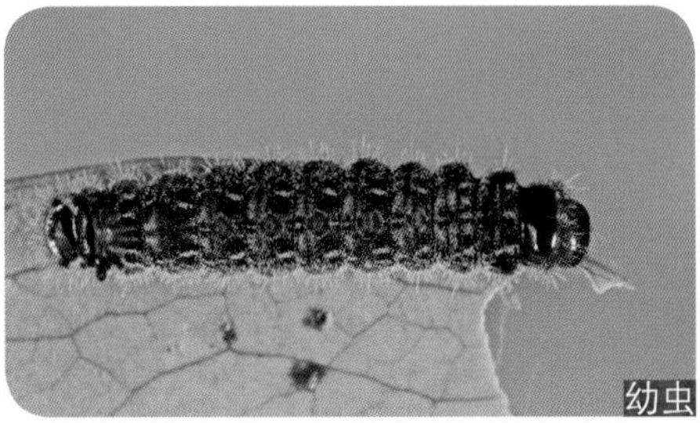
幼虫

蛹

豆粒银线灰蝶 *Spindasis syama* (Horsfield)

雌雄
雄蝶正面
雌蝶

两翅正面黑褐色，雄蝶翅基有蓝色光泽。两翅反面淡黄色，横纹黑褐色，斑纹中央有银色线，臀角橙红色，基部第一列横斑分成3个。幼虫取食山黄麻等植物。分布：我国华南、西南各省区；印度至印度尼西亚等。

卵

幼虫

山黄麻

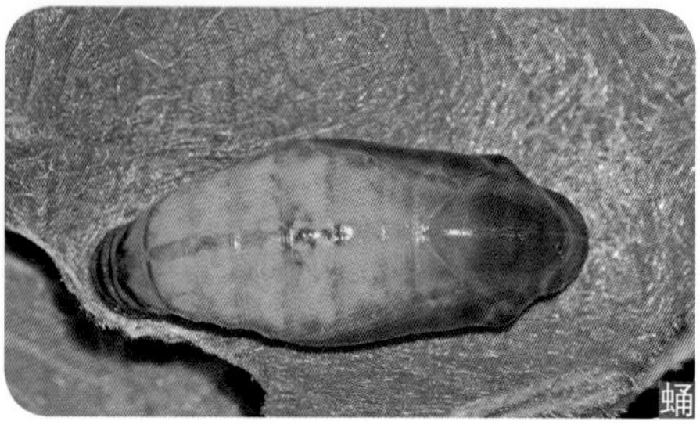
蛹

珀灰蝶 *Pratapa deva* (Moore)

雄蝶

雌蝶

雄蝶翅面具蓝色耀斑，雌蝶翅面浅灰蓝色。两翅反面灰色，有黑色细线纹。臀角有2个围有橘黄色的黑色斑，复眼灰色，尾突2条。幼虫取食桑寄生科广寄生。分布：我国华南、西南各省区；尼泊尔至印度尼西亚。

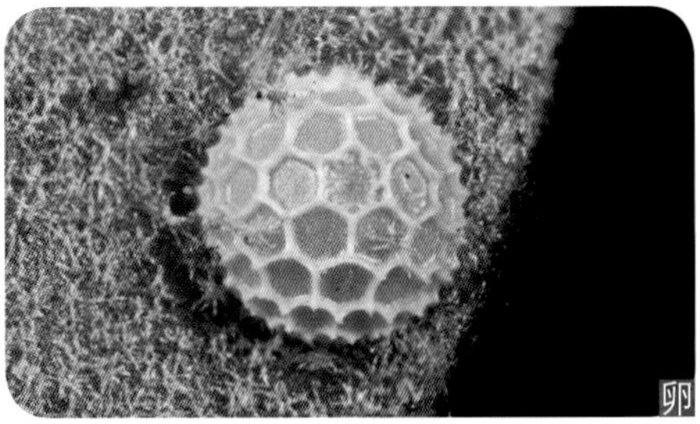

卵

广寄生

幼虫

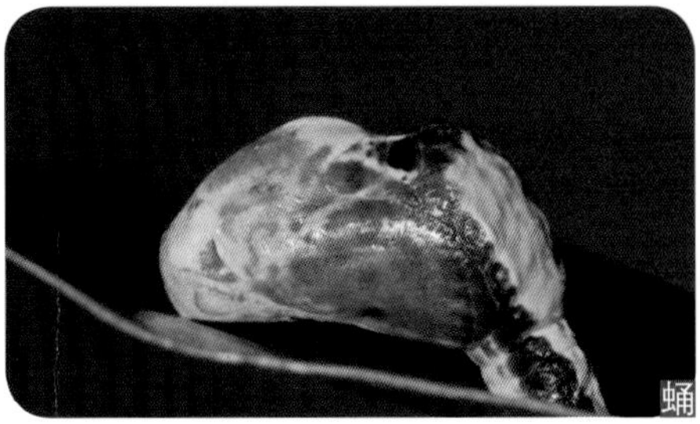

蛹

双尾灰蝶 *Tajuria cippus* (Fabricius)

雄蝶正面

雄蝶

雄蝶翅面具蓝色耀斑，雌蝶翅面浅灰蓝色，翅反面浅灰色，具黑色线斑，后翅橘黄色连黑色斑2个，复眼黑色，尾突2条。幼虫寄主为桑寄生科广寄生等。分布：我国华南、西南各省区；巴基斯坦至缅甸。

卵

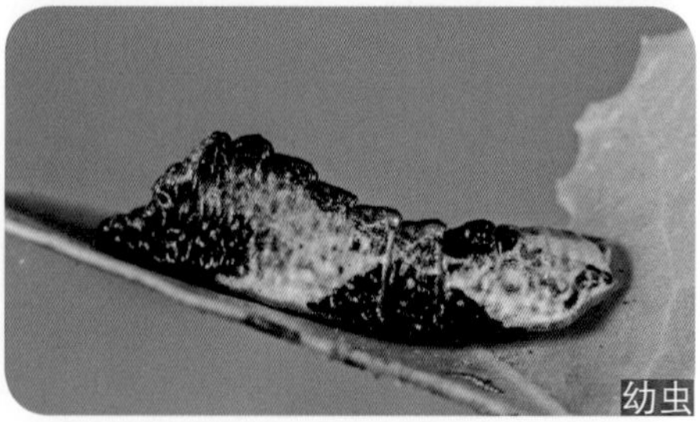

幼虫

广寄生

蛹

豹斑双尾灰蝶 *Tajuria maculata* (Hewitson)

雄蝶正面

雄蝶

雌雄同型。两翅正面灰色，前翅基部淡紫蓝色，中域有大白斑。两翅反面银白色，并具多数黑色斑。后翅具有2条尾突。幼虫寄主为桑寄生科广寄生等植物。分布：我国华南、西南各省区；印度至缅甸等。

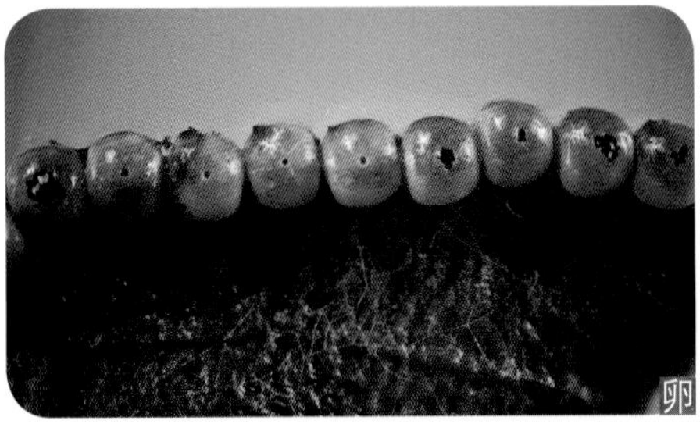
卵

广寄生

幼虫

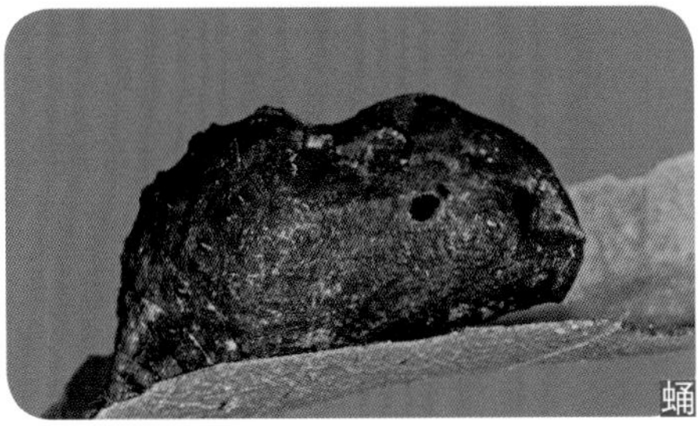
蛹

克灰蝶 *Creon cleobis* (Godart)

雌蝶正面
雄蝶

雄蝶翅面具蓝色耀斑，雌蝶翅面浅灰蓝色，翅反面浅灰色，有褐色线纹，臀角散布浅色鳞片的晕斑，后翅尾突2条。幼虫寄主为桑寄生科广寄生等。分布：我国华南、西南各省区；老挝至越南等。

卵

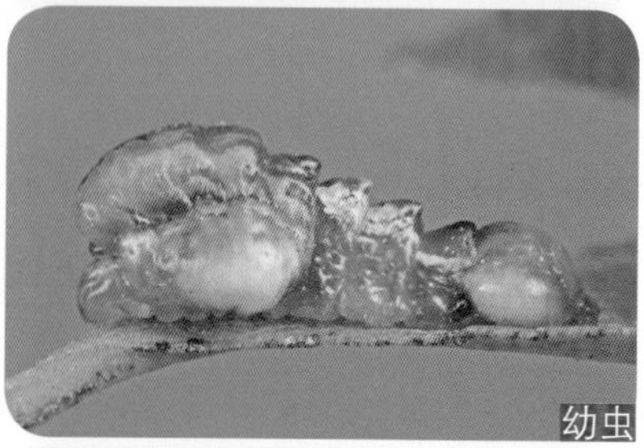
幼虫

广寄生

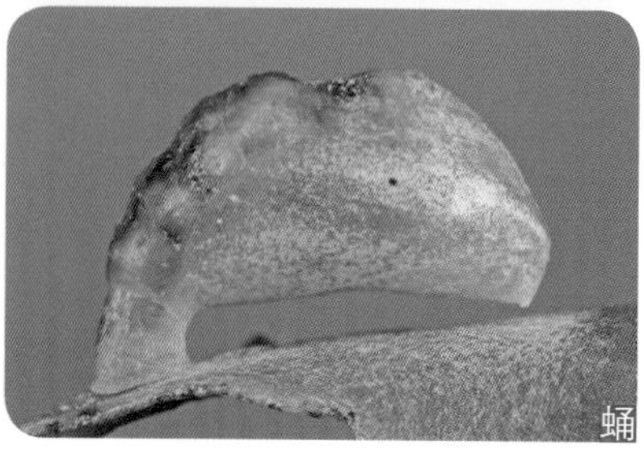
蛹

安灰蝶 *Ancema ctesia* (Hewitson)

雄蝶

两翅正面具蓝色耀斑，雄蝶前翅耀斑内有大黑斑，翅反面浅灰色，有褐色线斑，臀角橙黄色带黑色斑2个，后翅尾突2条。幼虫以桑寄生科棱枝槲寄生为食料。分布：长江以南各省区；尼泊尔至马来半岛。

卵

棱枝槲寄生

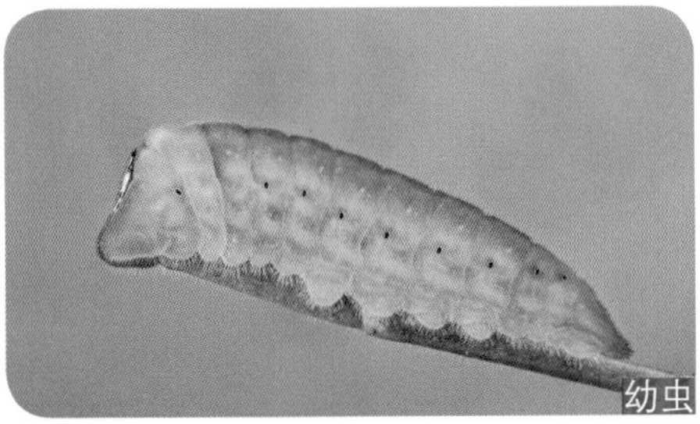
幼虫

蛹

莱灰蝶 *Remelana jangala* (Horsfield)

雌蝶正面
雌蝶

两翅正面黑褐色，雄蝶翅基有紫蓝色斑。两翅反面橙褐色，后翅有金绿色细线和白色斑。臀角红褐色，尾突2条，雌蝶翅较圆。幼虫取食山茶科米碎花等植物。分布：我国华南、西南各省区；印度至菲律宾。

卵

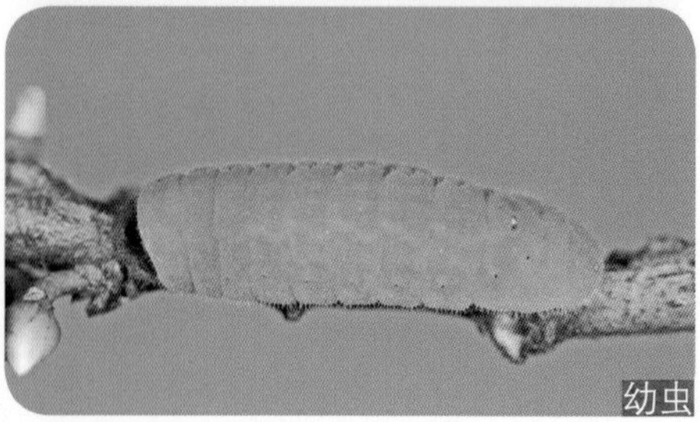
幼虫

米碎花

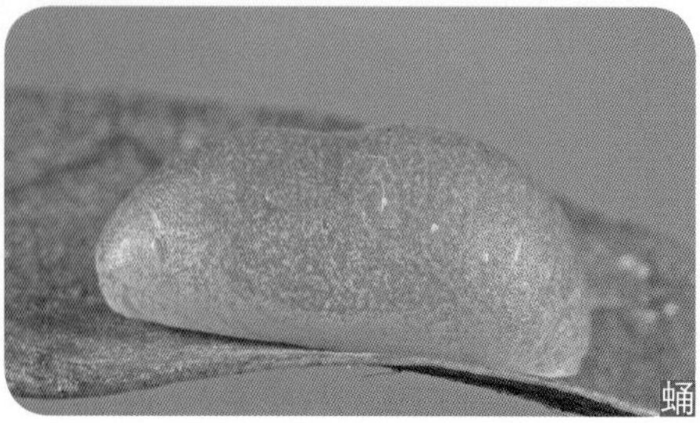
蛹

绿灰蝶 *Artipe eryx* (Linnaeus)

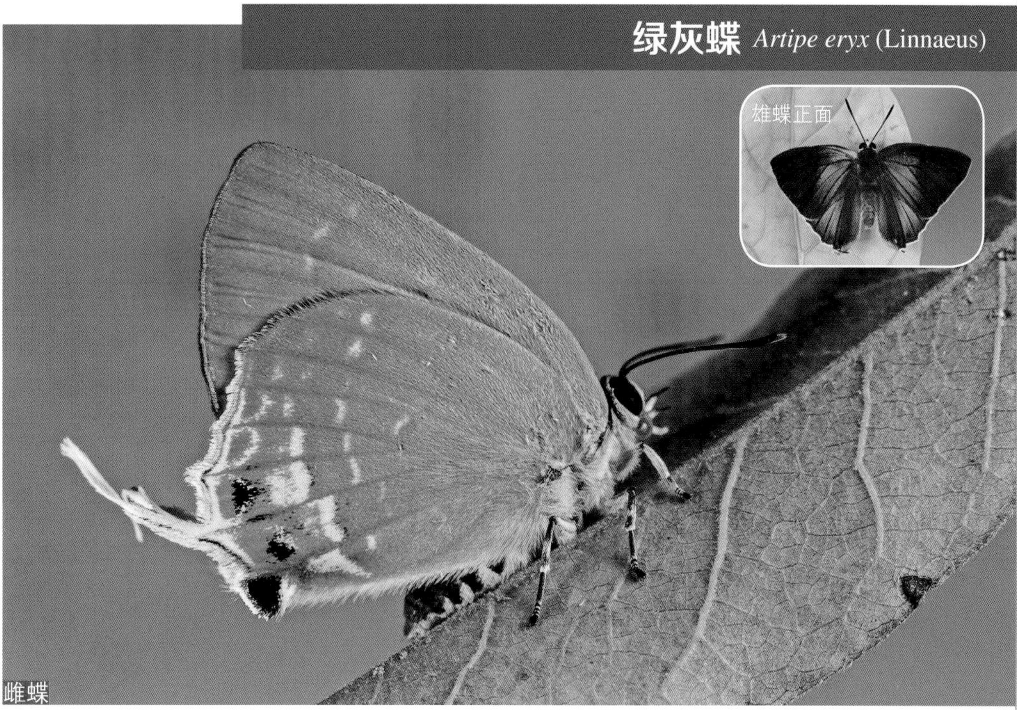
雌蝶

雄蝶正面

翅正面灰褐色，雄蝶翅基具蓝色耀斑。翅反面绿色，亚外缘有小白斑，后翅臀角呈叶状突出，臀角黑色，尾突1条较长。幼虫以茜草科栀子的花蕾及嫩果为食料。分布：长江以南各省区；印度至日本等。

卵

栀子

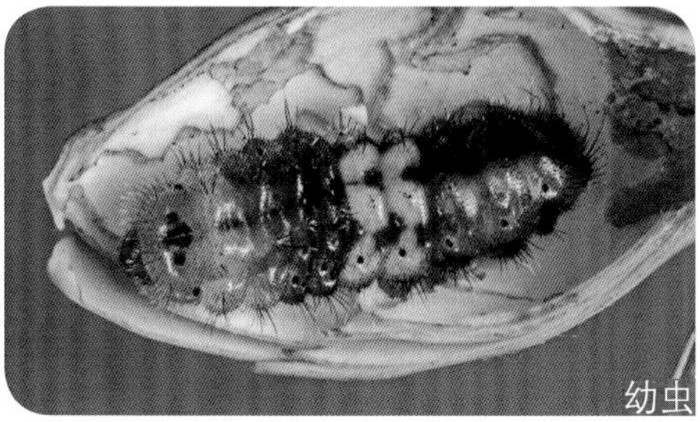
幼虫

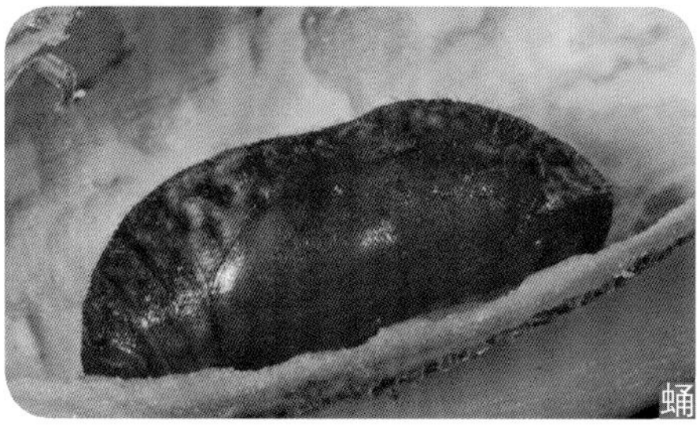
蛹

35~40mm

玳灰蝶 *Deudorix epijarbas* (Moore)

雄蝶

雌蝶

卵

雄蝶翅面橙红色，前翅有黑色的宽带，臀角叶状突出，内有橙色环围绕的黑斑。雌蝶翅面褐色，两翅反面灰褐色。尾突细长。幼虫取食无患子科荔枝嫩芽嫩果。分布：我国华南、西南各省区；印度至澳大利亚。

幼虫

荔枝

蛹

东亚燕灰蝶 *Rapala micans* (Bremer & Grey)

雄蝶

雄蝶正面

翅面紫褐色至灰蓝色，雄蝶有紫蓝色耀斑，后翅前缘近基部有性标，臀角突出呈叶状，具橙色镶边黑斑，两翅反面中横线外侧色浅。幼虫寄主为美丽胡枝子等。分布：我国多数省区；印度至马来西亚。

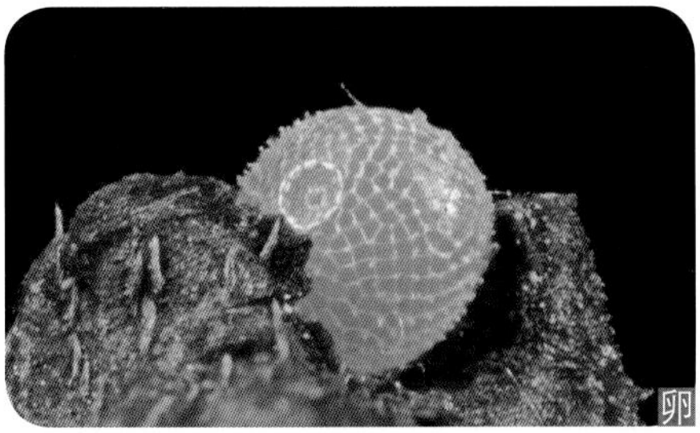
卵

美丽胡枝子

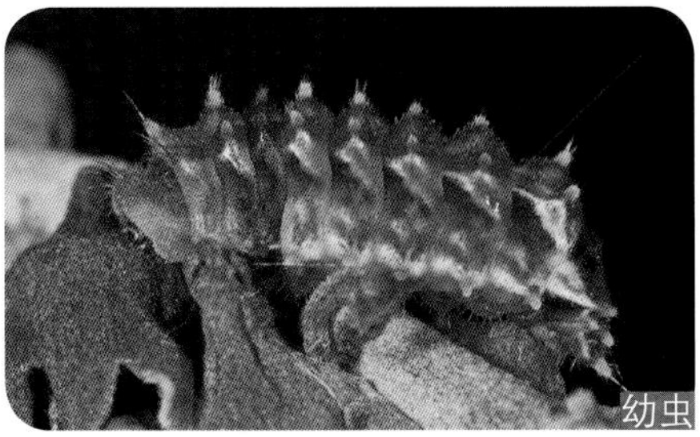
幼虫

蛹

燕灰蝶 *Rapala varuna* (Horsfield)

雄蝶

雌蝶

雌蝶

翅面紫褐色至灰蓝色，雄蝶有紫蓝色耀斑，后翅臀角呈叶状，具镶有橙色边的黑斑，两翅反面中横线外侧白色，尾突细长。幼虫以海南红豆等植物为寄主。分布：我国华南、西南各省区；印度至印度尼西亚等。

卵

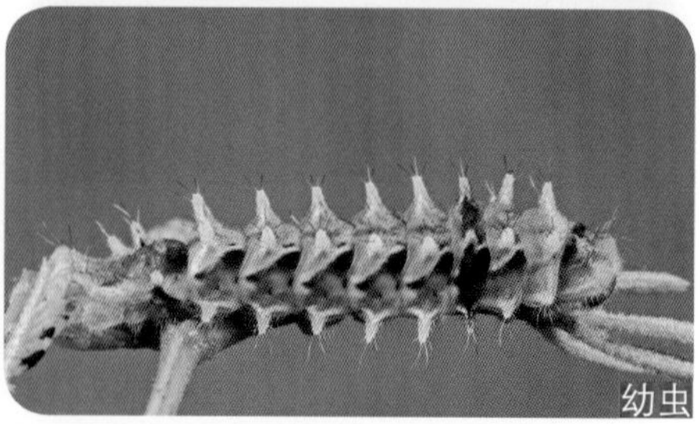
幼虫

海南红豆

蛹

生灰蝶 *Sinthusa chandrana* (Moore)

雄蝶

雌蝶

雌蝶正面

两翅正面灰褐色，雄蝶有紫蓝色光泽，两翅反面浅灰色，褐色斑纹有白边，前翅中横带中间错开，后翅尾突细长。幼虫以蔷薇科粗叶悬钩子的花、果、嫩芽等为食料。分布：长江以南各省区；印度至缅甸。

卵

粗叶悬钩子

幼虫

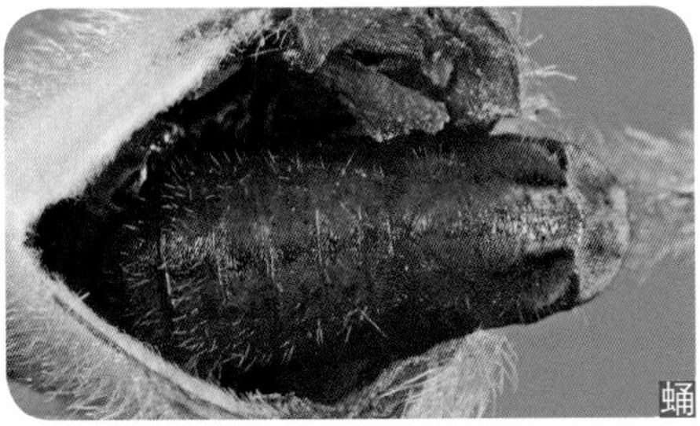
蛹

娜生灰蝶 *Sinthusa nasaka* (Horsfield)

雄蝶
雌蝶

两翅正面灰褐色，雄蝶有紫蓝色耀斑。两翅反面浅灰色，黄色斑纹有黑边，前翅中横带中间不断开，后翅尾突细长。幼虫寄主为山茶科二列叶柃的花果及嫩芽。分布：我国华南、西南各省区；老挝至越南等。

卵

幼虫

二列叶柃

蛹

浓紫彩灰蝶 *Heliophorus ila* (de Nicéville & Martin)

雄蝶

雄蝶正面

雌蝶

两翅正面灰褐色，后翅有橘红色波状条纹，雄蝶翅基具紫蓝色耀斑，两翅反面橙黄色，外缘橘红色宽带，有一列黑色三角斑，尾突细长。幼虫寄主为蓼科火炭母。分布：陕西以南各省区；印度至印度尼西亚等。

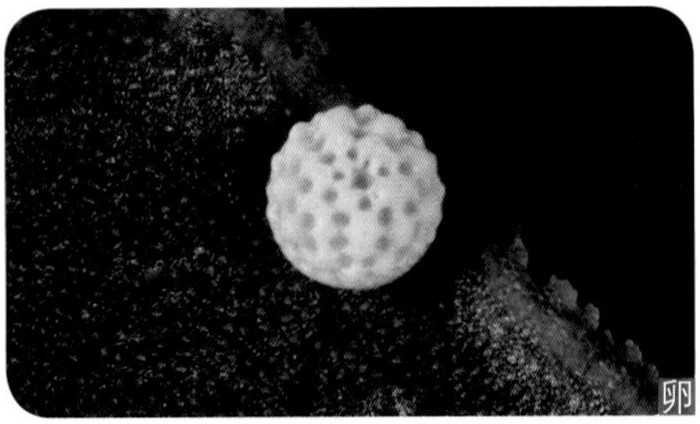
卵

火炭母

幼虫

蛹

拷彩灰蝶 *Heliophorus kohimensis* (Tytler)

雄蝶正面
雄蝶

翅正面灰褐色，雄蝶紫蓝色耀斑几近满布双翅，后翅有橘红色波状条纹。两翅反面橙黄色，外缘橘红色，白色晕斑明显，尾突细长。幼虫寄主为蓼科火炭母。分布：我国华南、西南各省区；老挝至越南等。

卵

幼虫

火炭母

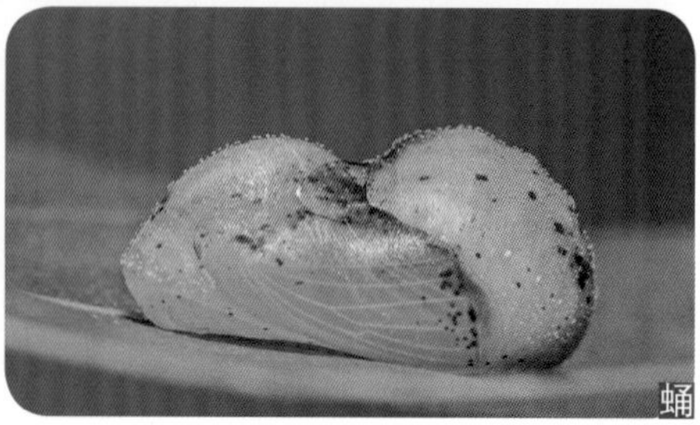
蛹

彩灰蝶 *Heliophorus epicles* (Godart)

雄蝶正面
雄蝶

两翅正面灰褐色，前翅有橘红色斜斑，后翅有红色波状宽缘带，雄蝶有紫色耀斑。两翅反面橙黄色，外缘橘红色，并有一列黑色三角斑。幼虫寄主为蓼科火炭母。分布：我国华南、西南各省区；泰国至越南等。

火炭母

卵

幼虫

蛹

峦太锯灰蝶 *Orthomiella rantaizana* Wileman

雄蝶正面
雄蝶

两翅正面深褐色，雄蝶后翅前缘有蓝色带状耀斑。两翅反面褐色，散布众多不规则暗褐色斑，后翅外缘及近内缘处散布白色鳞片。幼虫以壳斗科鹿角锥花蕾为寄主。分布：浙江、福建、广东、台湾等。

卵

幼虫

鹿角锥

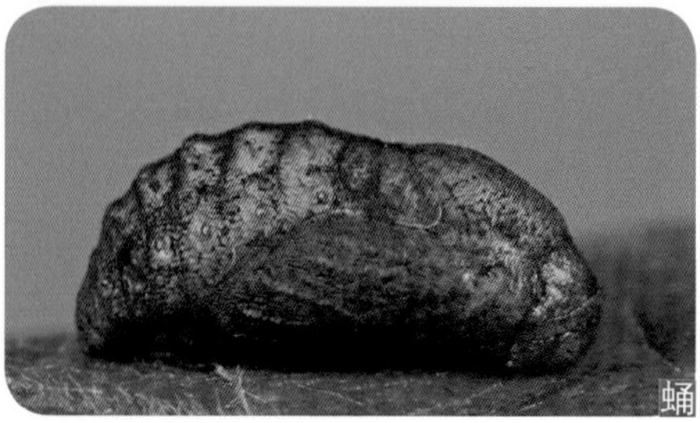
蛹

古楼娜灰蝶 *Nacaduba kurava* (Moore)

雌蝶

雌蝶正面

两翅正面灰褐色，翅面有不明显紫色光泽。两翅反面灰褐色，具有多数深灰褐色缀浅色边的横斑，臀角黑斑镶黄边，尾突细长。幼虫取食报春花科星宿菜花蕾等。分布：我国华南、西南各省区；印度至澳大利亚。

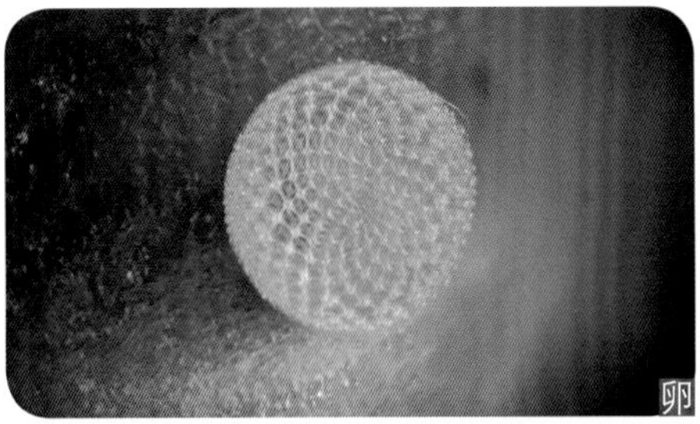
卵

星宿菜

幼虫

蛹

素雅灰蝶 *Jamides alecto* (Felder)

雄蝶

卵

两翅正面灰青色，雄蝶前翅外缘黑褐色，雌蝶前翅黑褐色带渐宽连接外缘。两翅反面灰褐色且具多数缀白边深色横纹。尾突细长。幼虫取食姜科花叶艳山姜的花。分布：我国华南、西南各省区；印度至缅甸。

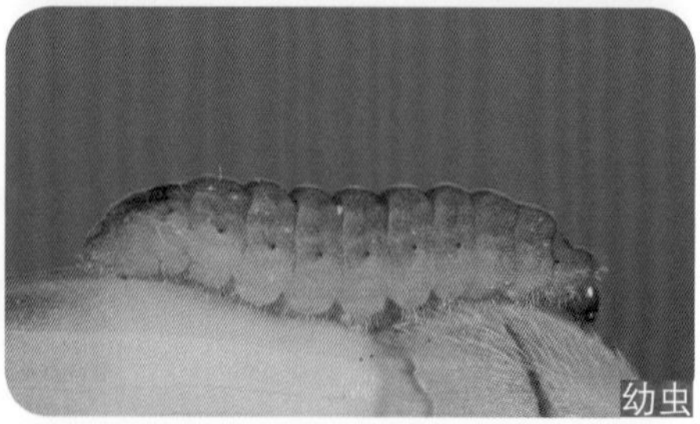
幼虫

花叶艳山姜

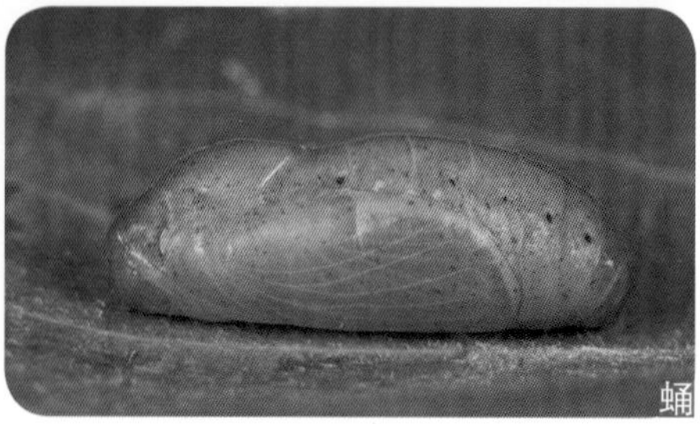
蛹

雅灰蝶 *Jamides bochus* (Stoll)

雄蝶
雌蝶

两翅正面灰黑色，雄蝶翅面满布蓝色光泽，雌蝶淡紫蓝色无光泽。两翅反面灰褐色并具多数浅色横纹，臀角黑斑具橙色边，尾突细长。幼虫取食蝶形花科野葛的花。分布：长江以南各省区；印度至澳大利亚。

卵

野葛

幼虫

蛹

锡冷雅灰蝶 *Jamides celeno* (Cramer)

旱季型
雄蝶

两翅正面灰青色，雄蝶前翅外缘黑褐色，雌蝶前翅黑褐色带渐宽连接外缘。两翅反面灰褐色且具多数缀白边深色横纹。尾突细长。幼虫取食蝶形花科贼小豆嫩果。分布：我国华南、西南各省区；印度至缅甸。

卵

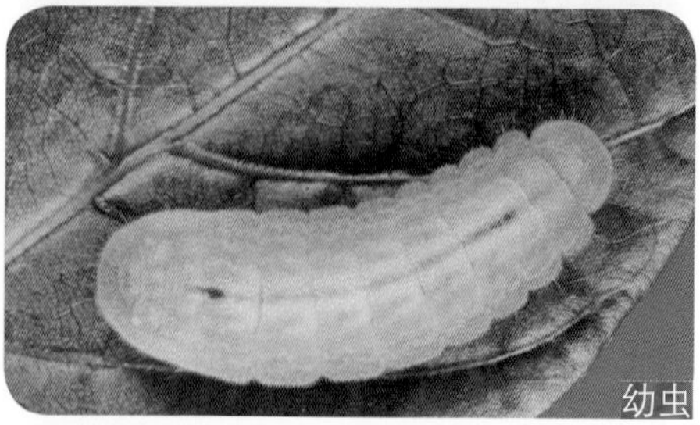
幼虫

贼小豆

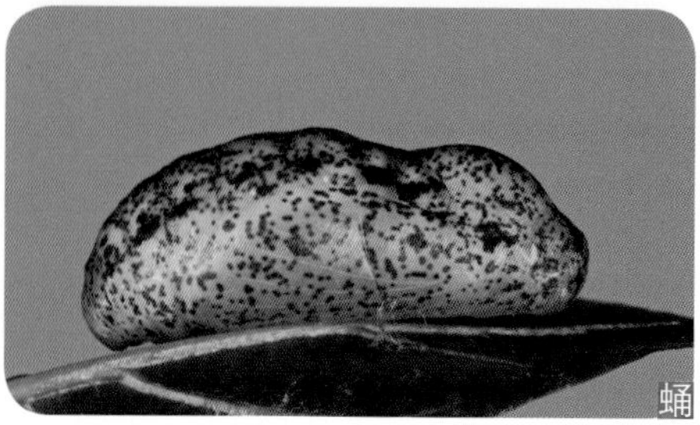
蛹

咖灰蝶 *Catochrysops strabo* (Fabricius)

雄蝶正面

雌蝶

雄蝶两翅正面灰紫蓝色，雌蝶不明显。两翅反面灰褐色，具多数缀白边较深色横纹，臀角黑斑，上覆橙黄色块，亚外缘横斑呈圆弧形。幼虫取食蝶形花科假地豆花蕾。分布：长江以南各省区；东南亚各国。

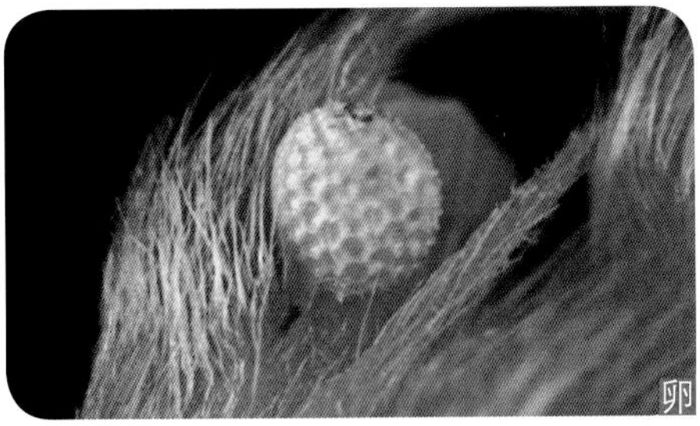
卵

假地豆

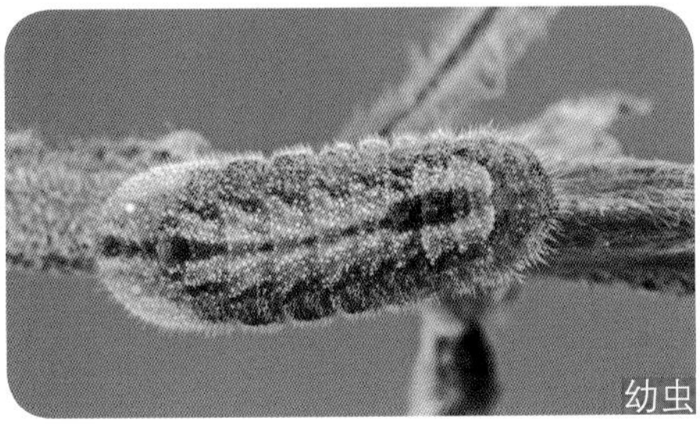
幼虫

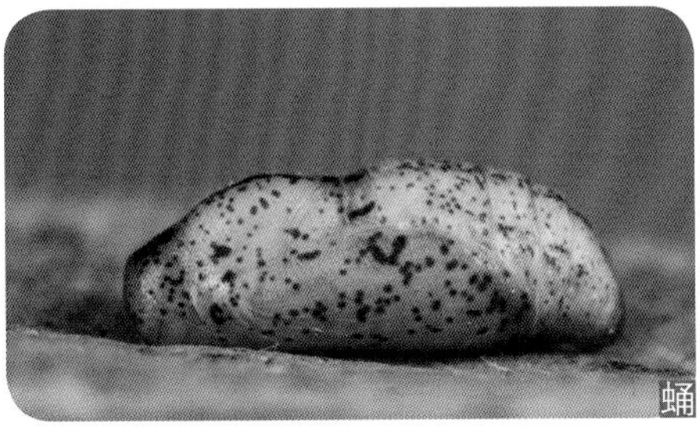
蛹

亮灰蝶 *Lampides boeticus* (Linnaeus)

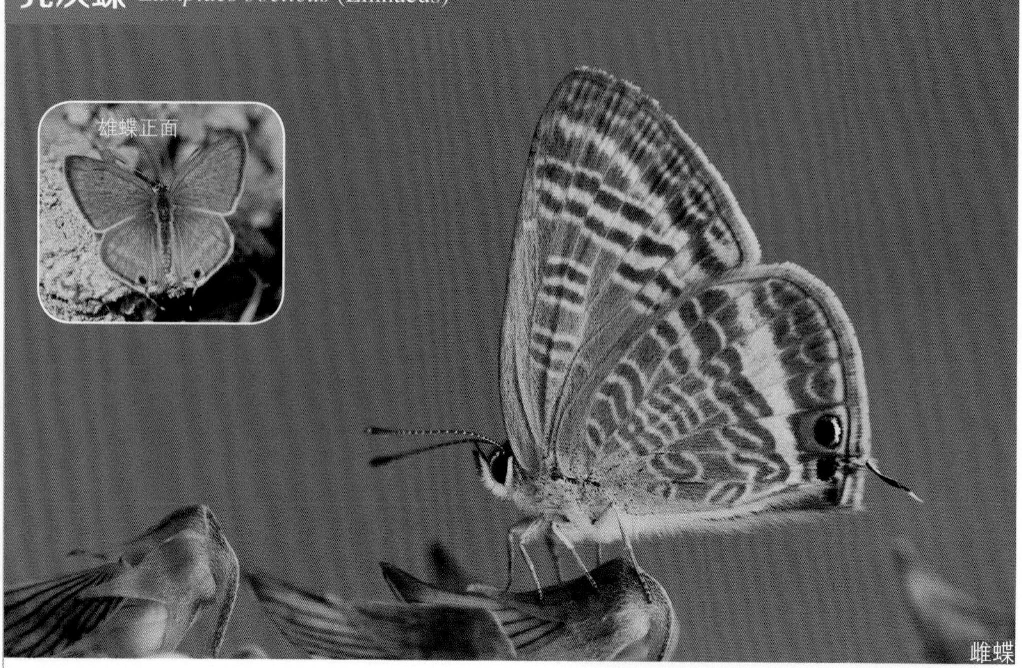
雄蝶正面
雌蝶

卵

雄蝶两翅正面紫灰褐色，雌蝶正面暗灰色无光泽。两翅反面灰色，有许多褐色横带，后翅臀角有两个黑斑和尾突，亚外缘有白宽带。幼虫取食蝶形花科猪屎豆等。分布：陕西以南各省区；南欧至澳大利亚等。

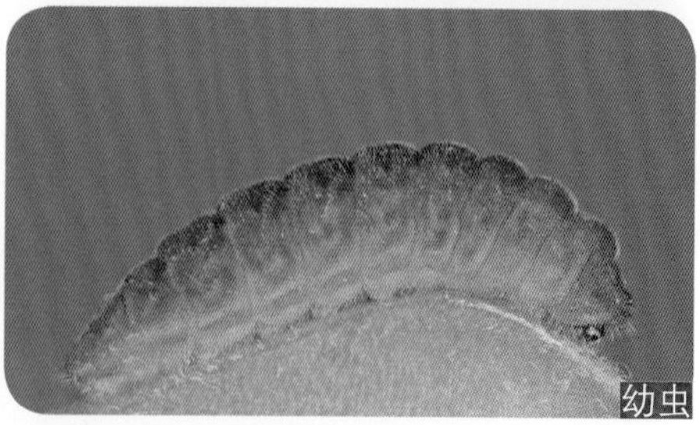
幼虫

猪屎豆

蛹

吉灰蝶 *Zizeeria karsandra* (Moore)

雌蝶

雄蝶正面

体型小。两翅正面灰蓝色。两翅反面灰色，前翅有一列弧形排列的黑斑，中室内有一个黑斑，后翅中域也有一列较大的黑斑。幼虫以菊科豨莶、绿苋等植物为食料。分布：我国华南、西南各省区；东南亚各国。

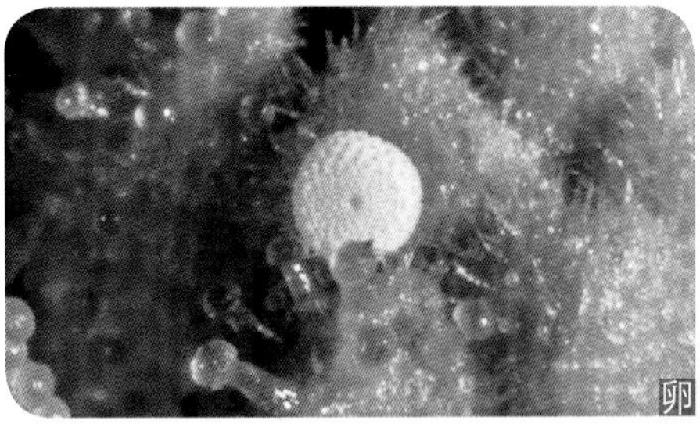
卵

豨莶

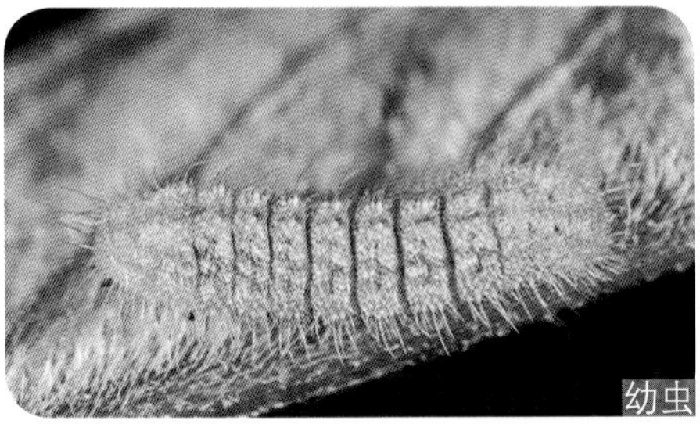
幼虫

蛹

酢浆灰蝶 *Pseudozizeeria maha* (Kollar)

雌蝶

卵

本种和吉灰蝶近似，体型更大。雄蝶两翅正面灰蓝色，雌蝶灰褐色。两翅反面灰色，亚外缘及中域各有一列弧形排列的黑斑。幼虫取食酢浆草科黄花酢浆草等。分布：长江以南各省区；印度至日本等。

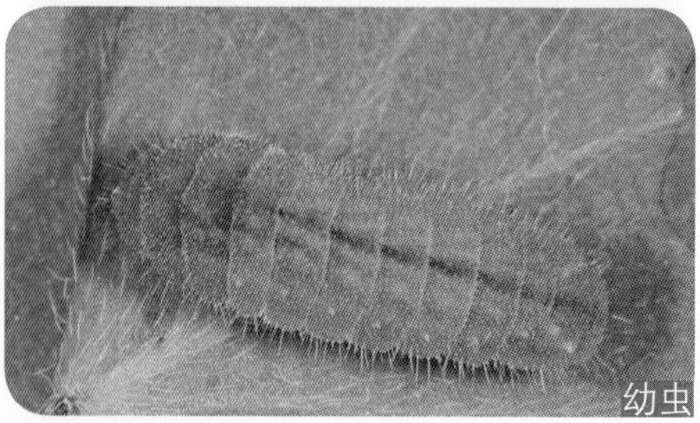
幼虫

黄花酢浆草

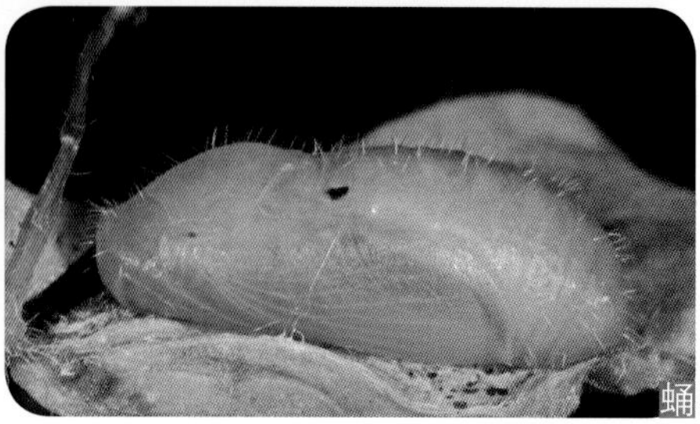
蛹

长尾蓝灰蝶 *Everes lacturnus* (Godart)

雄蝶正面

雌蝶

雄蝶两翅正面紫色，雌蝶暗褐色。两翅反面灰白色，后翅外缘有一黄色区，其内有2个黑斑，此外另有共4个小黑斑，尾突细长。幼虫取食蝶形花科假地豆等。分布：长江以南各省区；印度至澳大利亚等。

卵

假地豆

幼虫

蛹

点玄灰蝶 *Tongeia filicaudis* (Pryer)

雄蝶正面
雌蝶

两翅正面深灰色。两翅反面灰白色，从翅基至外缘有多列横排的小黑斑，近尾突处有一小黄斑，外缘线黑色，尾突短小。幼虫以景天科的棒叶落地生根等为寄主。分布：山东、河南、浙江、四川、广东等。

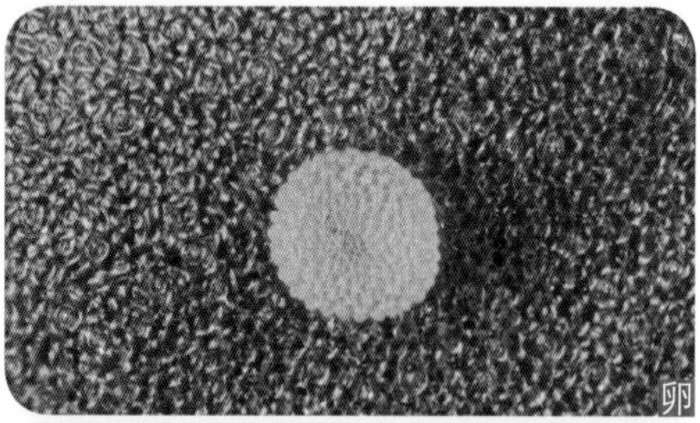
卵

幼虫

棒叶落地生根

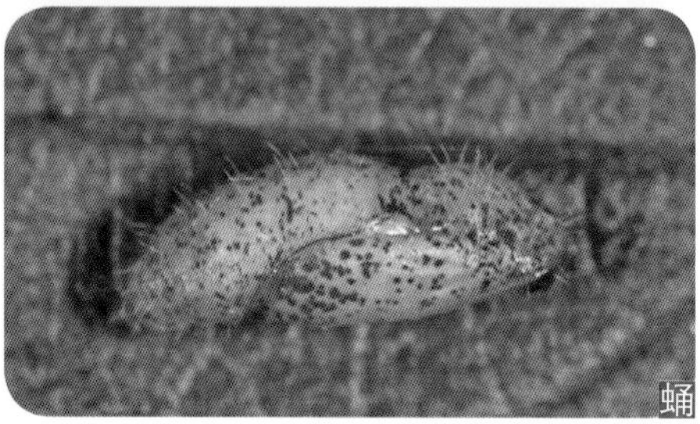
蛹

波太玄灰蝶 *Tongeia potanini* (Alphéraky)

雌蝶

两翅正面灰褐色。两翅反面灰白色，后翅外缘近臀角有一橙色区，内有散布光泽闪鳞的黑斑，近外缘共有3组较大黑斑，尾突细长。幼虫寄主为光萼唇柱苣苔。分布：陕西以南各省区；印度至老挝等。

卵

光萼唇柱苣苔

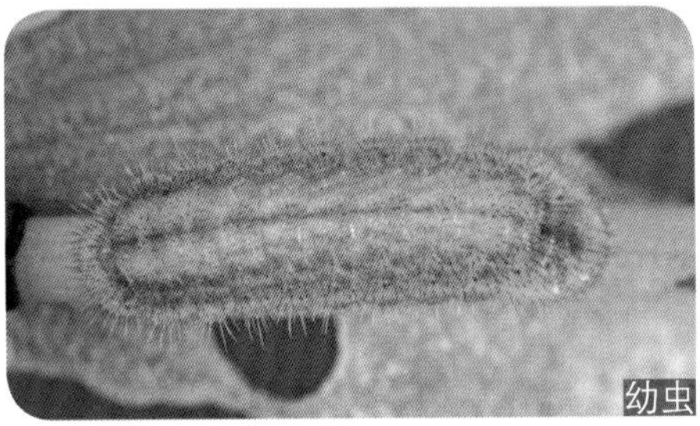
幼虫

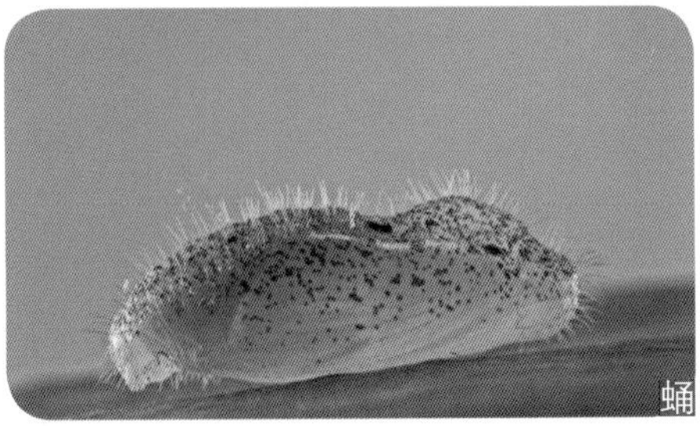
蛹

黑丸灰蝶 *Pithecops corvus* Fruhstorfer

雄蝶

两翅正面黑褐色。两翅反面灰白色，外缘线黑色，其内有一列黑色条形斑，亚外缘具黄带，后翅前角有一黑色大斑。幼虫寄主为蝶形花科的长柄山蚂蝗等植物。分布：我国华南、西南各省区；印度至日本等。

卵

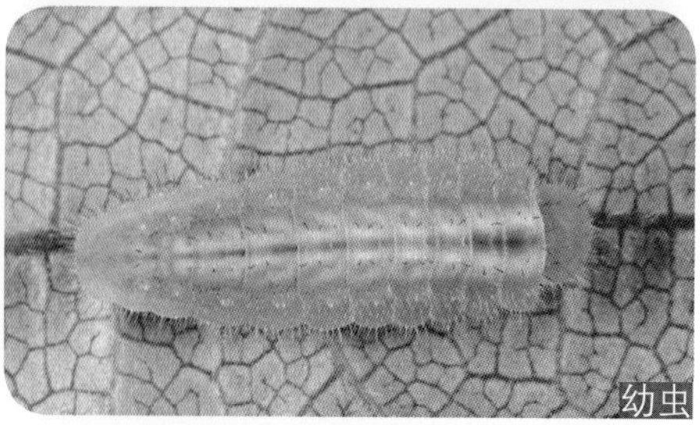
幼虫

长柄山蚂蝗

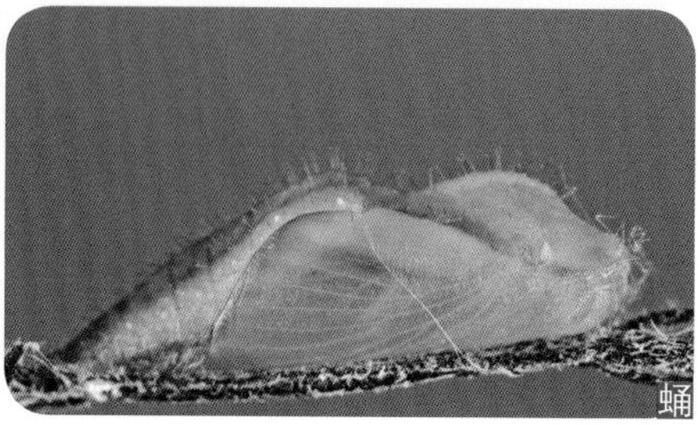
蛹

钮灰蝶 *Acytolepis puspa* (Horsfield)

雌蝶
旱季型雌蝶
雄蝶正面
雄蝶

雄蝶两翅正面灰蓝色，外缘有宽阔黑色带，旱季型中域白色。雌蝶深灰色，中部白色。两翅反面具多数黑斑。幼虫寄主为含羞草科美蕊花和大戟科土密树等。分布：我国华中、西南各省区；印度至澳大利亚等。

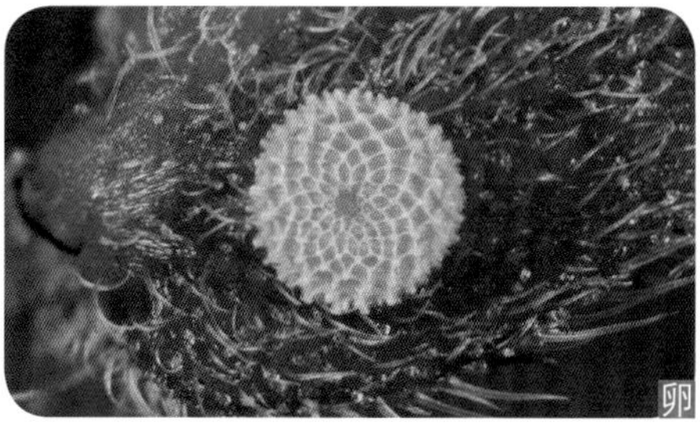
卵

土密树

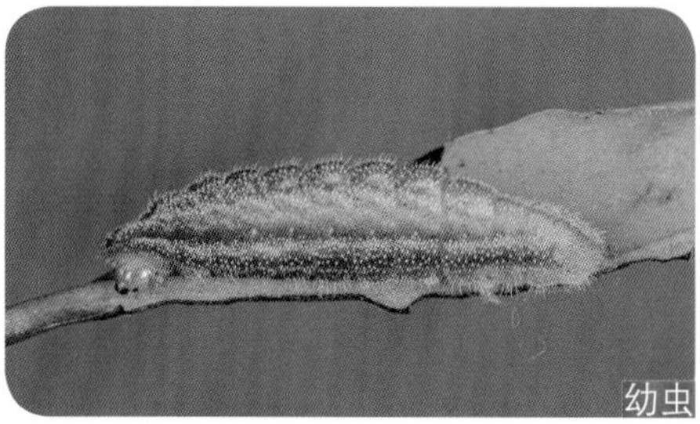
幼虫

蛹

琉璃灰蝶 *Celastrina argiola* (Linnaeus)

雌蝶正面
雄蝶

体型比钮灰蝶大，外形近似。前翅中央有灰青色大斑，后翅前缘灰青色。翅反面灰白色，亚外缘为一列“V”形及黑三角斑，中域具多个黑点。幼虫取食海南红豆等。分布：我国大多数省区；东亚至北美。

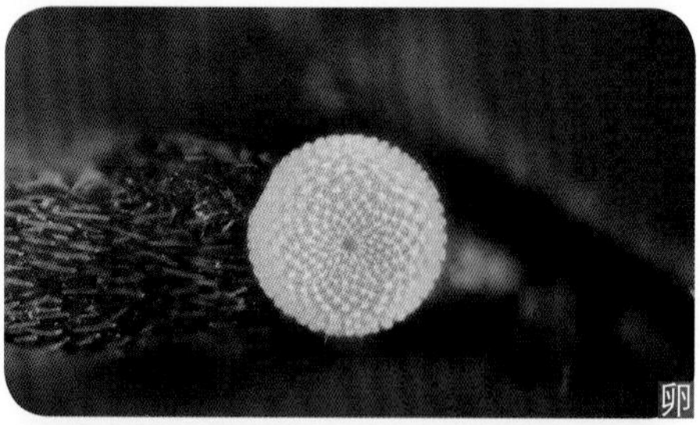
卵

幼虫

海南红豆

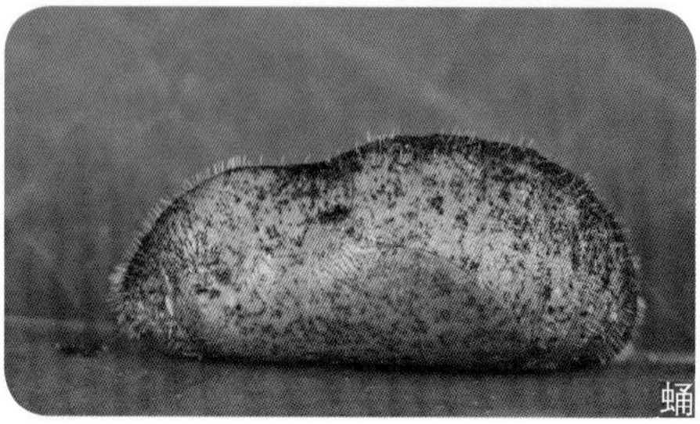
蛹

毛眼灰蝶 *Zizina otis* (Fabricius)

雄蝶

雌蝶正面

雄蝶正面

本种与吉灰蝶极为相似。眼上有微毛，前翅反面中室无斑，后翅中域有多个黑斑弧形排列，但第二黑斑向内移，外缘线褐色。幼虫寄主为蝶形花科鸡眼草等。分布：长江以南各省区；印度至马来西亚。

卵

鸡眼草

幼虫

蛹

一点灰蝶 *Neopithecops zalmora* (Butler)

雌蝶

卵

两翅正面灰黑色，前翅中域有白晕斑。两翅反面灰白色，外缘线黑色，其内有一列黑色条形斑及一亚外缘线，后翅前角有一小黑点。幼虫取食芸香科山小桔。分布：福建、广东、台湾等；印度至缅甸。

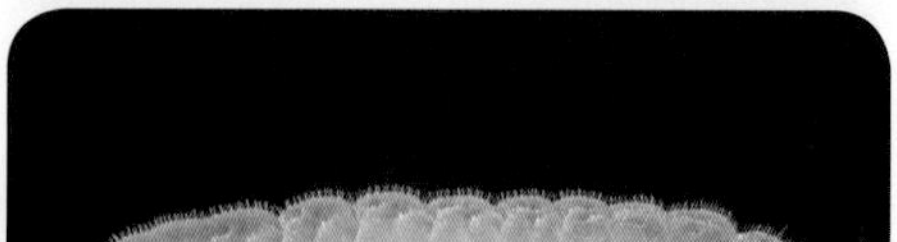
幼虫

山小桔

蛹

白斑妩灰蝶 *Udara albocaerulea* (Moore)

雄蝶正面
雄蝶

体型比钮灰蝶略大，外形近似。前翅中央有大白斑，后翅前后缘灰青色，大部分为白色。两翅反面白色，并具多数黑色小斑。幼虫以茅栗的花蕾及嫩果为寄主。分布：长江以南各省区；印度至日本等。

卵

茅栗

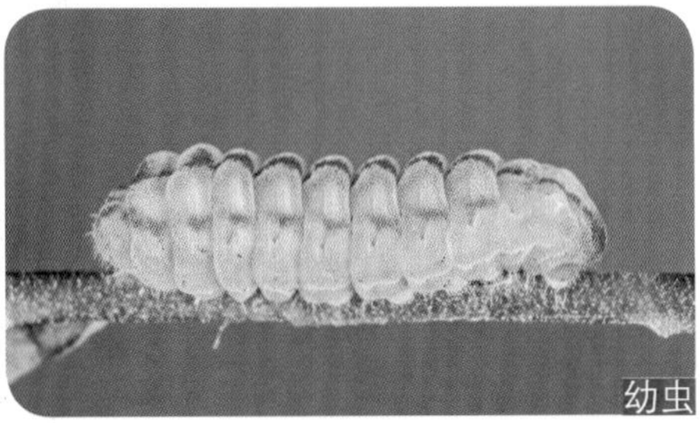
幼虫

蛹

珍贵妩灰蝶 *Udara dilecta* (Moore)

雄蝶

卵

雄蝶两翅正面浅紫色，前缘近白色。雌蝶两翅正面黑褐色，前翅中央有白色区。两翅反面灰白色，散布多个黑色小斑。亚外缘线波状。幼虫取食壳斗科甜槠。分布：我国华南、西南各省区；印度至马来西亚。

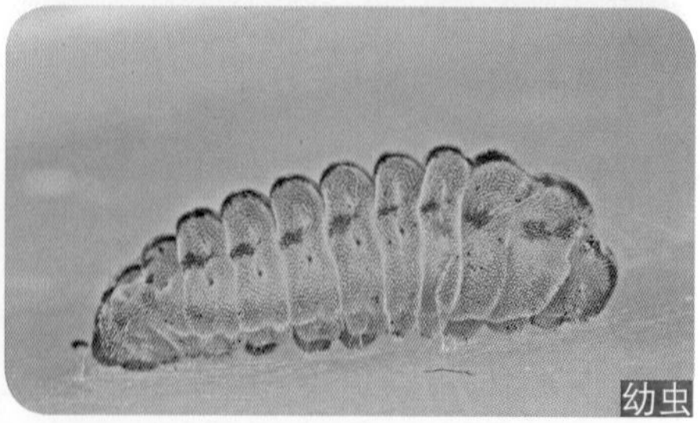
幼虫

甜槠

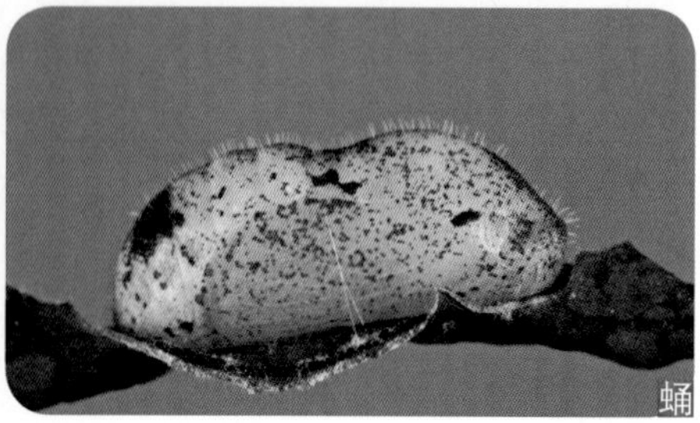
蛹

棕灰蝶 *Euchrysops cnejus* (Fabricius)

雌蝶正面

雌蝶

雄蝶两翅正面青紫色，雌蝶棕黑色，翅基灰蓝色，后翅臀角具围有橙色的黑斑2个。双翅反面灰褐色，尾突较短。幼虫寄主为蝶形花科贼小豆的花蕾及嫩果。分布：长江以南各省区；印度至马来西亚。

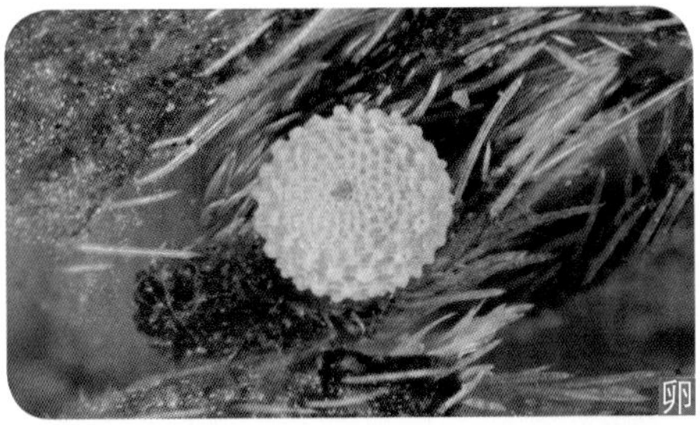

卵

贼小豆

幼虫

蛹

20~25mm

紫灰蝶 *Chilades lajus* (Stoll)

雌蝶正面
雌蝶

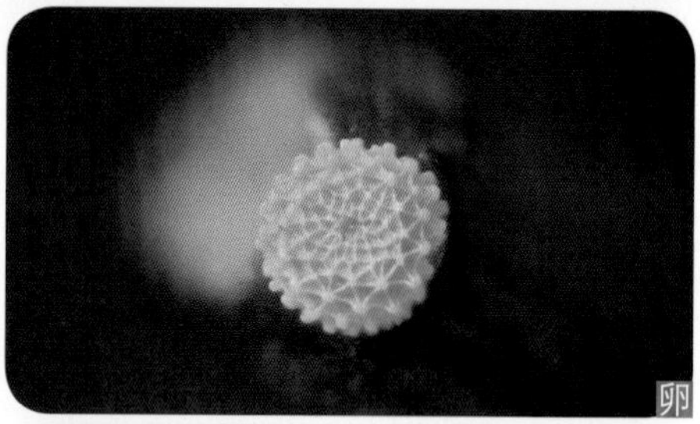
卵

本种与酢浆灰蝶相似，但体型较小。两翅正面浅紫蓝色。两翅反面浅褐色，有数组暗褐色较大斑点，外缘线深褐色，后翅无尾突。幼虫以芸香科的酒饼簕为寄主。分布：我国华南各省区；缅甸至菲律宾等。

幼虫

酒饼簕

蛹

曲纹紫灰蝶 *Chilades pandava* (Horsfield)

雌雄
雄蝶
雌蝶

雄蝶两翅正面灰紫色，雌蝶棕灰色。两翅反面灰褐色，具深灰色斑纹，后翅前缘及基部共3个黑斑，尾突以内黑斑围有黄色。幼虫以苏铁科苏铁的嫩叶为食料。分布：我国华南各省区；缅甸至马来西亚等。

卵

苏铁

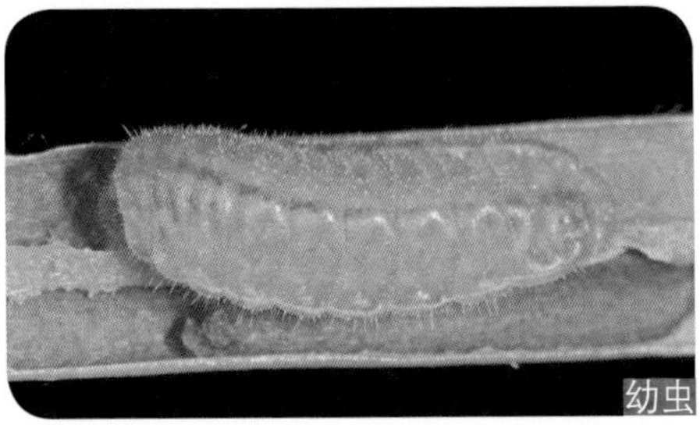
幼虫

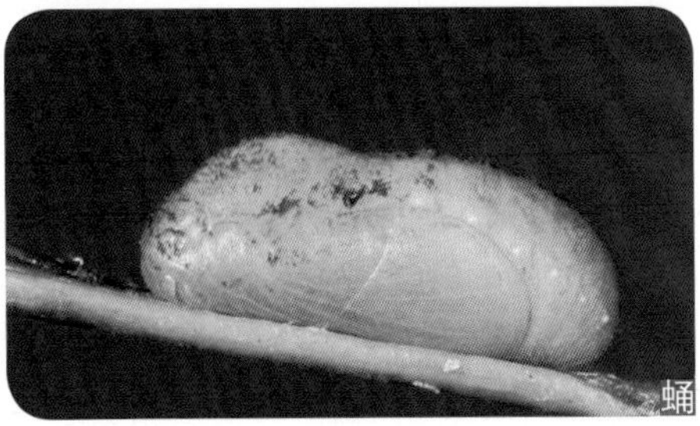
蛹

弄蝶

小型蝶种，双翅较窄，形态独特，行为习性更与众不同。全球已知3 500多种，中国已有记录280多种，广州记录58种。

白伞弄蝶 *Bibasis gomata* (Moore)

雄蝶

雄蝶两翅正面黑褐色，雌蝶具紫蓝色。两翅反面翅脉纹白色，并具有众多放射状排列的蓝褐色纵纹，头部、胸部被有众多橙色长绒毛。幼虫寄主为鹅掌柴等植物。分布：长江以南各省区；印度、尼泊尔等。

卵

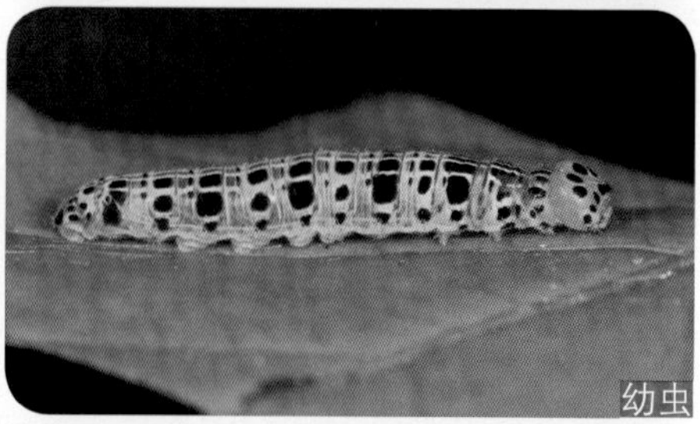
幼虫

鹅掌柴

蛹

橙翅伞弄蝶 *Bibasis jaina* (Moore)

雌蝶
雄蝶正面

雄蝶两翅正面深褐色，前翅基部有暗色绒毛，雌蝶两翅基灰蓝色。两翅反面橙褐色，前翅中室端有白斑，后翅外缘被橙褐色缘毛。幼虫取食金虎尾科风车藤等。分布：我国华南、西南各省区；印度到菲律宾。

卵

风车藤

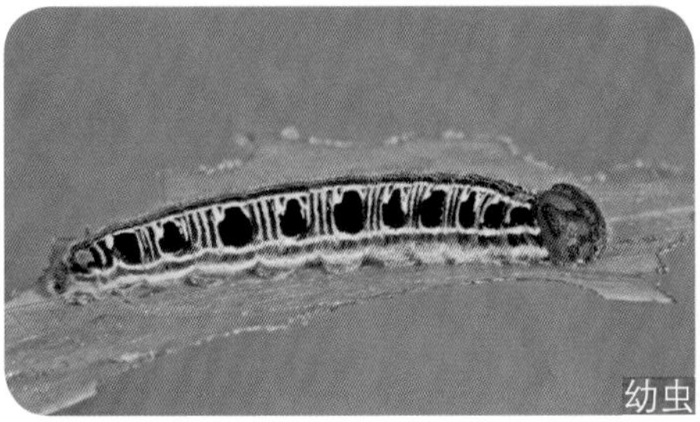
幼虫

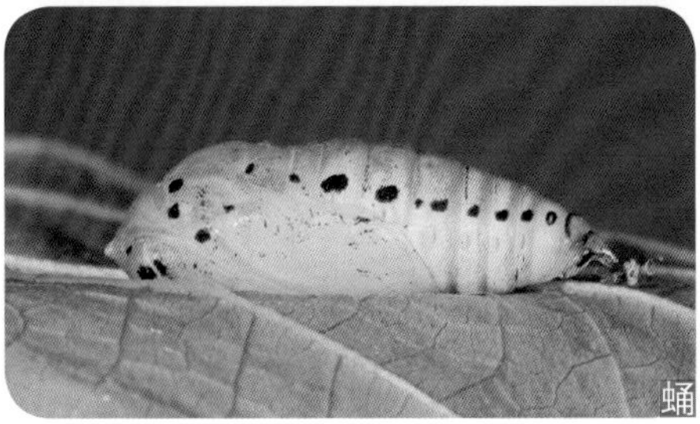
蛹

无趾弄蝶 *Hasora anura* de Nicéville

雄蝶

两翅正面褐色。前翅端半部有1个小白点。两翅反面黄褐色，雌蝶前翅中区有3个白斑，并有暗灰蓝色光泽，后翅中室内有1个白斑。幼虫以鸡血藤等植物为寄主。分布：陕西以南各省区；印度至缅甸等。

卵

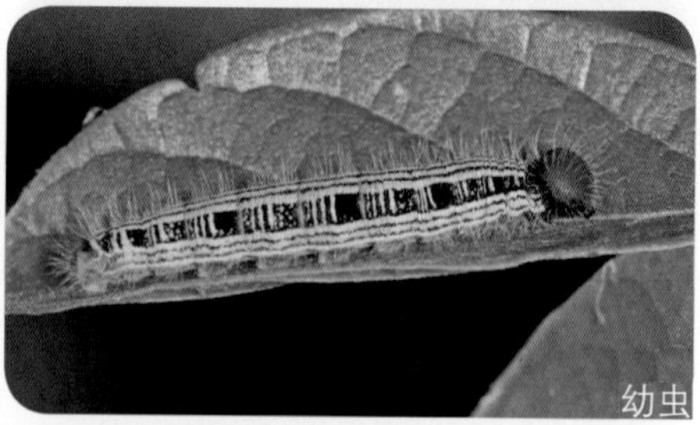
幼虫

鸡血藤

蛹

三斑趾弄蝶 *Hasora badra* (Moore)

雄蝶反面
雌蝶

两翅正面深褐色，前翅近端部有3个小白点，中域有3个大黄斑，雌蝶有暗蓝色光泽。后翅反面有一中横带及一白斑。幼虫以蝶形花科厚果崖豆藤等植物为寄主。分布：长江以南各省区；印度至菲律宾。

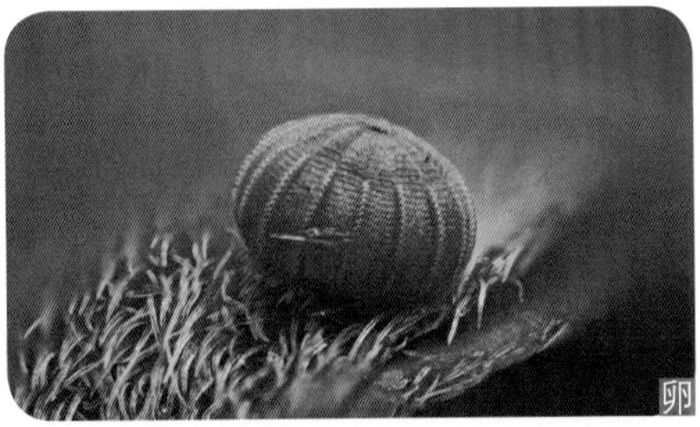
卵

厚果崖豆藤

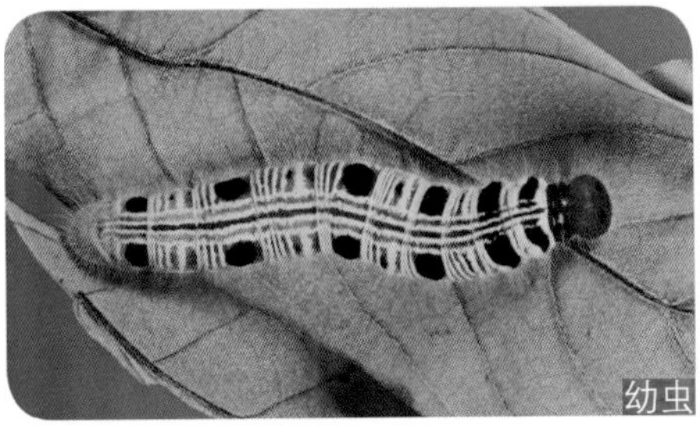
幼虫

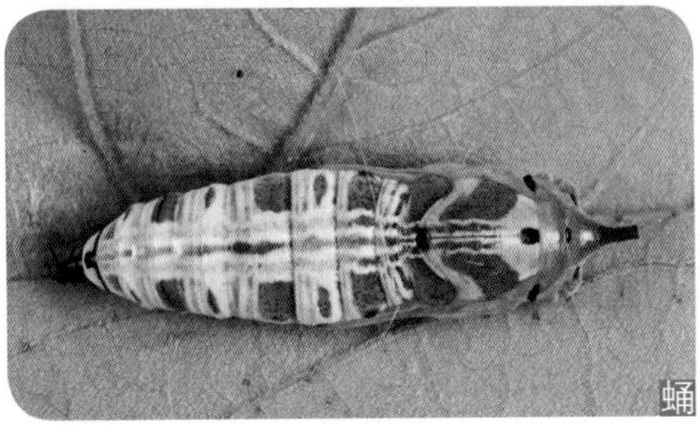
蛹

双斑趾弄蝶 *Hasora chromus* (Cramer)

雌蝶正面
雌蝶

卵

两翅正面深褐色。前翅反面端半部有1个小白点，中域有2个白斑，并有暗紫色光泽。后翅反面有1条浅色中横带。幼虫以蝶形花科印度崖豆藤等为寄主。分布：我国华南、西南各省区；印度至菲律宾等。

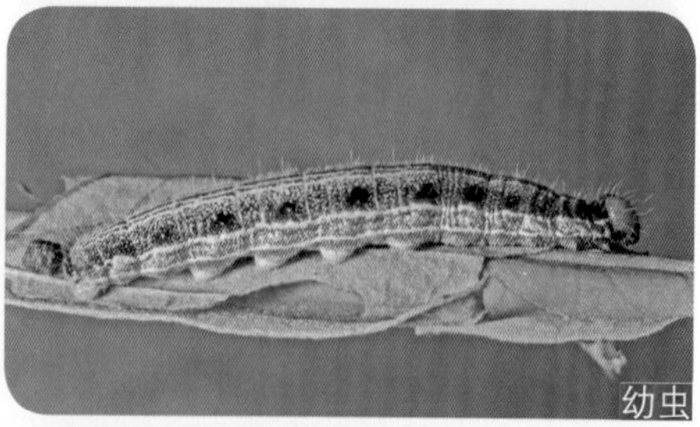
幼虫

印度崖豆藤

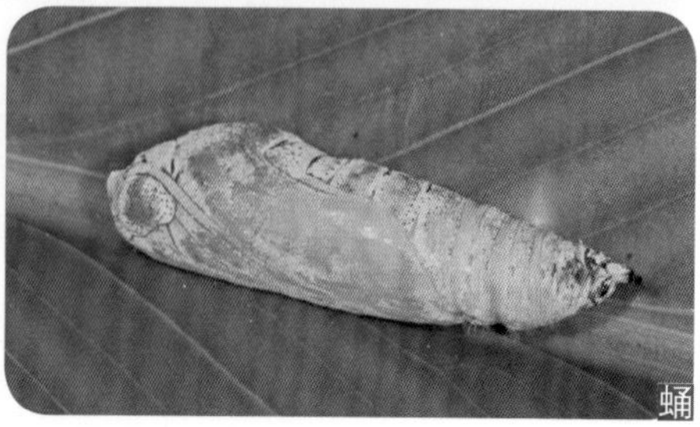
蛹

纬带趾弄蝶 *Hasora vitta* (Butler)

雄蝶

两翅正面褐色。雄蝶前翅顶角有1个小白点，中域也有1个小白点。雌蝶中域有2个白点并有暗蓝绿色光泽，后翅有1条白色中横带。幼虫以海南红豆及鸡血藤等为食料。分布：我国华南、西南各省区；缅甸至印度尼西亚等。

卵

海南红豆

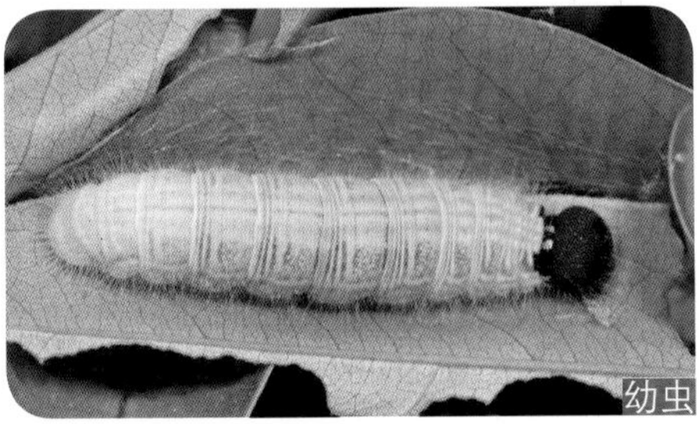
幼虫

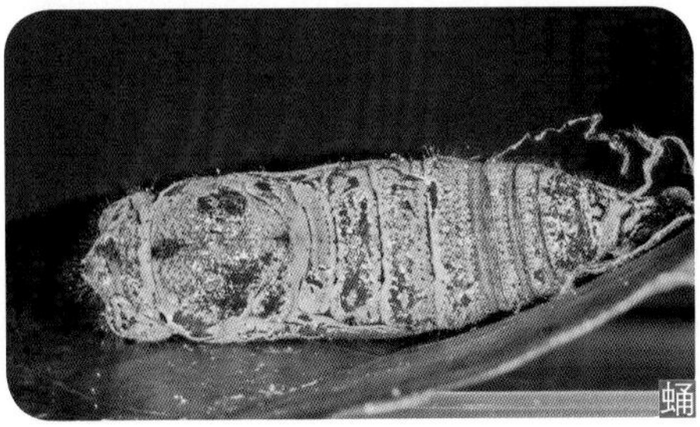
蛹

尖翅弄蝶 *Badamia exclamationis* (Fabricius)

雄蝶正面

雄蝶

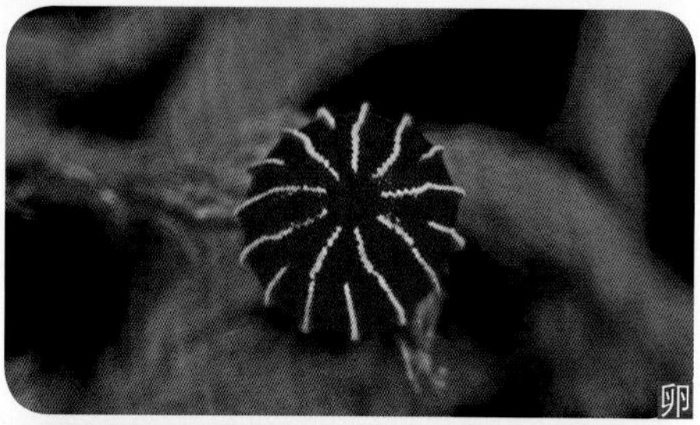
卵

两翅正面均为褐色。前翅窄长，雄蝶前翅基半部灰褐色，端半部深褐色，前翅3个浅色斑不明显（雌蝶明显），后翅臀区发达呈耳垂状。幼虫取食金虎尾科风车藤。分布：我国华南、西南各省区；印度至澳大利亚。

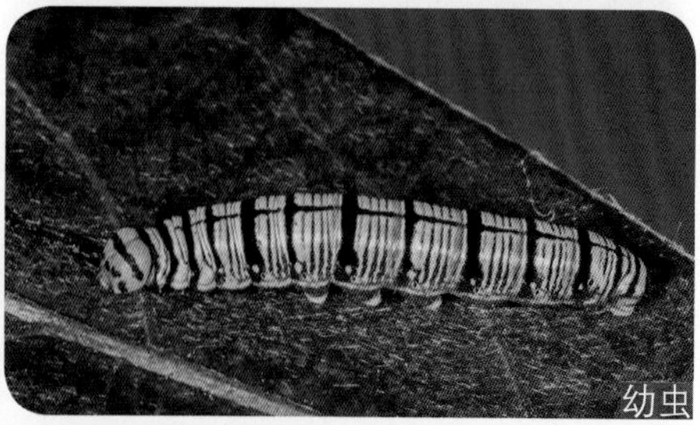
幼虫

风车藤

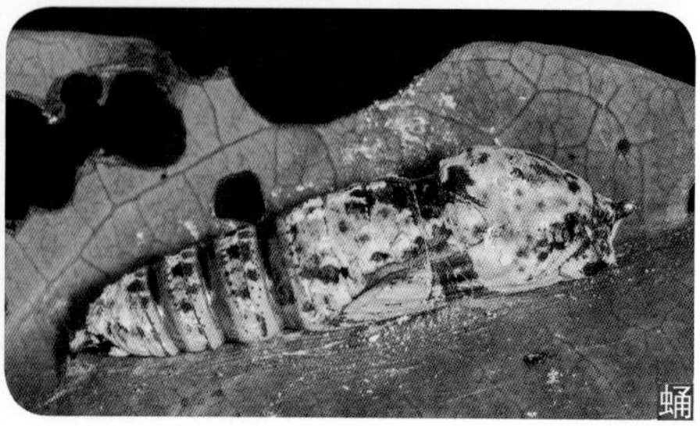
蛹

绿弄蝶 *Choaspes benjaminii* (Guérin-Méneville)

雄蝶

两翅正面暗褐色，基部至亚外缘绿色。两翅反面蓝绿色，翅脉黑色，后翅内缘蓝色，臀角有橙黄色斑，下唇须橙黄色。幼虫以清风藤科红柴枝等植物为寄主。分布：陕西以南各省区；印度至马来西亚。

卵

红柴枝

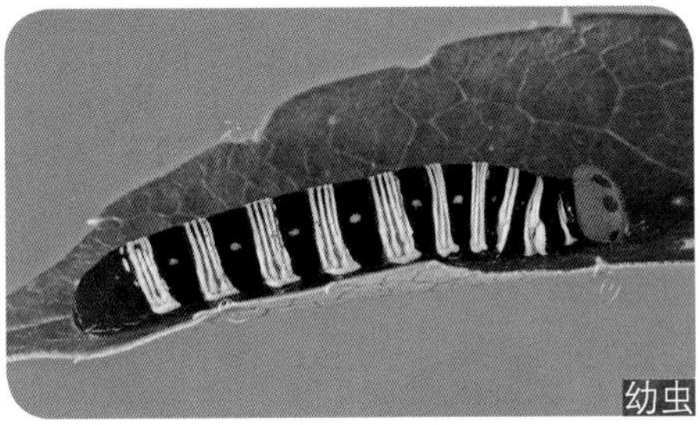
幼虫

蛹

半黄绿弄蝶 *Choaspes hemixantha* Rothschild & Jordan

雄蝶正面
雄蝶

卵

本种与绿弄蝶相似。两翅基部草绿色，外缘褐色。两翅反面草绿色，翅脉黑色，后翅臀角具橙红色斑，下唇须黄色。幼虫以清风藤科柠檬清风藤等植物为寄主。分布：长江以南各省区；尼泊尔至缅甸。

幼虫

叶巢
柠檬清风藤

蛹

窗斑大弄蝶 *Capila translucida* Leech

雌蝶

雌蝶正面

雄蝶

雄蝶

雌雄异型。雄蝶两翅正面黑褐色，中域有数个半透明大斑，后翅中域也有多个白色条斑。雌蝶仅前翅中域有白色宽斜带。幼虫以樟科的樟、黄樟等多种植物为食料。分布：江西、四川、广东、海南等。

卵

樟

幼虫

蛹

白角星弄蝶 *Celaenorrhinus leucocera* (Kollar)

雄蝶

雌蝶

两翅深褐色，前翅近顶角有白色小点4个，中区有大小白斑各2个，后翅有多个黄色小斑，外缘浅褐色，雄蝶触角表面白色。幼虫以爵床科黄球花等为寄主。分布：我国华南、西南各省区；老挝至泰国等。

卵

幼虫

叶巢

黄球花

蛹

明窗弄蝶 *Coladenia agnioides* (Elwes & Edwards)

雄蝶正面
雄蝶

两翅正面褐色。前翅中域有数个半透明斑，顶角则有一列小白斑。后翅外缘缘毛白色，中室外还有一排列成弧形的黑色斑。幼虫以蔷薇科的枇杷等植物为食料。分布：长江以南各省区；缅甸至印度尼西亚等。

叶巢
枇杷

卵

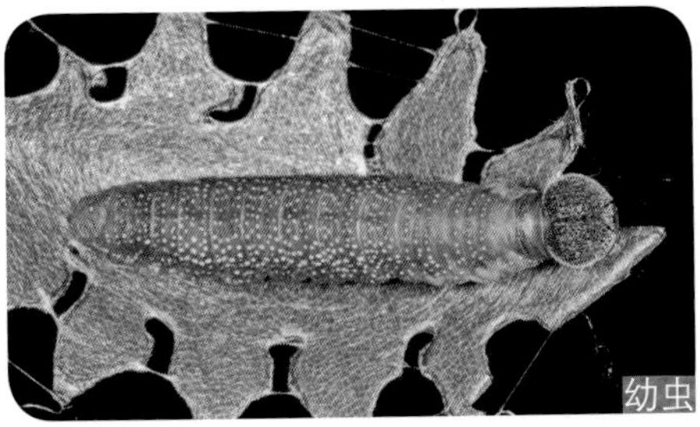
幼虫

蛹

白弄蝶 *Abraximorpha davidii* (Mabille)

雄蝶反面
雌蝶

卵

两翅正面白色，散布众多灰褐色斑，后翅外缘缘毛白色。两翅反面白色，褐斑颜色更深，头部及胸部密被黄色绒毛。幼虫以蔷薇科的粗叶悬钩子等植物为食料。分布：黄河以南各省区；缅甸至印度尼西亚等。

幼虫

叶巢
粗叶悬钩子

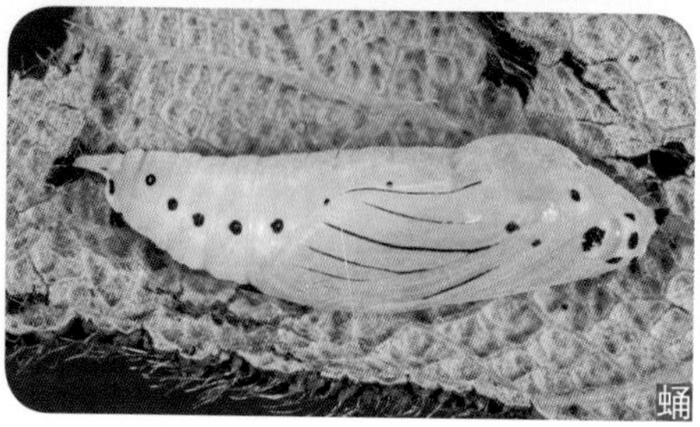
蛹

匪夷捷弄蝶 *Gerosis phisara* (Moore)

雌蝶

两翅正面黑褐色，前翅近顶角有5枚小白斑，中域向后与后翅中部有白斑组成的宽带，两翅外缘有黑色宽边，亚外缘有浅色细曲线。幼虫寄主为蝶形花科藤黄檀。分布：长江以南各省区；印度至缅甸等。

卵

藤黄檀

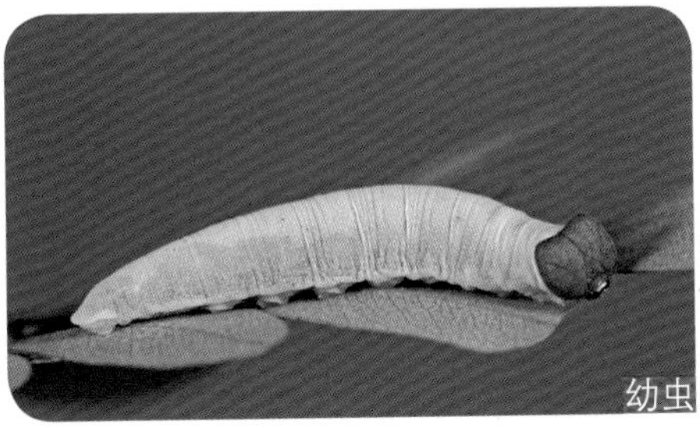
幼虫

蛹

中华捷弄蝶 *Gerosis sinica* (C. & R. Felder)

雌蝶

本种与匪夷捷弄蝶相似，前翅近顶角有5枚小白斑，中域向后与后翅中部有白斑组成宽带，两翅外缘有褐色宽边，亚外缘线模糊。幼虫取食蝶形花科香港黄檀。分布：陕西以南各省区；印度至马来西亚。

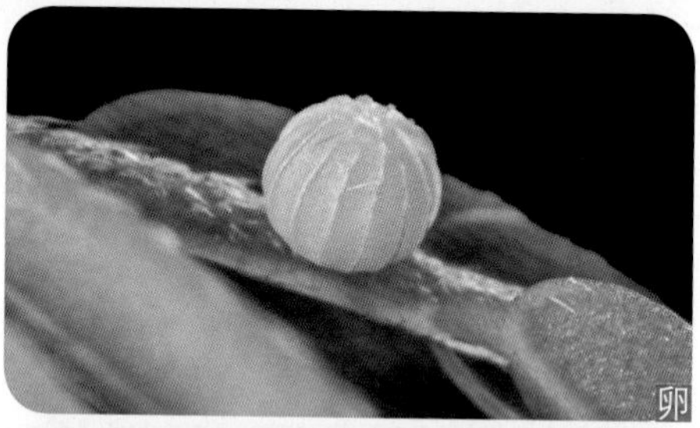
卵

幼虫

香港黄檀

蛹

黄襟弄蝶 *Pseudocoladenia dan* (Fabricius)

雄蝶

两翅正面红褐色，散布不规则暗褐色斑，前翅近顶角有3个半透明小斑，中域有5个大小不一半透明斑，两翅反面黄褐色。幼虫寄主为苋科土牛膝等植物。分布：我国华南、西南各省区；印度至马来西亚。

土牛膝

卵

幼虫

蛹

角翅弄蝶 *Odontoptilum angulatum* (Felder)

雄蝶反面
雄蝶

两翅正面褐色，前翅有浅色和深褐色的斑纹，后翅臀角灰白色，有栗褐色深浅不一斑块。后翅反面白色，外缘有两列黑褐色斑。幼虫以椴树科破布叶为食料。分布：我国华南、西南各省区；印度至马来西亚。

卵

叶巢
破布叶

幼虫

蛹

毛脉弄蝶 *Mooreana trichoneura* (C. & R. Felder)

雄蝶反面
雄蝶

腹部有黄色环纹。两翅正面黑褐色，翅脉浅褐色，前翅散布多个白色小条斑，后翅后半部黄色，近黄色区前的褐黑斑颜色特别深。幼虫寄主为大戟科中平树等。分布：我国华南、西南各省区；印度至马来西亚。

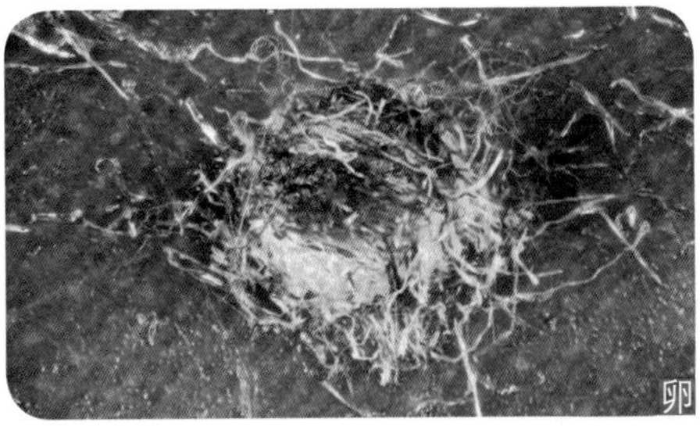
卵

叶巢
中平树

幼虫

蛹

沾边裙弄蝶 *Tagiades litigiosa* Moschler

雄蝶反面
雄蝶

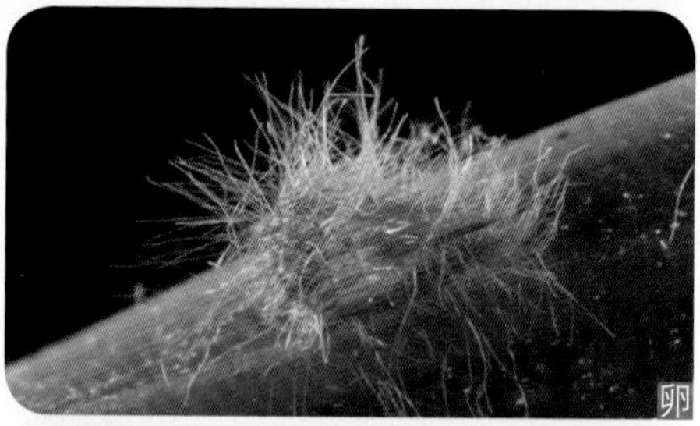
卵

前翅黑褐色，前半部有数枚小白斑，其中5枚近翅顶，后翅中央有长方形大白斑，后缘有数个不明显黑褐斑以及白色缘毛。幼虫寄主为薯蓣科薯莨等多种植物。分布：长江以南各省区；印度至印度尼西亚等。

幼虫

叶巢
薯莨

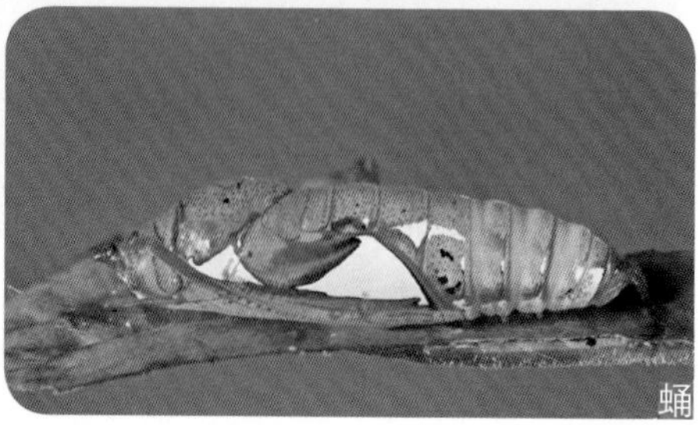
蛹

黑边裙弄蝶 *Tagiades menaka* (Moore)

雌蝶

本种与沾边群弄蝶相似，成虫前翅黑褐色，有数枚小白斑，后翅中央有长方形大白斑，后缘有数枚排列成2行的黑褐斑。幼虫以薯蓣科薯莨等多种植物为寄主。分布：我国华南、西南各省区；印度至印度尼西亚等。

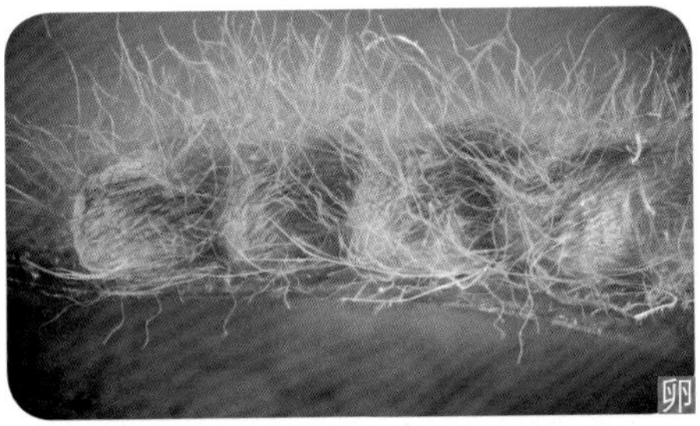
卵

薯莨

幼虫

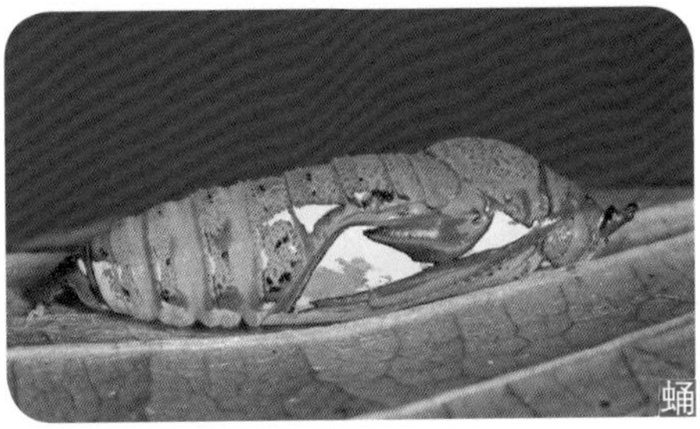
蛹

曲纹袖弄蝶 *Notocrypta curvifascia* (C. & R. Felder)

雄蝶

两翅黑褐色，前翅中区有1条白色宽横带，端半部有2组小白点。两翅反面褐色，后翅顶角至内缘有紫褐色宽晕带，无其他斑纹。幼虫寄主为姜科密苞山姜等植物。分布：长江以南各省区；印度至日本。

卵

幼虫

密苞山姜

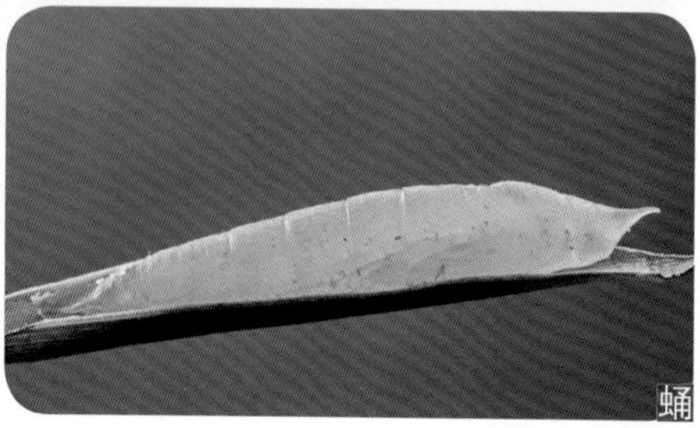
蛹

雅弄蝶 *Tlambrix salsala* (Moore)

雄蝶

两翅正面黄褐色，前翅中域有一列白色小斑，雌蝶前翅有几个斜走的半透明白色斑。翅反面有数枚银色斑，后翅中室端部银斑最大。幼虫取食禾本科淡竹叶等。分布：我国华南、西南各省区；印度至印度尼西亚等。

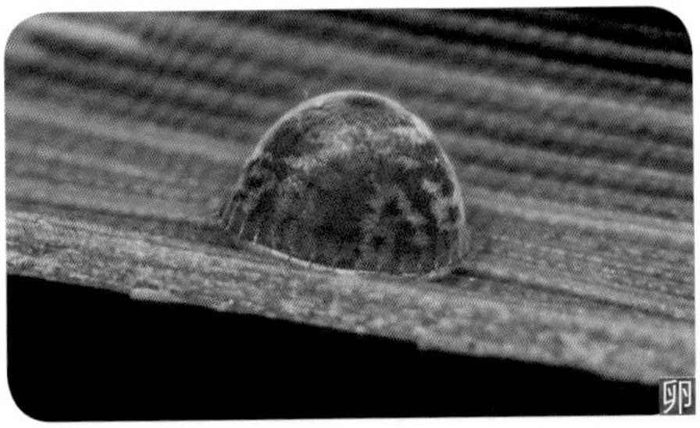
卵

淡竹叶

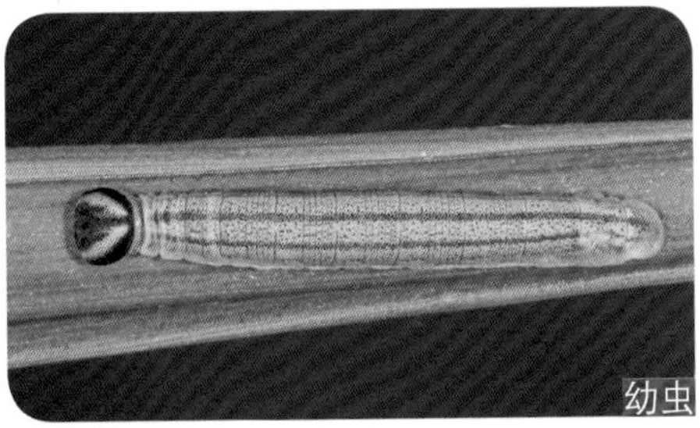
幼虫

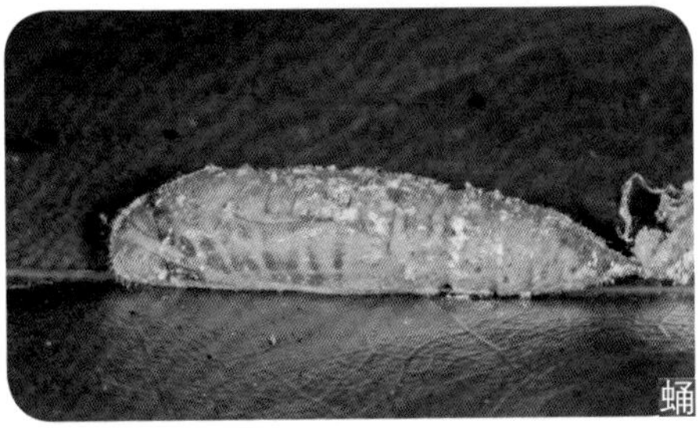
蛹

姜弄蝶 *Udaspes folus* (Cramer)

雄蝶

两翅正面黑褐色，前翅有3个大的及5个小的白斑，后翅中央有“T”字形半透明大白斑。两翅反面褐绿色，斑纹与正面对应。幼虫寄主为姜科密苞山姜等植物。分布：长江以南各省区；尼泊尔至印度尼西亚。

卵

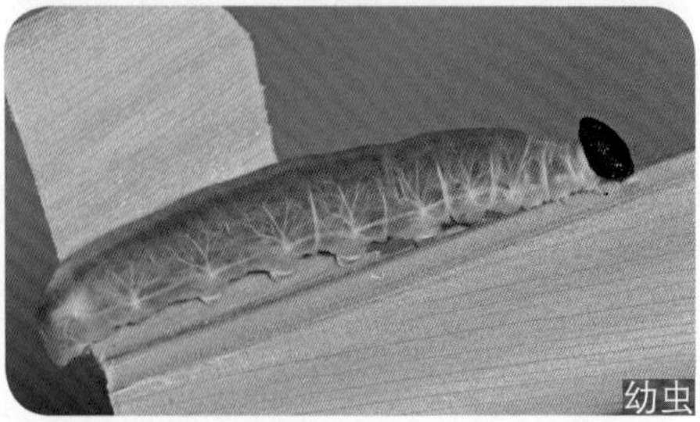
幼虫

密苞山姜

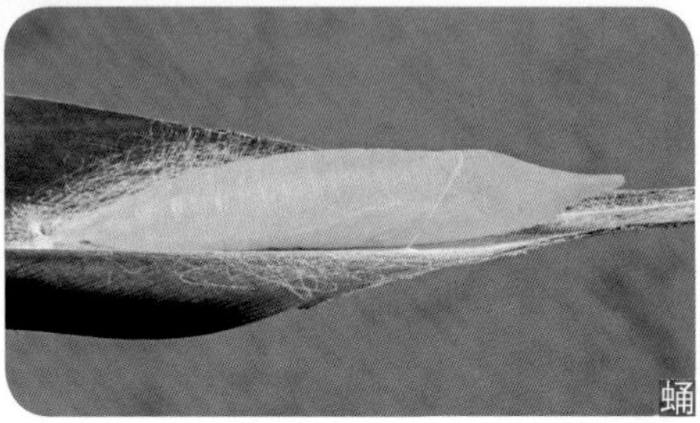
蛹

宽锷弄蝶 *Aeromachus jhora* (de Nicéville)

雄蝶正面

雄蝶

体型较小，翅面褐色，近前缘至中域有散布的黄色鳞片，反面褐黄色，前后翅反面各有2列由灰黄色小斑点组成的亚外缘线和外横带。幼虫取食禾本科鸭嘴草。分布：长江以南各省区；印度至马来西亚。

卵

鸭嘴草

幼虫

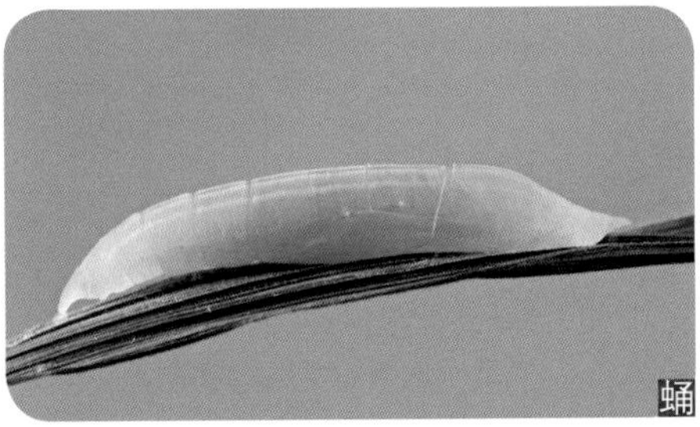

蛹

腌翅弄蝶 *Astictopterus jama* C. & R. Felder

雄蝶

雌蝶正面

两翅黑褐色，旱季型前翅端部有白斑。湿季型无斑，前翅反面有深色条纹，后翅反面近外缘处有灰褐色晕纹，中域外深褐色。幼虫以禾本科的芒草等植物为食料。分布：长江以南各省区；不丹至印度尼西亚等。

卵

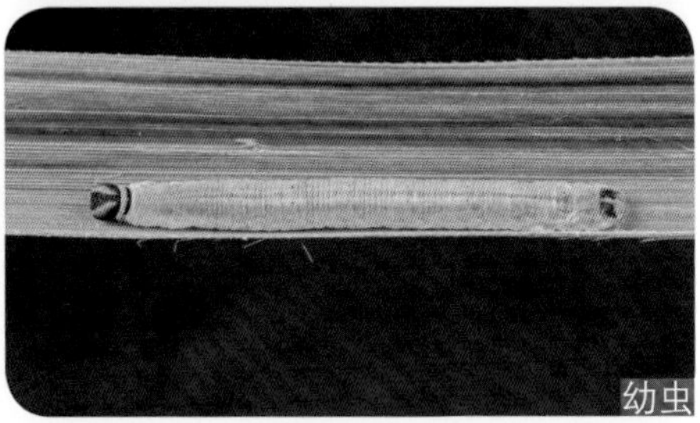
幼虫

芒草

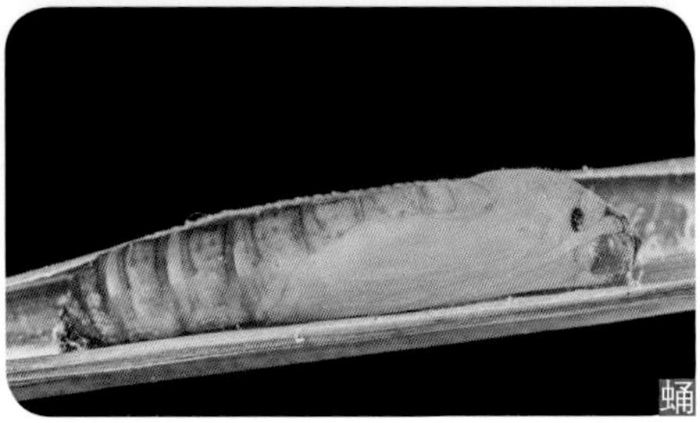
蛹

刺胫弄蝶 *Baoris farri* (Moore)

雄蝶正面
雄蝶

本种与谷弄蝶属相似。两翅褐色，前翅近顶角有3个小白斑，中域则有数个大小不一的白斑，后翅中室有黄褐色的刷状长毛撮。幼虫以禾本科托竹等植物为食料。分布：长江以南各省区；印度至印度尼西亚等。

卵

托竹

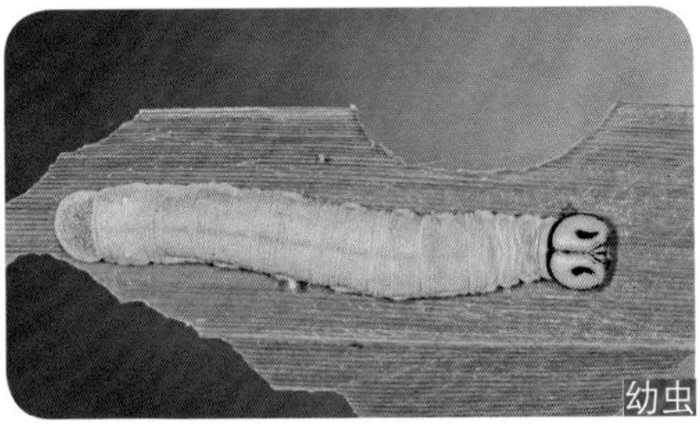
幼虫

蛹

30～35mm

籼弄蝶 *Borbo cinnara* (Wallace)

雄蝶正面
雄蝶

卵

两翅黑褐色，基部有鳞毛。前翅近顶角处有3个小白斑，两翅反面褐色，后翅反面无斑。或中域偏外处有1～5个不等的小白斑。幼虫寄主为禾本科短叶黍等。分布：长江以南各省区；伊朗至澳大利亚等。

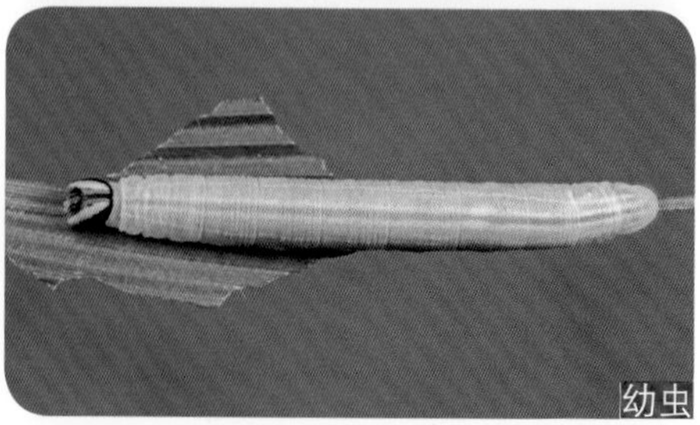
幼虫

短叶黍

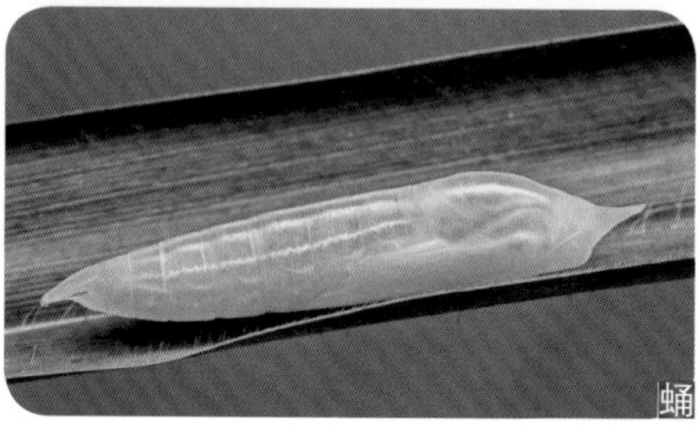
蛹

放踵珂弄蝶 *Caltoris cahira* (Moore)

雄蝶正面
雌蝶

两翅正面黑褐色，前翅中域有7个大小不一的白斑，并组成圆弧形，后翅无斑。两翅反面深褐色。前翅斑纹与正面对应。幼虫以禾本科粉箪竹等植物为寄主。分布：长江以南各省区；印度至马来西亚。

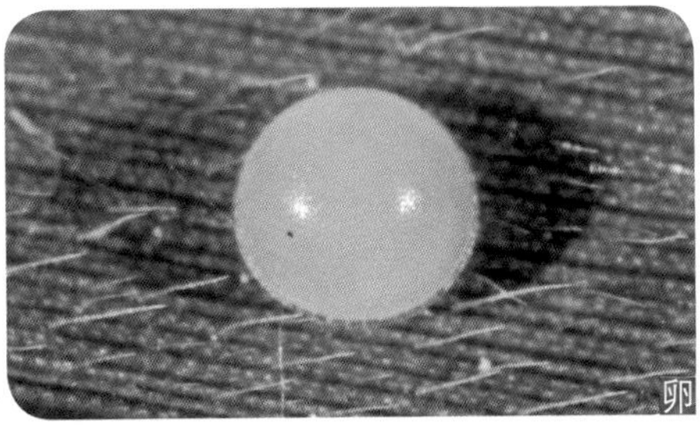
卵

粉箪竹

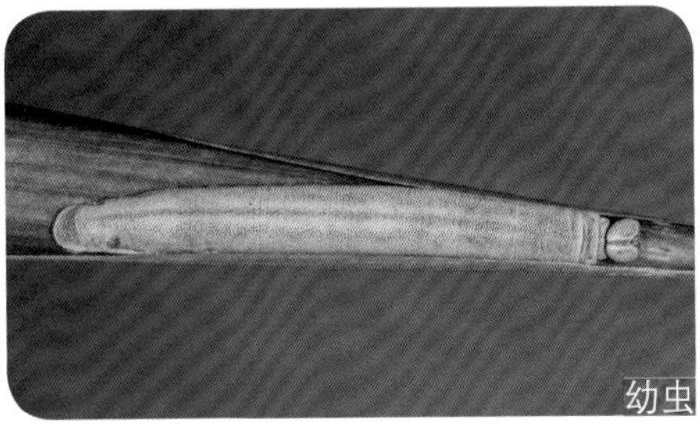
幼虫

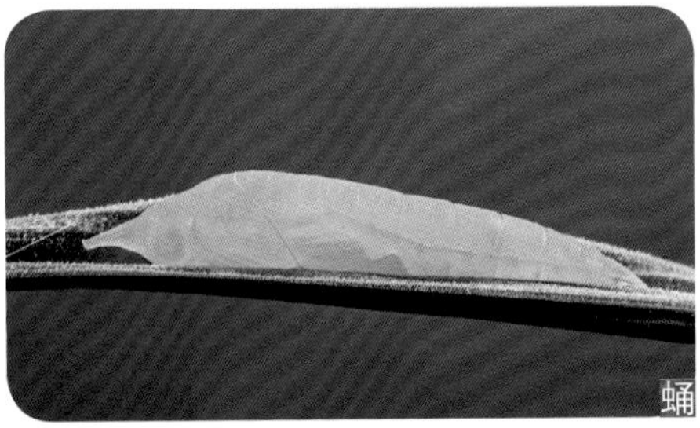
蛹

幺纹稻弄蝶 *Parnara bada* (Moore)

雌蝶
雄蝶

卵

本种与曲纹稻弄蝶相似。前翅近顶角的斑点较小，后翅斑纹较退化，通常可见1～2个。翅反面散布浅色鳞片组成的晕斑。幼虫取食禾本科的柳叶箬等植物。分布：陕西以南各省区；非洲至印度尼西亚等。

幼虫

柳叶箬

蛹

曲纹稻弄蝶 *Parnara ganga* Evans

雌蝶正面
雄蝶

两翅正面深褐色，前翅有5～6个黄白色小斑，排列成弧形，后翅4个斑排成不整齐波状。两翅反面深褐色，斑纹与正面对应。幼虫以禾本科鸭嘴草等为食料。分布：陕西以南各省区；印度至马来西亚。

卵

鸭嘴草

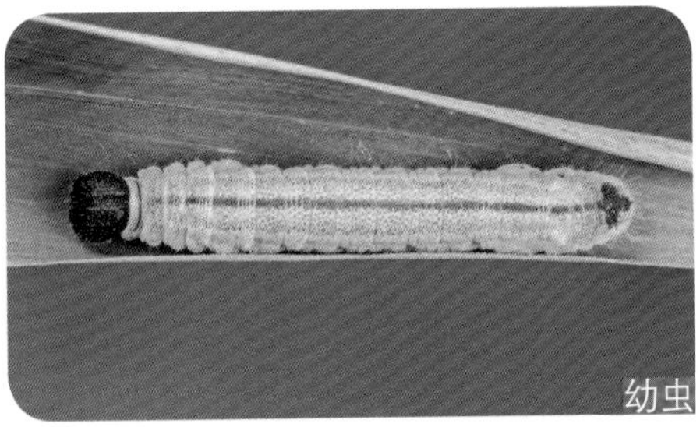
幼虫

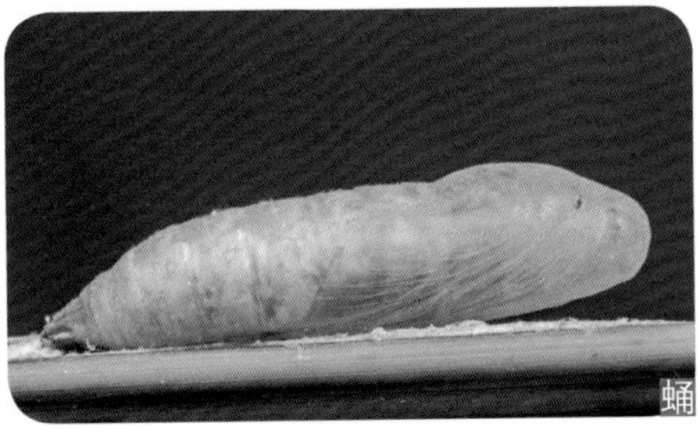
蛹

35～40mm

直纹稻弄蝶 *Parnara guttata* (Bremer & Grey)

雄蝶正面

雄蝶

两翅正面褐色，前面有7～8个半透明白斑，排列成半圆形，后翅中域4个白斑排列成直线。两翅反面色淡，斑纹与正面对应。幼虫取食禾本科芒草等植物。分布：我国多数省区；俄罗斯至马来西亚。

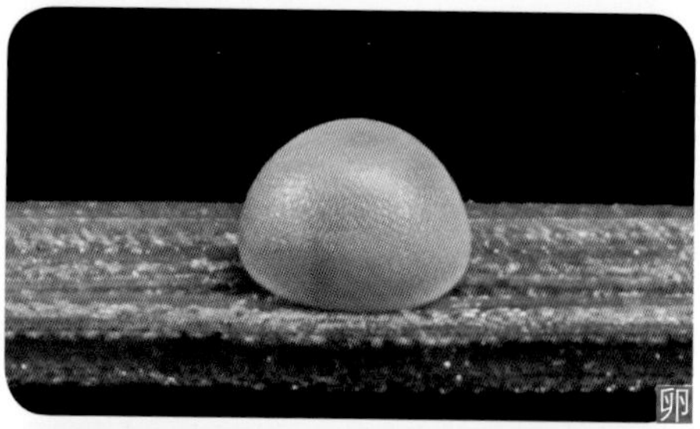

卵

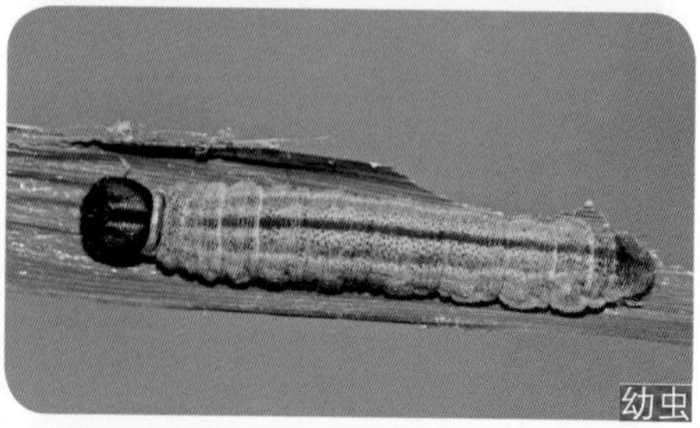

幼虫

芒草

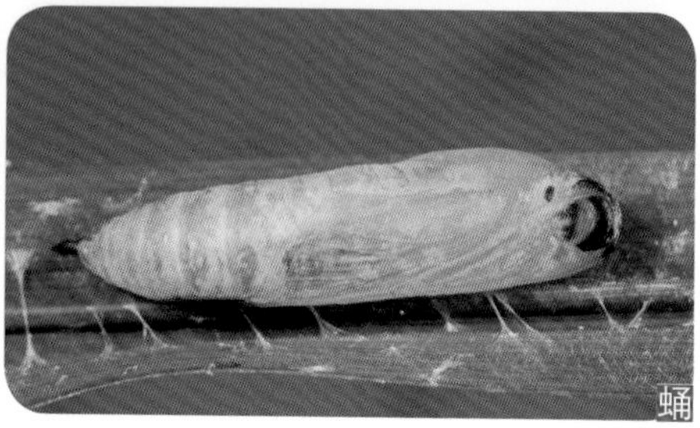

蛹

南亚谷弄蝶 *Pelopidas agna* (Moore)

雌蝶

两翅正面褐色，前翅有7～8个半透明白斑，排列成半圆形，后翅中域4个白斑排列成直线。两翅反面色淡，斑纹与正面对应。幼虫取食禾本科白茅等植物。分布：我国多数省区；俄罗斯至马来西亚。

卵

白茅

幼虫

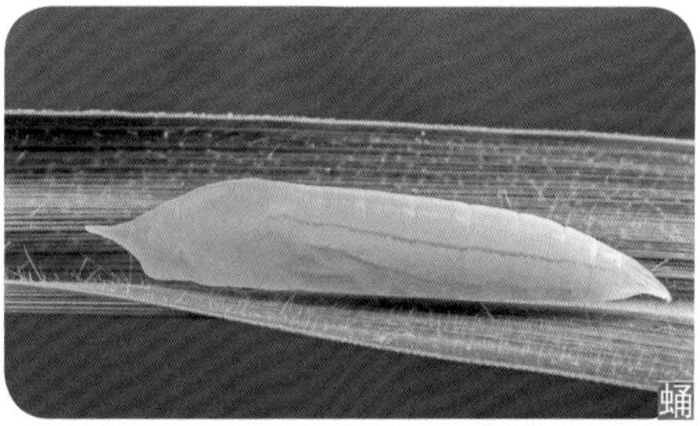
蛹

隐纹谷弄蝶 *Pelopidas mathias* (Fabricius)

雄蝶正面

雌蝶

卵

雄蝶翅面深褐色，前翅斑点微小，后翅多数无斑，少数有几个斑点痕迹。两反面赭绿色，雌蝶具多个白斑，斑纹较雄蝶明显。幼虫寄主为禾本科鸭嘴草等植物。分布：陕西以南各省区；老挝至菲律宾。

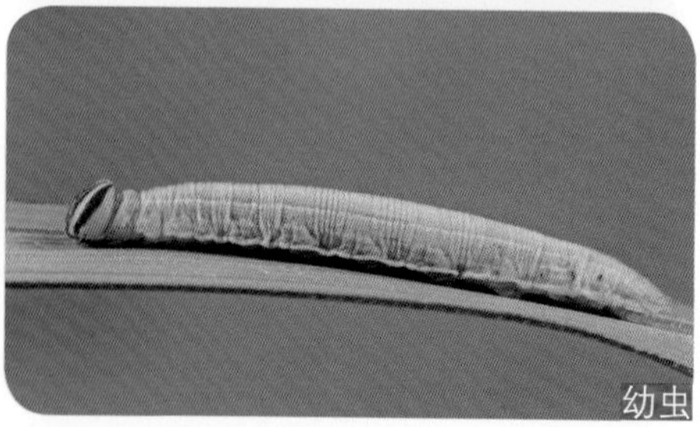
幼虫

鸭嘴草

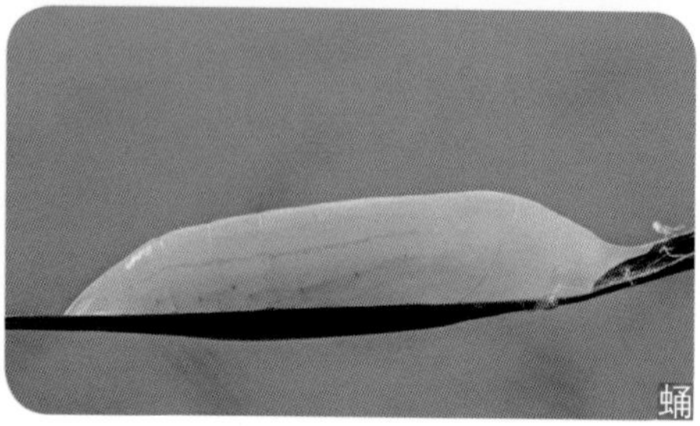
蛹

印度谷弄蝶 *Pelopidas assamensis* (de Nicéville)

雌蝶

本种属大型谷弄蝶。翅面暗紫褐色，斑纹较大，前翅近顶角有4个白斑，中室有2个斑相连，后翅中域偏外还有5个白斑。幼虫以禾本科棕叶芦等为食料。分布：我国华南、西南各省区；印度至马来西亚。

卵

棕叶芦

幼虫

蛹

30～35mm

中华谷弄蝶 *Pelopidas sinensis* (Mabille)

雄蝶

雌雄同型。两翅正面褐色，前翅中室外有数个斑点，后翅反面近基部有1个明显白斑，中室外的5个斑点则弧线形排列。幼虫寄主为禾本科狗尾草等植物。分布：陕西以南各省区；印度至马来西亚等。

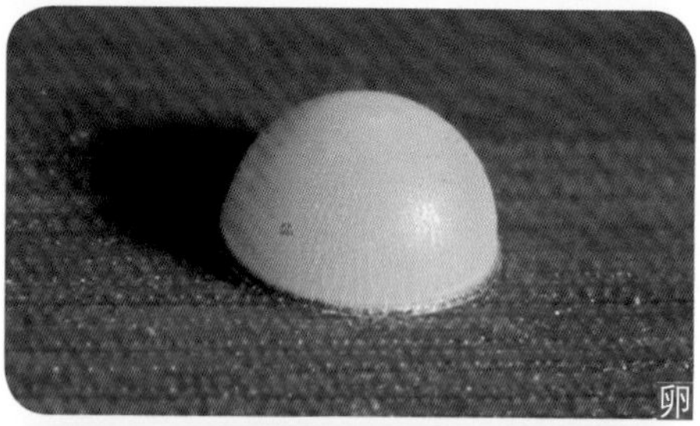
卵

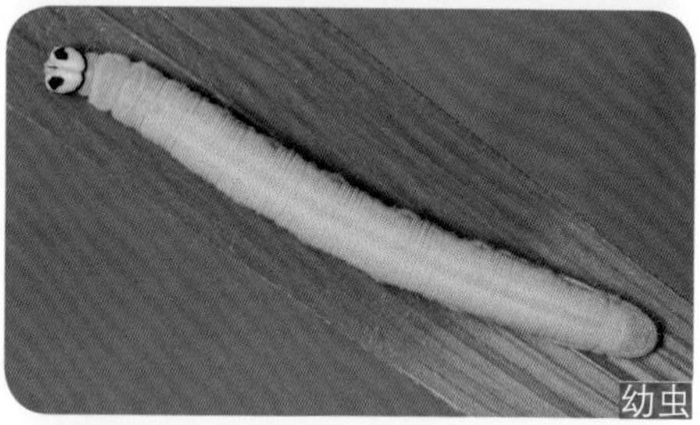
幼虫

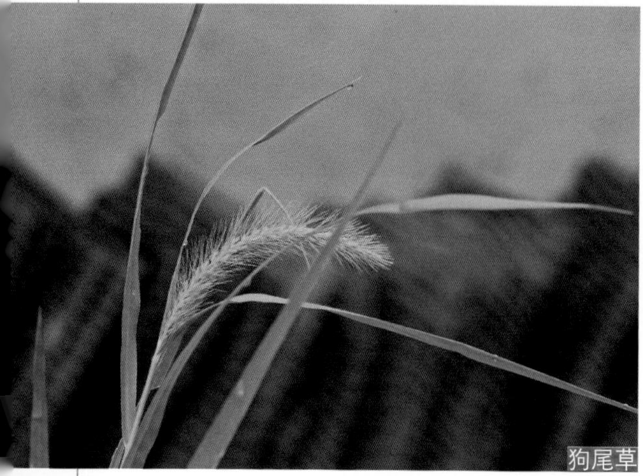
狗尾草

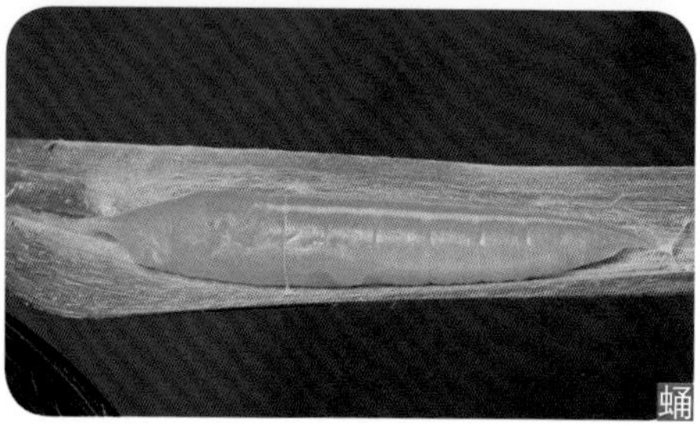
蛹

古铜谷弄蝶 *Pelopidas conjuncta*(Herrich-Schaffer)

雌蝶
雄蝶

本种与南亚谷弄蝶相似，但体型更大。前翅数个半透明色斑排成不整齐的环状，后翅无斑纹或斑纹细小，雌蝶斑纹较大。幼虫以禾本科五节芒等多种植物为寄主。分布：长江以南各省区；印度至菲律宾。

卵

五节芒

幼虫

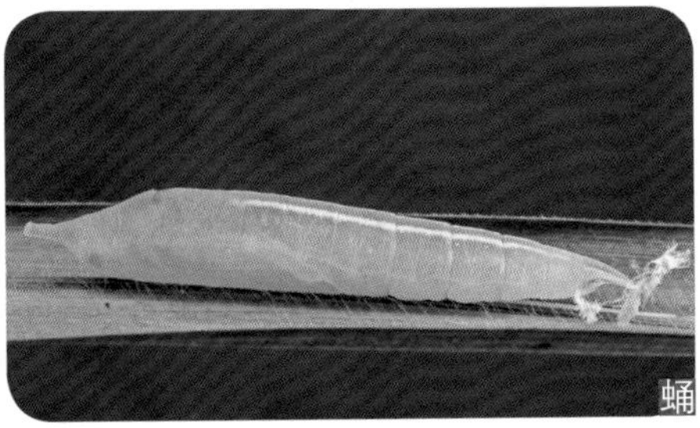
蛹

台湾孔弄蝶 *Polytremis eltola* (Hewitson)

雄蝶正面
雄蝶

卵

两翅正面褐色，前翅有8个半透明黄斑，排列成不规则半圆形，后缘也有一半透明黄斑，后翅中域有4个黄色半透明斑。翅反面黄褐色。幼虫以禾本科柔枝莠竹为寄主。分布：我国华南各省区；印度至缅甸。

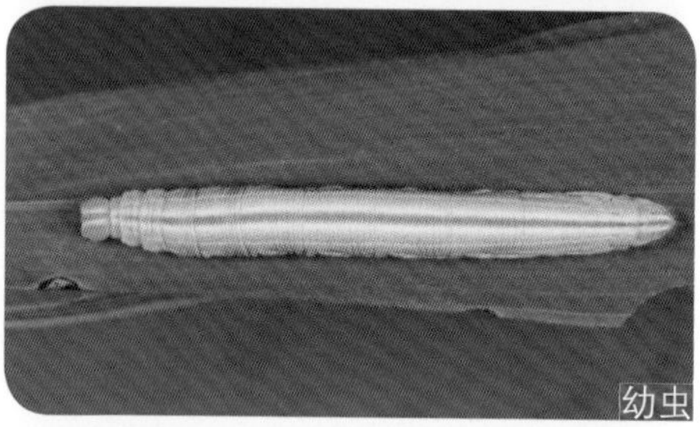
幼虫

柔枝莠竹

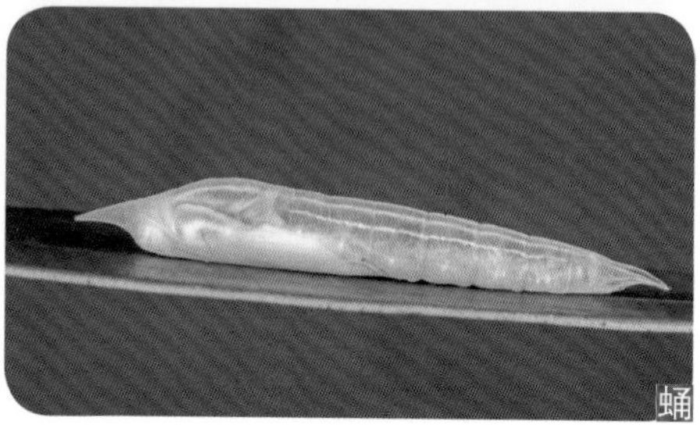
蛹

黄纹孔弄蝶 *Polytremis lubricans* (Herrich-Schaffer)

雌雄

雄蝶正面

雄蝶

两翅正面褐色，前翅有7个半透明黄斑，排列成不规则半圆形，后缘也有一半透明黄斑，后翅中域有5个半透明黄斑。翅反面黄褐色。幼虫取食禾本科鸭嘴草等植物。分布：我国华南、西南各省区；印度至印度尼西亚等。

卵

鸭嘴草

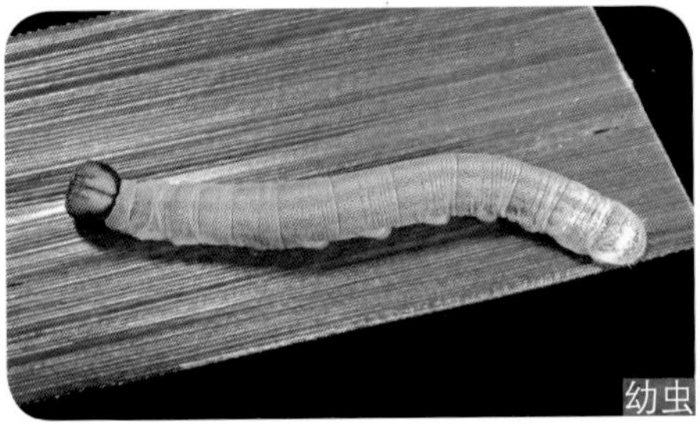

幼虫

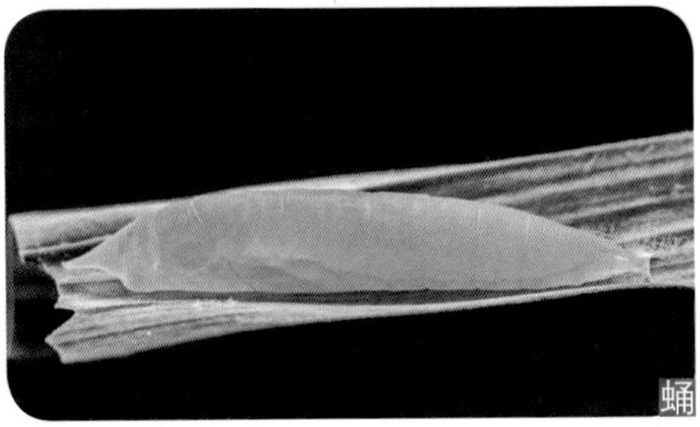

蛹

旖弄蝶 *Isoteinon lamprospilus* C. & R. Felder

雌蝶
雄蝶正面
雄蝶

两翅正面褐色，前翅端部有3个小白斑，中部4个斑，其中3个较大。两翅反面黄褐色，斑纹与正面相对应，后翅有9个银白色斑。幼虫以禾本科五节芒等为寄主。分布：长江以南各省区；越南至日本等。

卵

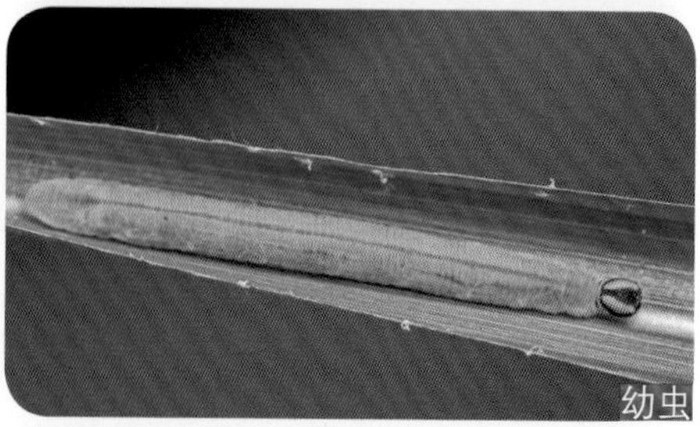
幼虫

五节芒

蛹

黄斑蕉弄蝶 *Erionota torus* Evans

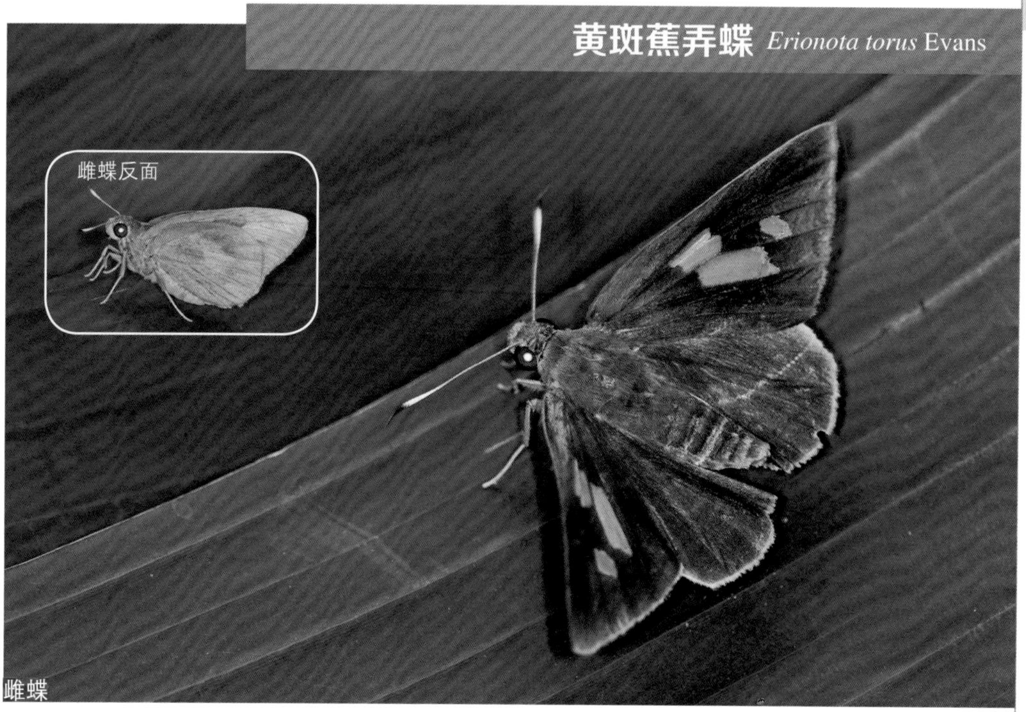

雌蝶

大型弄蝶。复眼红色。两翅正面黄褐色，前翅有3个半透明黄色大斑，后翅无斑纹。两翅反面浅褐色，且无明显的斑纹。幼虫以芭蕉科多种同属植物为食料。分布：长江以南各省区；印度至马来西亚。

卵

芭蕉

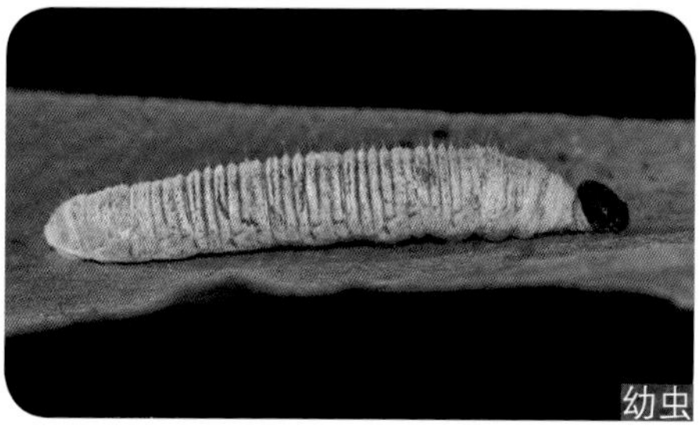
幼虫

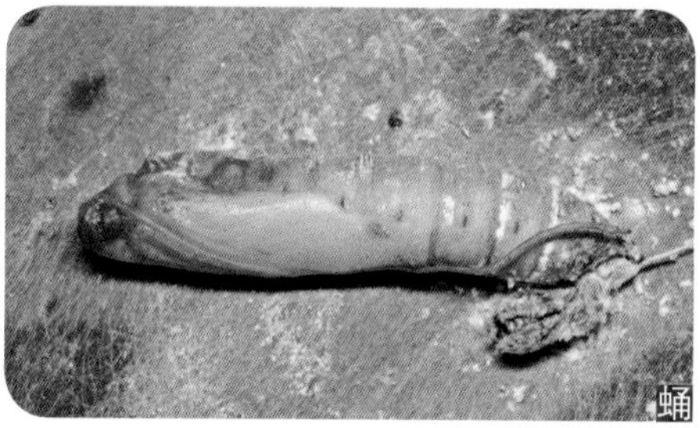
蛹

玛弄蝶 *Matapa aria* (Moore)

雄蝶

本种复眼红色。两翅正面褐色，雄蝶前翅后缘有一斜向的黑色细长性标，后翅无斑。两翅反面浅褐色，均无明显斑纹。幼虫以禾本科的托竹等多种植物为食料。分布：长江以南各省区；印度至菲律宾。

卵

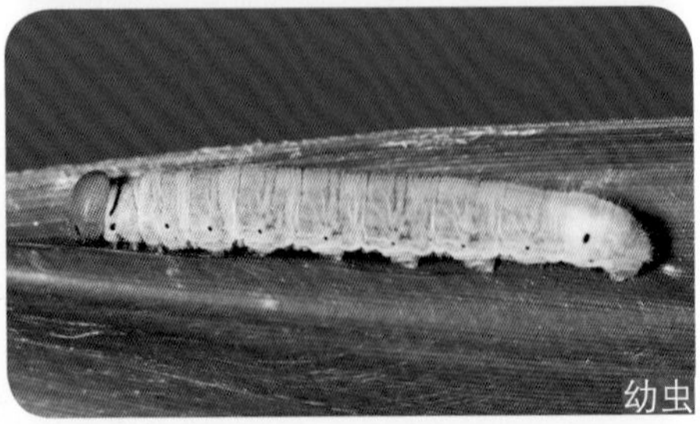

幼虫

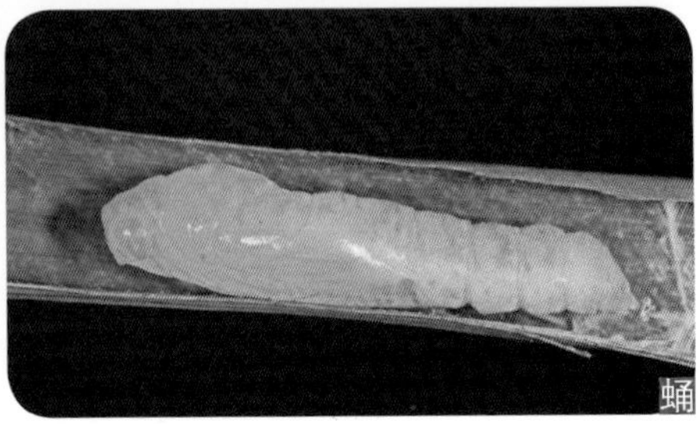

蛹

托竹

素弄蝶 *Suastus gremius* (Fabricius)

雌蝶
雄蝶正面

两翅正面棕褐色，前翅中域有一圈小白斑，雌蝶中室端多一个。雄蝶后翅反面中室端有一明显的黑斑，雌蝶则有黑斑4～6个。幼虫取食棕榈科软叶刺葵等。分布：我国华南、西南各省区；印度至马来西亚。

软叶刺葵

卵

幼虫

蛹

希弄蝶 *Hyarotis adrastus* (Stoll)

雄蝶

两翅正面黑褐色，前翅端半部有3个小白斑，中域有一浅色宽横带。后翅反面中域有1个浅色区，其内有2个白条斑。幼虫以棕榈科软叶刺葵等植物为寄主。分布：我国华南、西南各省区；印度至菲律宾。

卵

幼虫

软叶刺葵

蛹

黄裳肿脉弄蝶 *Zographetus satwa* (de Nicéville)

雌蝶
雄蝶

两翅正面褐色，前翅近顶角有3个排成一直线的小斑，前翅反面前缘及后翅反面基半部呈黄色，外缘深褐色，后翅黄色区内有3个褐斑。幼虫寄主为龙须藤等。分布：我国华南、西南各省区；印度至印度尼西亚等。

卵

龙须藤

幼虫

蛹

孔子黄室弄蝶 *Potanthus confucius* (C. & R. Felder)

雌蝶

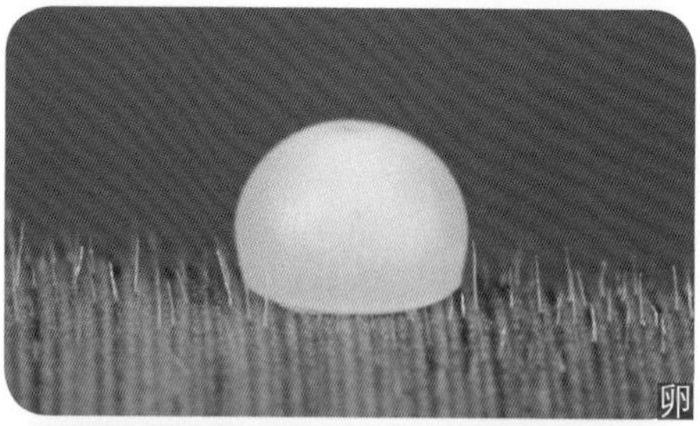
卵

两翅深褐色，斑纹橙黄色。反面近顶角斑纹与亚外缘横带相连，后翅亚外缘有一宽横带，外侧数个黑斑弧形排列，中域有数个黑斑。幼虫以禾本科托竹等为食料。分布：长江以南各省区；老挝、越南等。

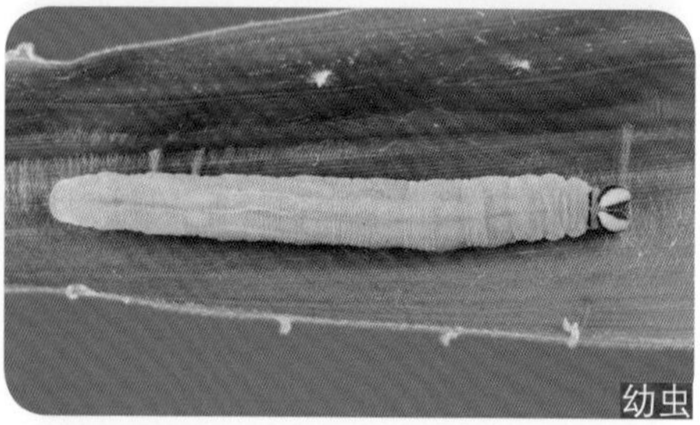
幼虫

托竹

蛹

断纹黄室弄蝶 *Potanthus trachalus* (Mabille)

雌蝶

雄蝶

两翅深褐色，斑纹橙黄色。反面近顶角斑纹与亚外缘横带错开，后翅中域有数个黑斑，亚外缘有宽横带，外侧数个黑斑直线排列。幼虫以禾本科芒草等为寄主。分布：长江以南各省区；印度至印度尼西亚等。

芒草

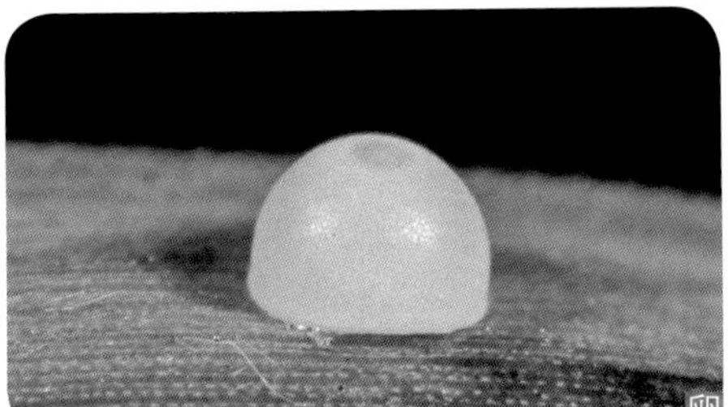
卵

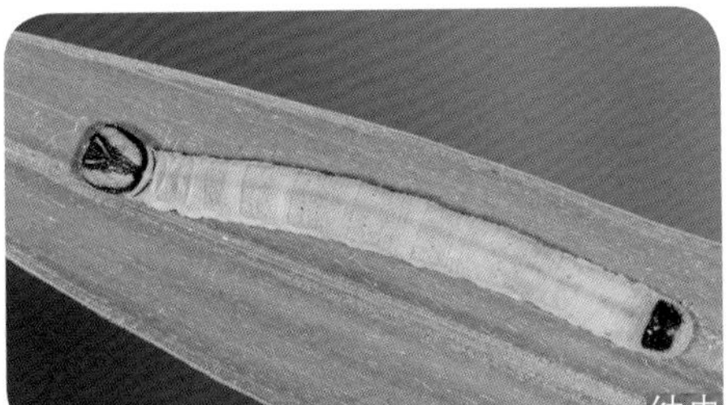
幼虫

蛹

宽纹黄室弄蝶 *Potanthus parvus* Johnson & Johnson

雄蝶

卵

本种近似孔子黄室弄蝶。两翅深褐色，斑纹橙黄色。反面近顶角斑与亚外缘横带相连，后翅中域数个黑斑，亚外缘横带特宽，其外有数个黑斑。幼虫取食芒草等。分布：长江以南各省区；印度至菲律宾。

幼虫

芒草

蛹

30~35mm

红翅长标弄蝶 *Telicota ancilla* (Herrich-Schaffer)

雌蝶正面
雄蝶正面
雄蝶

两翅正面深褐色，斑纹橙红色，脉纹细且黑色，雄蝶性标长，占据整个黑色中带。后翅中室有一橙红色斑，亚外缘也有橙红色大斑。幼虫寄主为禾本科粉箪竹等。分布：长江以南各省区；斯里兰卡至澳大利亚。

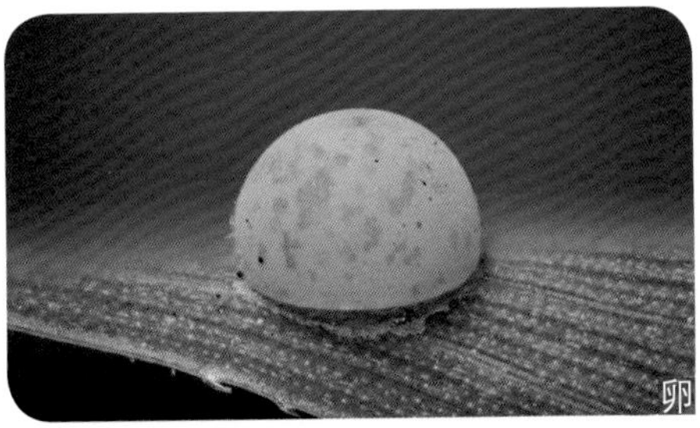
卵

粉箪竹

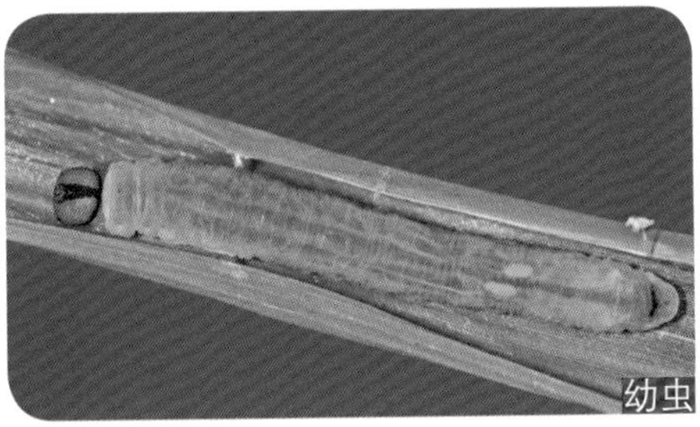
幼虫

蛹

黑脉长标弄蝶 *Telicota linna* Evans

雄蝶正面
雌蝶
雄蝶

本种近似红翅长标弄蝶。两翅正面深褐色，斑纹橙黄色，雄蝶性标长，几乎占据整个黑色中带。后翅中室内有一橙黄色斑。幼虫以禾本科五节芒等植物为寄主。分布：我国华南、西南各省区；印度尼西亚至马来西亚。

卵

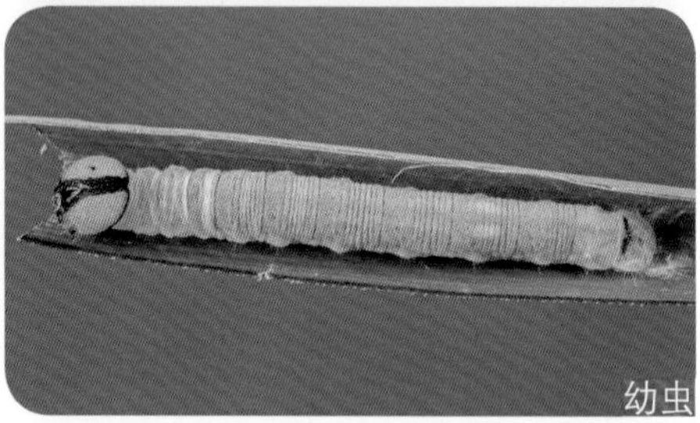
幼虫

五节芒

蛹

黄纹长标弄蝶 *Telicota ohara* (Plotz)

雌蝶正面

雄蝶

两翅深褐色，斑纹橙黄色，雄蝶性标较窄，位于黑带中央，不到达中三室的基部。后翅黄带止于中一脉，亚缘带宽阔。幼虫以禾本科棕叶狗尾草等植物为寄主。分布：长江以南各省区；印度至澳大利亚等。

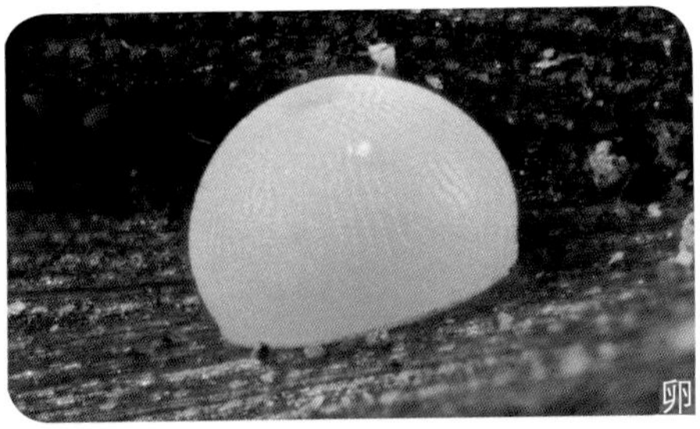

卵

棕叶狗尾草

幼虫

蛹

30~35mm

钩形黄斑弄蝶 *Ampittia virgata* (Leech)

雄蝶正面

雄蝶

卵

雄蝶翅基部色暗，前翅中室有1个钩形黄斑，两性后翅中域黄色区窄，未达外缘。两翅反面黄色，散布众多黑色条形斑，外缘有黑色缘线。幼虫寄主为禾本科芒草。分布：河南、四川、广东、台湾等。

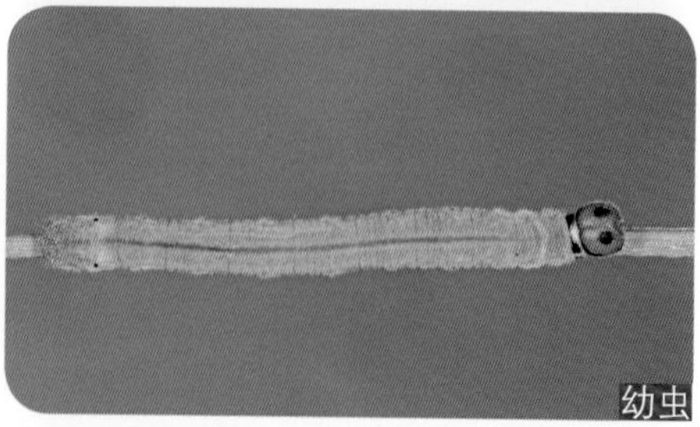
幼虫

芒草

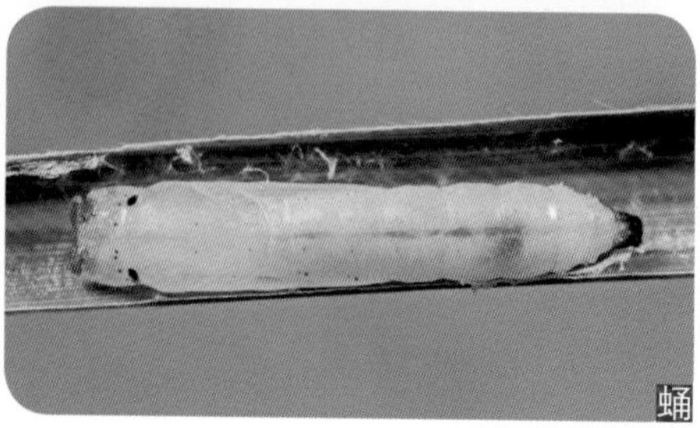
蛹

相似蝶种比较

1. 金裳凤蝶和裳凤蝶

	金裳凤蝶 · P8	裳凤蝶 · P9
相似处	整体极相近。金裳凤蝶前翅比较窄长，后翅相对更小一些，雄蝶尤其明显	
鉴别点	后翅外缘有黑色晕斑，黄色区黑边缘模糊。后翅第一翅室全部呈黄色	后翅外缘无黑色晕斑，黄色区黑边缘清晰。后翅第一翅室前半部黑色
图示		

2. 玉带凤蝶红珠型雌蝶和红珠凤蝶

	玉带凤蝶红珠型雌蝶	红珠凤蝶 · P12
相似处	整体相近	
鉴别点	头、颈和腹部两侧黑色	头、颈和腹部两侧红色
图示		

3. 蓝凤蝶和美凤蝶雄蝶

	蓝凤蝶 · P23	美凤蝶雄蝶
相似处	整体相近。美凤蝶雄性颜色更黑，翅更宽大，飞行速度更快	
鉴别点	翅基反面无红斑，后翅正面臀角有红斑	翅基反面有红斑，后翅正面臀角无红斑
图示		

4. 碧凤蝶和穹翠凤蝶

	碧凤蝶 · P16	穹翠凤蝶 · P17
相似处	整体极相近。穹翠凤蝶飞行时振翅频率较密	
鉴别点	翠绿闪鳞沿尾突中翅脉分布，白色鳞片点状散布在后翅反面过半，绒毛状性标较宽	翠绿闪鳞满布整个尾突正面，白色鳞片点状散布在后翅反面翅基。绒毛状性标较窄
图示		

5. 银纹型迁粉蝶和梨花迁粉蝶

	银纹型迁粉蝶 · P38	梨花迁粉蝶 · P39
鉴别点	翅偏黄绿色，翅反面无浅褐色细小横纹	翅偏白色，翅反面布满浅褐色细横纹
图示	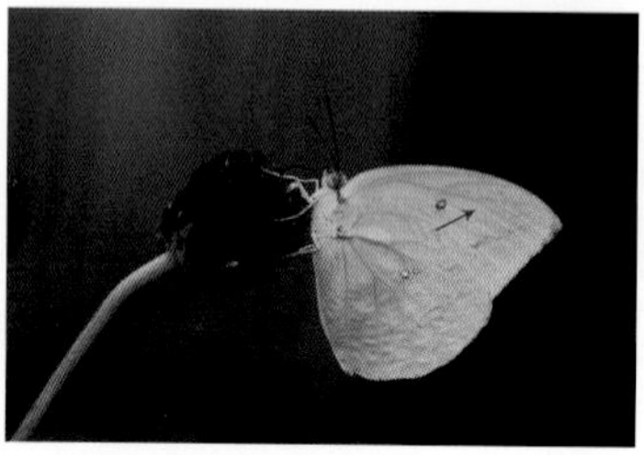	

6. 菜粉蝶和东方菜粉蝶

	菜粉蝶 · P51	东方菜粉蝶 · P50
鉴别点	翅颜色更白，后翅正面外缘无黑色斑。一般在种有十字花科蔬菜的田边活动	后翅正面外缘有一列黑色斑。活动范围广
图示		

7. 宽边黄粉蝶和檗黄粉蝶

	宽边黄粉蝶 · P41	檗黄粉蝶 · P40
鉴别点	中室前近翅基有黑斑2个，后翅边缘呈小钝角。在广州活动范围更广，较常见	中室前近翅基有黑斑3个，后翅外缘呈圆弧状
图示		

8. 小眉眼蝶和平顶眉眼蝶

	小眉眼蝶 · P87	平顶眉眼蝶 · P88
鉴别点	前翅顶角呈圆弧状	前翅顶角呈平截状
图示		

9. 拟旖斑蝶、青斑蝶和啬青斑蝶

	拟旖斑蝶 · P63	青斑蝶 · P58	啬青斑蝶 · P59
鉴别点	斑纹偏浅蓝色。斑纹亚缘中室内有一条青色斑	斑纹偏青蓝色。斑纹宽短，占翅面积多于褐色底纹	斑纹偏青蓝色。斑纹细小，占翅面积小于褐色底纹
图示			

10. 幻紫斑蝶、蓝点紫斑蝶和异型紫斑蝶

	幻紫斑蝶 · P64	蓝点紫斑蝶 · P65	异型紫斑蝶 · P66
鉴别点	蓝紫斑布满前翅正面，但较暗而不明显。后翅外缘无或有不明显白斑	蓝紫斑分布于前翅中域，较幻紫斑蝶明显。后翅外缘有两列明显的白斑	蓝紫斑在前翅中域至顶角，三种之中最明显。后翅外缘有一列白色长条斑
图示			

11. 中环蛱蝶、珂环蛱蝶和娑环蛱蝶

飞行速度与其他相近种类比较，均较慢，喜欢平展双翅滑翔。

	中环蛱蝶 · P132	珂环蛱蝶 · P131	娑环蛱蝶 · P134
鉴别点	中室端三角斑最长边比最短边长不足2倍，亚缘线小白斑排列整齐。翅反面白斑围有褐线。反面带少许黄褐色	中室端三角斑最长边比最短边长超过3倍，亚缘线小白斑最不明显。翅反面肩区白斑较长。反面带少许棕褐色	中室端三角斑最长边比最短边长2～3倍，亚缘线小白斑形态不同。翅反面肩区白斑较短。反面带少许棕褐色
图示			

12. 残锷线蛱蝶、玄珠带蛱蝶和新月带蛱蝶

与上述环蛱蝶相比，体型均较大。飞行时扇翅频率和速度较高，不喜欢平展双翅滑翔。三者中，新月带蛱蝶雌蝶体型最大，玄珠带蛱蝶反面黄褐色。

	残锷线蛱蝶 · P116	玄珠带蛱蝶 · P121	新月带蛱蝶 · P123
鉴别点	翅基部反面有数个黑色点，第一白线两段未全断	中域外带内侧有一列黑点，第一条白线分为四段	翅反面整体均没有黑色点，第一条白线特别窄小
图示			

13. 柱菲蛱蝶

与前两组（上述11、12）相比，花纹整体更接近环蛱蝶属。第一白带外端三角斑明显分离，与环蛱蝶种类区别。

柱菲蛱蝶

14. 稻弄蝶属、谷弄蝶属和籼弄蝶属

	稻弄蝶属	谷弄蝶属	籼弄蝶属
鉴别点	个体稍小。后翅反面中室基部无白点。中域外斑点曲线排列	个体稍大，颜色偏深。后翅反面中室基部有白点。中域外斑点弧线排列	翅最窄长，颜色偏浅。后翅反面中室基部无白点。中域外斑点弧形排列
图示			

15. 长标弄蝶属、黄室弄蝶属

	长标弄蝶属	黄室弄蝶属
鉴别点	个体更大，翅更窄长。前翅亚外缘宽带延伸至前缘，后翅中室内黄斑不达端部	前翅亚外缘宽带延不达前缘，后翅中室内黄斑伸达端部
图示		

16. 模仿者与被模仿者

部分蛱蝶等种类模仿斑蝶，如幻紫斑蛱蝶模拟紫斑蝶属种类，金斑蛱蝶模拟金斑蝶等。整体而言，模仿者飞行较斑蝶急促，需经常停留，不喜欢滑翔飞行。斑纹也有一定的差别。后翅外缘多数有内凹呈锯齿状，而斑蝶后翅外缘则为较平整的圆弧状。

幻紫斑蝶

幻紫斑蛱蝶

金斑蝶

金斑蛱蝶

广州蝴蝶名录及幼虫寄主对照表

凤蝶

	蝴蝶名称	寄主植物名称	寄主科属
1	金裳凤蝶*Troides aeacus* (C. & R. Felder)	耳叶马兜铃*Aristolochia tagala* 管花马兜铃*Aristolochia tubiflora*	马兜铃科
2	裳凤蝶*Troides helena* (Linnaeus)	耳叶马兜铃*Aristolochia tagala*	马兜铃科
3	暖曙凤蝶*Atrophaneura aidoneus* (Doubleday)	通城虎*Aristolochia fordiana*	马兜铃科
4	多姿麝凤蝶*Byasa polyeuctes* (Doubleday)	华南马兜铃*Aristolochia austrochinensis*	马兜铃科
5	红珠凤蝶*Pachliopta aritolochiae* (Fabricius)	耳叶马兜铃*Aristolochia tagala* 管花马兜铃*Aristolochia tubiflora*	马兜铃科
6	褐斑凤蝶*Chilasa agestor* Gray	黄樟*Cinnamomum parthenoxylon* 樟树*Cinnamomum camphora*	樟科
7	斑凤蝶*Chilasa clytia* Linnaeus	潺槁*Litsea glutinosa*	樟科
8	小黑斑凤蝶*Chilasa epicydes* (Hewitson)	樟树*Cinnamomum camphora* 黄樟*Cinnamomum parthenoxylon*	樟科
9	碧凤蝶*Achillides bianor* (Cramer)	楝叶吴茱萸*Evodia meliaefolia*	芸香科
10	穹翠凤蝶*Achillides dialis* (Leech)	飞龙掌血*Toddalia asiatica*	芸香科
11	巴黎翠凤蝶*Achillides paris* (Linnaeus)	三椏苦*Evodia lepta* 飞龙掌血*Toddalia asiatica*	芸香科
12	达摩凤蝶*Papilio demoleus* (Linnaeus)	柑橘属*Citrus* spp.	芸香科
13	玉斑凤蝶*Papilio helenus* (Linnaeus)	簕欓花椒*Zanthoxylum avicennae* 楝叶吴茱萸*Evodia meliaefolia* 飞龙掌血*Toddalia asiatica*	芸香科
14	美凤蝶*Papilio memnon* (Linnaeus)	柚*Citrus grandis* 黄皮*Clausena lansium*	芸香科
15	玉带凤蝶*Papilio polytes* (Linnaeus)	柑橘属*Citrus* spp.	芸香科
16	蓝凤蝶*Papilio protenor* (Cramer)	簕欓花椒*Zanthoxylum avicennae* 两面针*Zanthoxylum nitidum* 柑橘属*Citrus* spp.	芸香科
17	柑橘凤蝶*Papilio xuthus* (Linnaeus)	楝叶吴茱萸*Evodia meliaefolia* 柠檬*Citrus limon*	芸香科
18	统帅青凤蝶*Graphium agamemnon* (Linnaeus)	紫玉盘*Uvaria microcarpa* 假鹰爪*Desmos chinensis* 瓜馥木*Fissistigma oldhamii* 白兰 *Michelia alba*	番荔枝科 番荔枝科 番荔枝科 木兰科
19	碎斑青凤蝶*Graphium chironides* (Honrath)	深山含笑*Michelia maudiae* 含笑*Michelia figo*	木兰科
20	宽带青凤蝶*Graphium cloanthus* (Westwood)	华润楠*Machilus chinensis* 樟树*Cinnamomum camphora*	樟科

续表

蝴蝶名称	寄主植物名称	寄主科属
21 木兰青凤蝶*Graphium doson* (C.& R. Felder)	假鹰爪*Desmos chinensis* 白兰*Michelia alba*	番荔枝科 木兰科
22 银钩青凤蝶*Graphium eurypylus* (Linnaeus)	番荔枝*Annona squamosa* 银钩花*Mitrephora thorelii*	番荔枝科
23 青凤蝶*Graphium sarpedon* (Linnaeus)	樟树*Cinnamomum camphora* 阴香*Cinnamomum burmannii*	樟科
24 斜纹绿凤蝶*Pathysa agetes* (Westwood)	瓜馥木*Fissistigma oldhamii*	番荔枝科
25 绿凤蝶*Pathysa antiphates* (Cramer)	紫玉盘*Uvaria microcarpa* 假鹰爪*Desmos chinensis*	番荔枝科
26 升天剑凤蝶*Pazala euroa* (Leech)	鸭公树*Neolitsea chui*	樟科
27 燕凤蝶*Lamproptera curius* (Fabricius)	红花青藤*Illigera rhodantha* 宽药青藤*Illigera celebica*	莲叶桐科
28 西藏钩凤蝶*Meandrusa sciron* (Leech)	鸭公树*Neolitsea chui*	樟科

粉蝶

蝴蝶名称	寄主植物名称	寄主科属
29 迁粉蝶*Catopsilia pomona* (Fabricius)	腊肠树*Cassia fistula* 黄槐决明*Cassia surattensis*	苏木科
30 梨花迁粉蝶*Catopsilia pyranthe* (Linnaeus)	黄槐决明*Cassia surattensis* 翅荚决明*Cassia alata* 美蕊花*Calliandra haematocephala*	苏木科 苏木科 含羞草科
31 檗黄粉蝶*Eurema blanda* (Boisduval)	黄槐决明*Cassia surattensis*	苏木科
32 宽边黄粉蝶*Eurema hecabe* (Linnaeus)	黄槐决明*Cassia surattensis* 猴耳环*Archidendron utile* 黄牛木*Cratoxylum cochinchinense* 黑面神*Breynia fruticosa* 弓果藤*Toxocarpus wightianus*	苏木科 含羞草科 金丝桃科 大戟科 萝藦科
33 橙粉蝶*Ixias pyrene* (Linnaeus)	广州槌果藤*Capparis cantoniensis*	白花菜科
34 红腋斑粉蝶*Delias acalis* (Godart)	红花寄生*Scurrula parasitica* 寄生藤*Henslowia frutescen*	桑寄生科 檀香科
35 艳妇斑粉蝶*Delias belladonna* (Fabricius)	红花寄生*Scurrula parasitica*	桑寄生科
36 优越斑粉蝶*Delias hyparete* (Linnaeus)	广寄生*Taxillus chinensis*	桑寄生科
37 报喜斑粉蝶*Delias pasithoe* (Linnaeus)	寄生藤*Henslowia frutescens* 广寄生*Taxillus chinensis*	檀香科 桑寄生科
38 灵奇尖粉蝶*Appias lyncida* (Cramer)	鱼木*Crateva formosensis*	白花菜科
39 锯粉蝶*Prioneris thestylis* (Doubleday)	广州槌果藤*Capparis cantoniensis* 白花菜*Cleome gynandra*	白花菜科
40 黑脉园粉蝶*Cepora nerissa* (Fabricius)	广州槌果藤*Capparis cantoniensis*	白花菜科

续表

蝴蝶名称	寄主植物名称	寄主科属
41 东方菜粉蝶*Pieris canidia* (Linnaeus)	金莲花 *Tropaeolum majus* 碎米荠*Cardamine hirsuta* 芸苔属*Brassica* spp.	金莲花科 十字花科 十字花科
42 菜粉蝶*Pieris rapae* (Linnaeus)	芸苔属*Brassica* spp.	十字花科
43 飞龙粉蝶*Talbotia naganum* (Moore)	伯乐树*Bretschneidera sinensis*	伯乐树科
44 纤粉蝶*Leptosia nina* (Fabricius)	皱子白花菜*Cleome rutidosperma*	白花菜科
45 鹤顶粉蝶*Hebomoia glaucippe* (Linnaeus)	广州槌果藤*Capparis cantoniensis* 鱼木*Crateva formosensis*	白花菜科

斑蝶

蝴蝶名称	寄主植物名称	寄主科属
46 金斑蝶*Danaus chrysippus* (Linnaeus)	马利筋*Asclepias curassavica*	萝藦科
47 虎斑蝶*Danaus genutia* (Cramer)	刺瓜*Cynanchum corymbosum* 天星藤*Graphistemma pictum*	萝藦科
48 青斑蝶*Tirumala limniace* (Cramer)	南山藤*Dregea volubilis*	萝藦科
49 啬青斑蝶*Tirumala septentrionis* (Butler)	醉魂藤*Heterostemma alatum* 刺瓜*Cynanchum corymbosum*	萝藦科
50 绢斑蝶*Parantica aglea* (Stoll)	山白前*Cynanchum fordii* 娃儿藤*Tylophora ovata*	萝藦科
51 斯氏绢斑蝶*Parantica swinhoe*i (Moore)	蓝叶藤*Marsdenia tinctoria*	萝藦科
52 大绢斑蝶*Parantica sita* (Kollar)	球兰*Hoya carnosa*	萝藦科
53 拟旖斑蝶*Ideopsis similis* (Linnaeus)	娃儿藤*Tylophora ovata*	萝藦科
54 幻紫斑蝶*Euploea core* (Cramer)	马利筋*Asclepias curassavica* 夹竹桃*Nerium indicum*	萝藦科 夹竹桃科
55 蓝点紫斑蝶*Euploea midamus* (Linnaeus)	羊角拗*Strophanthus divaricatus*	夹竹桃科
56 异型紫斑蝶*Euploea mulciber* (Cramer)	白叶藤*Cryptolepis sinensis* 垂叶榕*Ficus benjamina*	萝藦科 桑科

环蝶

蝴蝶名称	寄主植物名称	寄主科属
57 凤眼方环蝶*Discophora sondaica* (Boisduval)	粉箪竹*Bambusa chungii* 簕竹*Bambusa blumeana*	禾本科
58 纹环蝶*Aemona amathusia* (Hewitson)	马甲菝葜*Smilax lanceifolia*	菝葜科
59 串珠环蝶*Faunis eumeus* (Drury)	土麦冬*Liriope spicata* 肖菝葜*Heterosmilax japonica*	百合科 菝葜科

眼蝶

蝴蝶名称	寄主植物名称	寄主科属
60 暮眼蝶*Melanitis leda* (Linnaeus)	五节芒*Miscanthus floridulus* 玉米*Zea mays* 水稻*Oryza sativa*	禾本科
61 睇暮眼蝶*Melanitis phedima* (Cramer)	棕叶狗尾草*Setaria palmifolia*	禾本科
62 曲纹黛眼蝶*Lethe chandica* (Moore)	粉箪竹*Bambusa chungii* 撑蒿竹*Bambusa pervariabilis*	禾本科
63 白带黛眼蝶*Lethe confusa* Aurivillius	芒草*Miscanthus sinensis* 刚莠竹*Microstegium ciliatum*	禾本科
64 长纹黛眼蝶*Lethe europa* (Fabricius)	茶秆竹*Arundinaria amabilis*	禾本科
65 深山黛眼蝶*Lethe insana* (Kollar)	毛竹*Phyllostachys edulis* 茶秆竹*Arundinaria amabilis*	禾本科
66 尖尾黛眼蝶*Lethe sinorix* (Hewitson)	托竹*Pseudosasa cantori*	禾本科
67 连纹黛眼蝶*Lethe syrcis* (Hewsitson)	花竹*Bambusa albolineata*	禾本科
68 玉带黛眼蝶*Lethe verma* (Kollar)	茶秆竹*Arundinaria amabilis*	禾本科
69 三楔黛眼蝶*Lethe mekara* Moore	箬叶竹*Indocalamus longiauritus*	禾本科
70 文娣黛眼蝶*Lethe vindhya* (C. & R. Felder)	茶秆竹*Arundinaria amabilis*	禾本科
71 蒙链荫眼蝶*Neope muirheadii* (C. & R. Felder)	粉箪竹*Bambusa chungii* 茶秆竹*Arundinaria amabilis*	禾本科
72 蓝斑丽眼蝶*Mandarinia regalis* (Leech)	石菖蒲*Acorus tatarinowii*	天南星科
73 拟稻眉眼蝶*Mycalesis francisca* (Stoll)	竹叶草*Oplismenus compositus*	禾本科
74 稻眉眼蝶*Mycalesis gotama* Moore	芒草*Miscanthus sinensis*	禾本科
75 小眉眼蝶*Mycalesis mineus* (Linnaeus)	芒草*Miscanthus sinensis*	禾本科
76 平顶眉眼蝶*Mycalesis panthaka* Fruhstorfer	淡竹叶*Lophatherum gracile*	禾本科
77 白斑眼蝶*Penthema adelma* (C. & R. Felder)	毛竹*Phyllostachys edulis* 茶秆竹*Arundinaria amabilis*	禾本科
78 翠袖锯眼蝶*Elymnias hypermnestra* (Linnaeus)	散尾葵*Chrysalidocarpus lutescens* 鱼尾葵*Caryota ochlandra*	棕榈科
79 矍眼蝶*Ypthima balda* (Fabricius)	淡竹叶*Lophatherum gracile* 金丝草*Pogonatherum crinitum*	禾本科
80 东亚矍眼蝶*Ypthima motschulskyi* (Bremer & Gray)	柔枝莠竹*Microstegium vimineum*	禾本科

蛱蝶

	蝴蝶名称	寄主植物名称	寄主科属
81	窄斑凤尾蛱蝶*Polyura athamas* (Drury)	天香藤*Albizia corniculata* 簕仔树*Mimosa bimucronata*	含羞草科
82	大二尾蛱蝶*Polyura eudamippus* (Doubleday)	阔裂叶羊蹄甲*Bauhinia apertilobata*	苏木科
83	忘忧尾蛱蝶*Polyura nepenthes* (Grose-Smith)	大叶合欢*Archidendron turgida* 翼核果*Ventilago leiocarpa*	含羞草科 鼠李科
84	白带螯蛱蝶*Charaxes bernardus* (Fabricius)	樟树*Cinnamomum camphora* 阴香*Cinnamomum burmanii* 潺槁*Litsea glutinos*	樟科
85	螯蛱蝶*Charaxes marmax* Westwood	巴豆*Croton tiglium*	大戟科
86	红锯蛱蝶*Cethosia biblis* (Drury)	蛇王藤*Passiflora moluccana* var. *teysmanniana*	西番莲科
87	柳紫闪蛱蝶*Apatura ilia* (Schiffermüller)	垂柳*Salix babylonica*	杨柳科
88	罗蛱蝶*Rohana parisatis* (Westwood)	朴树*Celtis sinensis*	榆科
89	芒蛱蝶*Euripus nyctelius* (Doubleday)	山黄麻*Trema orientalis*	榆科
90	黑脉蛱蝶*Hestina assimilis* (Linnaeus)	朴树*Celtis sinensis*	榆科
91	素饰蛱蝶*Stibochiona nicea* (Gray)	紫麻*Oreocnide frutescens*	荨麻科
92	电蛱蝶*Dichorragia nesimachus* (Doyère)	红柴枝*Meliosma oldhamii*	清风藤科
93	彩蛱蝶*Vagrans egista* (Cramer)	红花天料木*Homalium hainanense*	天料木科
94	黄襟蛱蝶*Cupha erymanthis* (Drury)	红花天料木*Homalium hainanense* 柞木*Xylosma congestum*	天料木科 大风子科
95	珐蛱蝶*Phalanta phalantha* (Drury)	垂柳*Salix babylonica*	杨柳科
96	斐豹蛱蝶*Argyreus hyperbius* (Linnaeus)	犁头草*Viola philippica*	堇菜科
97	银豹蛱蝶*Childrena childreni* (Gray)	犁头草*Viola philippica*	堇菜科
98	矛翠蛱蝶*Euthalia aconthea* (Cramer)	柯*Lithocarpus glaber*	壳斗科
99	红斑翠蛱蝶*Euthalia lubentna* (Cramer)	广寄生*Taxillus chinensis*	桑寄生科
100	绿裙边翠蛱蝶*Euthalia niepelti* Strand	木荷*Schima superba*	山茶科
101	尖翅翠蛱蝶*Euthalia phemius* (Doubleday)	芒果*Mangifera indica*	漆树科
102	小豹葎蛱蝶*Lexias pardalis* (Moore)	黄牛木*Cratoxylum cochinchinense*	金丝桃科
103	残锷线蛱蝶*Limenitis sulpitia* (Cramer)	华南忍冬*Lonicera confusa*	忍冬科
104	珠履带蛱蝶*Athyma asura* Moore	秃毛冬青*Ilex pubescens var. glarba*	冬青科
105	双色带蛱蝶*Athyma cama* Moore	算盘子*Glochidion puberum*	大戟科
106	玉杵带蛱蝶*Athyma jina* Moore	长花忍冬*Lonicera longiflora*	忍冬科
107	相思带蛱蝶*Athyma nefte* (Cramer)	毛果算盘子*Glochidion eriocarpum*	大戟科
108	玄珠带蛱蝶*Athyma perius* (Linnaeus)	毛果算盘子*Glochidion eriocarpum* 算盘子*Glochidion puberum* 水锦树*Wendlandia uvariifolia*	大戟科 大戟科 茜草科
109	离斑带蛱蝶*Athyma ranga* Moore	桂花*Osmanthus fragrans*	木犀科

续表

蝴蝶名称	寄主植物名称	寄主科属
110 新月带蛱蝶*Athyma selenophora* (Kollar)	玉叶金花*Mussaenda pubescens*	茜草科
111 孤斑带蛱蝶*Athyma zeroca* Moore	白钩藤*Uncaria sessilifructus*	茜草科
112 穆蛱蝶*Moduza procris* (Cramer)	水锦树*Wendlandia uvariifolia* 白钩藤*Uncaria sessilifructus*	茜草科
113 耙蛱蝶*Bhagadatta austenia* (Moore)	定心藤*Mappianthus iodoides*	茶茱萸科
114 丫纹俳蛱蝶*Parasarpa dudu* (Doubleday)	华南忍冬*Lonicera confusa*	忍冬科
115 金蟠蛱蝶*Pantoporia hordonia* (Stoll)	天香藤*Albizia corniculata*	含羞草科
116 卡环蛱蝶*Neptis cartica* Moore	藜蒴*Castanopsis fissa*	壳斗科
117 阿环蛱蝶*Neptis ananta* Moore	芬槁润楠 *Machilus gamblei*	樟科
118 珂环蛱蝶*Neptis clinia* Moore	假苹婆*Sterculia lanceolata*	梧桐科
119 中环蛱蝶*Neptis hylas* (Linnaeus)	山黄麻*Trema orientalis* 野葛*Pueraria lobata*	榆科 蝶形花科
120 弥环蛱蝶*Neptis miah* Moore	龙须藤*Bauhinia championii*	苏木科
121 娑环蛱蝶*Neptis soma* Moore	山鸡血藤*Millettia dielsiana* 亮叶鸡血藤*Millettia nitida*	蝶形花科
122 柱菲蛱蝶*Phaedyma columella* (Cramer)	海南红豆*Ormosia pinnata* 黄牛木*Cratoxylum cochinchinense*	蝶形花科 金丝桃科
123 波蛱蝶*Ariadne ariadne* (Hewitson)	蓖麻*Ricinus communis* 铁苋菜*Acalypha australis*	大戟科
124 枯叶蛱蝶*Kallima inachus* (Boisduval)	黄球花*Strobilanthes chinensis* 马蓝*Strobilanthes cusia*	爵床科
125 网丝蛱蝶*Cyrestis thyodamas* Boisduval	琴叶榕*Ficus pandurata* 变叶榕*Ficus variolosa* 斜叶榕*Ficus gibbosa*	桑科
126 幻紫斑蛱蝶*Hypolimnas bolina* (Linnaeus)	番薯*Ipomoea batatas*	旋花科
127 金斑蛱蝶*Hypolimnas missipus* (Linnaeus)	马齿苋*Portulaca oleracea*	马齿苋科
128 大红蛱蝶*Vanessa indica* (Herbst)	苎麻*Boehmeria nivea*	荨麻科
129 小红蛱蝶*Vanessa cardui* (Linnaeus)	密花苎麻*Boehmeria penduliflora*	荨麻科
130 琉璃蛱蝶*Kaniska canace* (Linnaeus)	菝葜*Smilax china*	菝葜科
131 黄钩蛱蝶*Polygonia c-aureum* (Linnaeus)	葎草*Humulus scandens*	大麻科
132 美眼蛱蝶*Junonia almana* (Linnaeus)	旱田草*Lindernia ruellioides*	玄参科
133 波纹眼蛱蝶*Junonia atlites* (Linnaeus)	水蓑衣*Hygrophila salicifolia*	爵床科
134 黄裳眼蛱蝶*Junonia hierta* (Fabricius)	假杜鹃*Barleria cristata*	爵床科
135 钩翅眼蛱蝶*Junonia iphita* (Cramer)	黄球花*Strobilanthes chinensis*	爵床科
136 蛇眼蛱蝶*Junonia lemonias* (Linnaeus)	假杜鹃*Barleria cristata*	爵床科
137 翠蓝眼蛱蝶*Junonia orithya* (Linnaeus)	鳞花草*Lepidagathis incurva*	爵床科
138 黄豹盛蛱蝶*Symbrenthia brabira* Moore	赤车*Pellionia radicans*	荨麻科
139 花豹盛蛱蝶*Symbrenthia hypselis* (Godart)	楼梯草*Elatostema involucratum*	荨麻科
140 散纹盛蛱蝶*Symbrenthia lilaea* (Hewitson)	苎麻*Boehmeria nivea*	荨麻科
141 绢蛱蝶*Calinaga buddha* Moore	鸡桑*Morus australis*	桑科

珍蝶

蝴蝶名称	寄主植物名称	寄主科属
142 苎麻珍蝶*Acraea issoria*(Hübner)	苎麻*Boehmeria nivea* 糯米团*Gonostegia hirta*	荨麻科

蚬蝶

蝴蝶名称	寄主植物名称	寄主科属
143 蛇目褐蚬蝶*Abisara echerius* (stoll)	酸藤子*Embelia laeta*	紫金牛科
144 白带褐蚬蝶*Abisara fylloides* (Moore)	杜茎山*Maesa japonica*	紫金牛科
145 长尾褐蚬蝶*Abisara neophron* (Hewitson)	白花酸藤果*Embelia ribes*	紫金牛科
146 白蚬蝶*Stiboges nymphidia* Butler	虎舌红*Ardisia mamillata*	紫金牛科
147 波蚬蝶*Zemeros flegyas* (Cramer)	鲫鱼胆*Maesa perlarius*	紫金牛科
148 黑燕尾蚬蝶*Dodona deodata* Hewitson	密花树*Rapanea neriifolia*	紫金牛科
149 大斑尾蚬蝶*Dodona egeon* (Westwood)	密花树*Rapanea neriifolia*	紫金牛科
150 银纹尾蚬蝶*Dodona eugenes* Bates	密花树*Rapanea neriifolia*	紫金牛科

灰蝶

蝴蝶名称	寄主植物名称	寄主科属
151 中华云灰蝶*Miletus chinensis* C. Felder	管蚜*Rhopalosiphum nymphaeae*	管蚜科
152 蚜灰蝶*Taraka hamada* (Druce)	竹叶扁蚜*Astegopteryx bambusifoliae*	扁蚜科
153 尖翅银灰蝶*Curetis acuta* Moore	野葛*Pueraria lobata* 亮叶鸡血藤*Millettia nitida*	蝶形花科
154 百娆灰蝶*Arhopala bazala* (Hewitson)	柯*Lithocarpus glaber*	壳斗科
155 小娆灰蝶*Arhopala paramuta* (de Nicéville)	红锥*Castanopsis hystrix*	壳斗科
156 齿翅娆灰蝶*Arhopala rama* (Kollar)	青冈*Cyclobalanopsis glauca*	壳斗科
157 缅甸娆灰蝶*Arhopala birmana* (Moore)	华南青冈*Cyclobalanopsis edithiae*	壳斗科
158 玛灰蝶*Mahathala ameria* (Hewitson)	石岩枫*Mallotus repandus*	大戟科
159 杨氏陶灰蝶*Zinaspa youngi* Hsu & Johnson	藤金合欢*Acacia concinna*	含羞草科
160 三尾灰蝶*Catapaecilma major* (Druce)	蚧壳虫*Saissetia oleae*	蚧总科
161 铁木莱异灰蝶*Iraota timoleon* (Stoll)	高山榕*Ficus altissima* 斜叶榕*Ficus gibbosa*	桑科
162 白斑灰蝶*Horaga albimacula* (Wood-Mason & de Nicéville)	荔枝*Litchi chinensis*	无患子科
163 斑灰蝶*Horaga onyx* (Moore)	荔枝*Litchi chinensis* 龙眼*Dimocarpus longan*	无患子科
164 银线灰蝶*Spindasis lohita* (Horsfield)	薯莨*Dioscorea cirrhosa* 枇杷*Eriobotrya japonica*	薯蓣科 蔷薇科
165 豆粒银线灰蝶*Spindasis syama* (Horsfield)	山黄麻*Trema orientalis*	榆科
166 珀灰蝶*Pratapa deva* (Moore)	广寄生*Taxillus chinensis* 红花寄生*Scurrula parasitica*	桑寄生科

续表

	蝴蝶名称	寄主植物名称	寄主科属
167	双尾灰蝶*Tajuria cippus* (Fabricius)	广寄生*Taxillus chinensis* 红花寄生*Scurrula parasitica*	桑寄生科
168	豹斑双尾灰蝶*Tajuria maculata* (Hewitson)	广寄生*Taxillus chinensis* 红花寄生*Scurrula parasitica*	桑寄生科
169	克灰蝶*Creon cleobis* (Godart)	广寄生*Taxillus chinensis* 红花寄生*Scurrula parasitica*	桑寄生科
170	安灰蝶*Ancema ctesia* (Hewitson)	棱枝槲寄生*Viscum diospyrosicolum*	桑寄生科
171	莱灰蝶*Remelana jangala* (Horsfield)	米碎花*Eurya chinensis* 荔枝*Litchi chinensis*	山茶科 无患子科
172	绿灰蝶*Artipe eryx* (Linnaeus)	栀子*Gardenia jasminoides*	茜草科
173	玳灰蝶*Deudorix epijarbas* (Moore)	荔枝*Litchi chinensis* 龙眼*Dimocarpus longan*	无患子科
174	东亚燕灰蝶 *Rapala micans* (Bremer & Grey)	美丽胡枝子*Lespedeza formosa*	蝶形花科
175	燕灰蝶*Rapala varuna* (Horsfield)	亮叶鸡血藤*Millettia nitida* 海南红豆*Ormosia pinnata*	蝶形花科
176	生灰蝶*Sinthusa chandrana* (Moore)	粗叶悬钩子*Rubus alceaefolius*	蔷薇科
177	娜生灰蝶*Sinthusa nasaka* (Horsfield)	二列叶柃*Eurya distichophylla* 巴豆*Croton tiglium*	山茶科 大戟科
178	浓紫彩灰蝶*Heliophorus ila* (de Nicéville & Martin)	火炭母*Polygonum chinense*	蓼科
179	拷彩灰蝶*Heliophorus kohimensis* (Tytler)	火炭母*Polygonum chinense*	蓼科
180	彩灰蝶*Heliophorus epicles* (Godart)	火炭母*Polygonum chinense* 红蓼*Polygonum orientale*	蓼科
181	峦太锯灰蝶*Orthomiella rantaizana* Wileman	鹿角锥*Castanopsis lamontii*	壳斗科
182	古楼娜灰蝶*Nacaduba kurava* (Moore)	鲫鱼胆*Maesa perlarius* 星宿菜*Lysimachia fortunei*	紫金牛科 报春花科
183	素雅灰蝶*Jamides alecto* (Felder)	花叶艳山姜*Alpinia zerumbet* 'variegata'	姜科
184	雅灰蝶*Jamides bochus* (Stoll)	野葛*Pueraria lobata* 山鸡血藤*Millettia reticulata*	蝶形花科
185	锡冷雅灰蝶*Jamides celeno* (Cramer)	贼小豆*Vigna minima* 水黄皮*Pongamia pinnata*	蝶形花科
186	咖灰蝶*Catochrysops strabo* (Fabricius)	假地豆*Desmodium heterocarpon*	蝶形花科
187	亮灰蝶*Lampides boeticus* (Linnaeus)	猪屎豆*Crotalaria pallida* 野葛*Pueraria lobata*	蝶形花科
188	吉灰蝶*Zizeeria karsandra* (Moore)	豨莶*Siegesbeckia orientalis*	菊科
189	酢浆灰蝶*Pseudozizeeria maha* (Kollar)	黄花酢浆草*Oxalis corniculata*	酢浆草科
190	长尾蓝灰蝶*Everes lacturnus* (Godart)	假地豆*Desmodium heterocarpon*	蝶形花科

续表

	蝴蝶名称	寄主植物名称	寄主科属
191	点玄灰蝶*Tongeia filicaudis* (Pryer)	圆叶景天*Sedum makinoi* 观音莲*Sempervivum tectorum* 棒叶落地生根*Bryophyllum verticillatum*	景天科
192	波太玄灰蝶*Tongeia potanini* (Alphéraky)	光萼唇柱苣苔*Chirita anachoreta*	苦苣苔科
193	黑丸灰蝶*Pithecops corvus* Fruhstorfer	长柄山蚂蝗*Podocarpium laxum*	蝶形花科
194	钮灰蝶*Acytolepis puspa* (Horsfield)	龙眼*Dimocarpus longan* 土密树*Bridelia tomentosa* 白花鱼藤*Derris alborubra*	无患子科 大戟科 蝶形花科
195	琉璃灰蝶 *Celastrina argiola* (Linnaeus)	海南红豆*Ormosia pinnata*	蝶形花科
196	毛眼灰蝶*Zizina otis* (Fabricius)	鸡眼草*Kummerowia striata*	蝶形花科
197	一点灰蝶*Neopithecops zalmora* (Butler)	山小桔*Glycosmis parviflora*	芸香科
198	白斑妩灰蝶*Udara albocaerulea* (Moore)	茅栗*Castanea seguinii*	壳斗科
199	珍贵妩灰蝶*Udara dilecta* (Moore)	甜槠*Castanopsis eyrei*	壳斗科
200	棕灰蝶*Euchrysops cnejus* (Fabricius)	贼小豆*Vigna minima*	蝶形花科
201	紫灰蝶*Chilades lajus* (Stoll)	酒饼簕*Atalantia buxifolia*	芸香科
202	曲纹紫灰蝶*Chilades pandava* (Horsfield)	苏铁*Cycas revoluta*	苏铁科

弄蝶

	蝴蝶名称	寄主植物名称	寄主科属
203	白伞弄蝶*Bibasis gomata* (Moore)	鹅掌柴*Schefflera octophylla*	五加科
204	橙翅伞弄蝶*Bibasis jaina* (Moore)	风车藤*Hiptage benghalensis*	金虎尾科
205	无趾弄蝶*Hasora anura* de Nicéville	亮叶鸡血藤*Millettia nitida* 山鸡血藤*Millettia dielsiana*	蝶形花科
206	三斑趾弄蝶*Hasora badra* (Moore)	厚果崖豆藤*Millettia pachycarpa* 亮叶鸡血藤*Millettia nitida*	蝶形花科
207	双斑趾弄蝶*Hasora chromus* (Cramer)	印度崖豆藤*Millettia pulchra*	蝶形花科
208	纬带趾弄蝶*Hasora vitta* (Butler)	海南红豆*Ormosia pinnata*	蝶形花科
209	尖翅弄蝶*Badamia exclamationis* (Fabricius)	风车藤*Hiptage benghalensis*	金虎尾科
210	绿弄蝶*Choaspes benjaminii* (Guérin-Méneville)	红柴枝*Meliosma oldhamii*	清风藤科
211	半黄绿弄蝶*Choaspes hemixanthus* Rothschild & Jordan	柠檬清风藤*Sabia limoniacea* 白背清风藤*Sabia discolor*	清风藤科
212	窗斑大弄蝶*Capila translucida* Leech	黄樟*Cinnamomum parthenoxylon* 樟树*Cinnamomum camphora*	樟科
213	白角星弄蝶*Celaenorrhinus leucocera* (Kollar)	黄球花*Strobilanthes chinensis*	爵床科
214	明窗弄蝶*Coladenia agnioides*(Elwes & Edwards)	枇杷*Eriobotrya japonica*	蔷薇科
215	白弄蝶*Abraximorpha davidii* (Mabille)	粗叶悬钩子*Rubus alceaefolius*	蔷薇科

续表

	蝴蝶名称	寄主植物名称	寄主科属
216	匪夷捷弄蝶*Gerosis phisara* (Moore)	藤黄檀*Dalbergia hancei*	蝶形花科
217	中华捷弄蝶*Gerosis sinica*（C. & R. Felder）	香港黄檀*Dalbergia millettii*	蝶形花科
218	黄襟弄蝶*Pseudocoladenia dan* (Fabricius)	野紫苏*Perilla frutescens* var. *acuta* 土牛膝*Achyranthes aspera*	唇形科 苋科
219	角翅弄蝶*Odontoptilum angulatum*（Felder）	破布叶*Microcos paniculata*	椴树科
220	毛脉弄蝶*Mooreana trichoneura*（C. & R. Felder）	中平树*Macaranga denticulata*	大戟科
221	沾边裙弄蝶*Tagiades litigiosa* Moschler	薯莨*Dioscorea cirrhosa* 山薯*Dioscorea fordii*	薯蓣科
222	黑边裙弄蝶*Tagiades menaka* (Moore)	薯莨*Dioscorea cirrhosa* 山薯*Dioscorea fordii*	薯蓣科
223	曲纹袖弄蝶*Notocrypta curvifascia*（C. & R. Felder）	密苞山姜*Alpinia densibracteata* 姜花*Hedychium coronarium*	姜科
224	雅弄蝶*Iambrix salsala* (Moore)	淡竹叶*Lophatherum gracile*	禾本科
225	姜弄蝶*Udaspes folus* (Cramer)	密苞山姜*Alpinia densibracteata*	姜科
226	宽锷弄蝶*Aeromachus jhora*（de Nicéville）	鸭嘴草*Ischaemum indicum*	禾本科
227	腌翅弄蝶*Astictopterus jama* C. & R. Felder	芒草*Miscanthus sinensis*	禾本科
228	刺胫弄蝶*Baoris farri* (Moore)	托竹*Pseudosasa cantori* 撑蒿竹*Bambusa pervariabilis*	禾本科
229	籼弄蝶*Borbo cinnara* (Wallace)	短叶黍*Panicum brevifolium* 芒草*Miscanthus sinensis* 刚莠竹*Microstegium ciliatum*	禾本科
230	放踵珂弄蝶*Caltoris cahira* (Moore)	粉箪竹*Bambusa chungii* 撑蒿竹*Bambusa pervariabilis*	禾本科
231	幺纹稻弄蝶*Parnara bada* (Moore)	柳叶箬 *Isachne globosa* 铺地黍*Panicum repens*	禾本科
232	曲纹稻弄蝶*Parnara ganga* Evans	细毛鸭嘴草*Ischaemum ciliare* 铺地黍*Panicum repens*	禾本科
233	直纹稻弄蝶*Parnara guttata*（Bremer & Grey）	芒草*Miscanthus sinensis* 水稻*Oryza sativa*	禾本科
234	南亚谷弄蝶*Pelopidas agna* (Moore)	白茅*Imperata cylindrica var. major*	禾本科
235	隐纹谷弄蝶*Pelopidas mathias*（Fabricius）	鸭嘴草*Ischaemum indicum*	禾本科
236	印度谷弄蝶*Pelopidas assamensis*（de Nicéville）	棕叶芦*Thysanolaena latifolia*	禾本科
237	中华谷弄蝶*Pelopidas sinensis* (Mabille)	狗尾草*Setaria viridis*	禾本科
238	古铜谷弄蝶*Pelopidas conjuncta*（Herrich-Schaffer）	五节芒*Miscanthus floridulus* 芒草*Miscanthus sinensis*	禾本科
239	台湾孔弄蝶*Polytremis eltola* (Hewitson)	柔枝莠竹*Microstegium vimineum*	禾本科

续表

	蝴蝶名称	寄主植物名称	寄主科属
240	黄纹孔弄蝶*Polytremis lubricans* (Herrich-Schaffer)	鸭嘴草*Ischaemum indicum*	禾本科
241	旖弄蝶*Isoteinon lamprospilus* C. & R. Felder	五节芒*Miscanthus floridulus*	禾本科
242	黄斑蕉弄蝶*Erionota torus* Evans	芭蕉*Musa paradisiaca*	芭蕉科
243	玛弄蝶*Matapa aria* (Moore)	托竹*Pseudosasa cantori*	禾本科
244	素弄蝶*Suastus gremius* (Fabricius)	软叶刺葵*Phoenix roebelinii* 棕竹*Rhapis excelsa*	棕榈科
245	希弄蝶*Hyarotis adrastus* Stoll	软叶刺葵*Phoenix roebelinii* 蒲葵*Livistona chinensis*	棕榈科
246	黄裳肿脉弄蝶*Zographetus satwa* (de Niceville)	龙须藤*Bauhinia championii*	苏木科
247	孔子黄室弄蝶*Potanthus confucius* (C. & R. Felder)	托竹*Pseudosasa cantori* 芒草*Miscanthus sinensis*	禾本科
248	断纹黄室弄蝶*Potanthus trachalus* (Mabille)	芒草*Miscanthus sinensis*	禾本科
249	宽纹黄室弄蝶*Potanthus parvus* Johnson & Johnson	芒草*Miscanthus sinensis*	禾本科
250	红翅长标弄蝶*Telicota ancilla* (Herrich-Schaffer)	粉箪竹*Bambusa chungii* 麻竹*Dendrocalamus latiflorus*	禾本科
251	黑脉长标弄蝶*Telicota linna* Evans	芒草*Miscanthus sinensis* 五节芒*Miscanthus floridulus*	禾本科
252	黄纹长标弄蝶*Telicota ohara* (Plotz)	棕叶狗尾草*Setaria palmifolia*	禾本科
253	钩形黄斑弄蝶*Ampittia virgata* (Leech)	芒草*Miscanthus sinensis*	禾本科